Visual Guide Book

How-nual 図解入門

よくわかる最新 電子デバイスの基本と仕組み

組み込みシステムにおけるCPUと基本デバイス

組み込みハードウェアの常識

藤広哲也 著

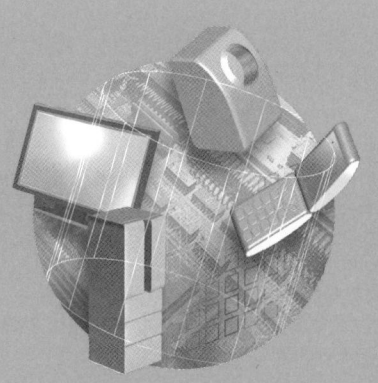

秀和システム

●注意
(1) 本書は著者が独自に調査した結果を出版したものです。
(2) 本書は内容について万全を期して作成いたしましたが、万一、ご不審な点や誤り、記載漏れなどお気付きの点がありましたら、出版元まで書面にてご連絡ください。
(3) 本書の内容に関して運用した結果の影響については、上記(2)項にかかわらず責任を負いかねます。あらかじめご了承ください。
(4) 本書の全部または一部について、出版元から文書による承諾を得ずに複製することは禁じられています。
(5) 本書に記載されているホームページのアドレスなどは、予告なく変更されることがあります。
(6) 商標
　　本書に記載されている会社名、商品名などは一般に各社の商標または登録商標です。

はじめに

　電子機器の開発に携わって20年以上もたつと、周囲からはマンネリ化を懸念されたりもしますが、どっこい、いまだに新商品開発と聞くと胸はずむような思いになります。

　といっても開発の工程すべてが楽しいわけではありません。最終的な回路検証・調整、プログラムのデバッグという作業は、やはりいつもストレスがたまります。楽しいのは回路構成を考えるときと、製品として完成したときだけかもしれません。

　回路構成を考えるのが非常に楽しいのは、さまざまなデバイスを調査・選定し、それを一つひとつ組み合わせて論理を構成するところにあります。筆者がこの楽しさを初めて知ったのは、小学生のころ、誕生日に買ってもらった電子ブロック機器製造（のちに学研と提携）の「電子ブロック」でした。

　電子ブロックは複数の電子デバイスとそれを接続する端子が立方体のブロックになっています。これを目的により並べ替えることで、ラジオやモールス信号発生器といったいくつかの回路を構成できるものでした。これによって、電子デバイスを組み合わせればいろいろな回路をつくれることを実感したわけです。

　現在の電子機器の回路設計も同じことです。必要とされるさまざまな電子デバイスを探し、それを組み合わせることで、回路は構成されます。ただ、電子デバイスを探すにはその基本的な機能を知る必要があります。昨今は次々と新しい半導体集積回路が生まれ、1つのデバイスで多くの機能を提供するようになっています。基本的な機能さえ知っていれば、あとは目的に応じて組み合わせれば、回路が構成できるわけです。

　本書はその「基本的な機能」を解説する入門書であり、特に半導体集積回路を中心に解説しています。これは現在の電子回路の大半がマイクロプロセッサを中心とした半導体集積回路で構成されているからです。

　本書を読んでいただき、電子回路を「電子ブロック」的なイメージで楽しく捉えていただければ幸いです。

2006年7月

筆者

図解入門 How-nual

よくわかる
最新電子デバイスの基本と仕組み
CONTENTS

はじめに …………………………………………………………3

序章 組み込みシステムと電子デバイス

0-1 電子デバイスとは ……………………………………12
　　3つに大別される電子デバイス／電子デバイスの分類

0-2 組み込みシステムにおいて重要視されるデバイス ………14
　　電子回路を具体化するステップ／本書で扱う電子デバイス

第1章 組み込みシステムのブロック構成

1-1 標準的な組み込みシステムの構成 ……………………18
　　システムの基本構成／回路基板と外部装置

1-2 CPUとメモリ……………………………………………22
　　CPUとメモリはセットで考える／
　　メモリへのアクセス方法／バックアップしたいデータへの対応

1-3 周辺ロジック部 …………………………………………28
　　周辺ロジック部の考え方／
　　周辺ロジック部を構成する機能デバイス／
　　独自回路（ランダムロジック）

1-4 インタフェース部 ………………………………………31
　　インタフェース部の考え方／コントローラとは／
　　外部通信のためのインタフェース／
　　機能デバイスのためのインタフェース

CONTENTS

- 1-5 電源部 …………………………………………………35
  1次側電源と2次側電源／回路基板と外部装置に必要な電源

- コラム カートリッジ式のゲーム機 ……………………………23

- コラム 世界初のマイクロプロセッサ4004で学ぶCPUとMPU、MCUの関係 …………………………………………26

第2章 デジタル回路の基本

- 2-1 トランジスタの基礎知識 ……………………………38
  電流はどうして流れるか／ダイオードの仕組み／
  バイポーラトランジスタ／MOS FET（電界効果トランジスタ）

- 2-2 基本論理回路 …………………………………………45
  インバータ回路／AND回路／OR回路／論理記号と真理値表／
  NANDとNOR／EX-OR

- 2-3 フリップフロップ回路 ………………………………53
  フリップフロップ（FF）とは何か／RS-FF／JK-FF／D-FF

- 2-4 標準機能回路と標準ロジックIC ……………………61
  ラッチ／シフトレジスタ／カウンタ／
  エンコーダとデコーダ／加算器

- 2-5 ランダムロジックを構成するASIC …………………71
  ASICとは／LSIに回路が形成される工程／フルカスタムLSI／
  ゲートアレイ／セルベースIC（スタンダードセル）／
  エンベデッドアレイ／ストラクチャードASIC／PLD、FPGA

- コラム 負論理に慣れるには ……………………………………53

第3章 CPUをサポートする基本機能

- 3-1 サポート機能の定義 …………………………………84
  システム・コントロール・ロジック／サポート機能の構成
- 3-2 キャッシュメモリ …………………………………87
  キャッシュメモリの必要性／キャッシュメモリの仕組み
- 3-3 MMU（メモリマネージメントユニット）…………90
  仮想メモリの概念／スワップによるメモリ管理／
  仮想メモリをハードウエアで実現するMMU
- 3-4 FPU/DSP …………………………………………92
  演算処理の分割／FPU／DSP
- 3-5 割り込みコントローラ ……………………………95
  割り込み処理とは／割り込み処理の流れ
- 3-6 バスコントローラ（バスステートコントローラ）………97
  バスコントローラの構成／各ブロックの処理内容
- 3-7 DMAコントローラ ………………………………100
  DMAコントローラの必要性／DMAコントローラの処理
- コラム CPUの進化とサポート機能 ………………………85

第4章 CPUの周辺機能

- 4-1 SH7720に見る周辺機能 …………………………104
  SH7720の概要／基本的な周辺機能
- 4-2 タイマ、リアルタイムクロック …………………106
  タイマユニット／コンペアマッチタイマ／タイマパルスユニット／
  ウォッチドッグタイマ／リアルタイムクロック

4-3 シリアルコミュニケーションインタフェースとRS-232C ……111
シリアル通信とUART／RS-232C

4-4 シリアルI/OとSPI、I²C …………………………………114
シリアルI/Oの必要性／SPI／I²C

4-5 USB …………………………………………………………118
USBの特徴／ホストコントローラとファンクションコントローラ

4-6 イーサネットコントローラ／レシーバ …………………121
イーサネットとは／SH7619に見るイーサネット機能

4-7 LCDコントローラ …………………………………………124
LCDコントローラの仕組み

4-8 A/D変換器、D/A変換器 …………………………………126
A/D変換器／D/A変換器

第5章 組み込みシステムに用いられる主なCPU

5-1 主流のCPU …………………………………………………130
近年の動向／本章で扱うCPU

5-2 CISCとRISC ………………………………………………132
2つの基本的な考え方／CISCの特徴／RISCの特徴

5-3 SH系 …………………………………………………………139
ラインアップ／コントローラ向け製品の特徴／
プロセッサ向け製品の特徴

5-4 ARM系 ………………………………………………………145
ARMアーキテクチャの特徴／ARM7／ARM9／ARM10E／
ARM11／動作モード／Thumb命令／
多くの企業にライセンス提供されるARM

5-5 PowerPC ……………………………………………………150
PowerPCの特徴／ラインアップ

|コラム| スーパースカラとは ……………………………………143
|コラム| AltiVecとは ……………………………………………154

第6章 ROMとRAM

6-1 半導体メモリの種類 ……………………………………156
ROMとRAMの使い方／半導体メモリの分類

6-2 EPROMとOne Time PROM ……………………………158
EPROMの構造／データの書き込みと読み出し／データの消去

6-3 フラッシュメモリとEEPROM ……………………………162
データの消去／しきい値／NOR型フラッシュとNAND型フラッシュ

6-4 SRAMとDRAM …………………………………………168
SRAM／DRAM

6-5 高機能化したDRAM…SDRAM、DDR-SDRAM、
Direct RDRAM ……………………………………………178
SDRAM／DDR-SDRAM／Direct RDRAM

6-6 進化型不揮発性メモリ …………………………………188
ユニバーサルメモリに要求される要素／
MRAM（Magnetic Random Access Memory）／
FeRAM（Ferroelectric Random Access Memory）／
OUM（Ovonic Unified Memory）

第7章 表示装置

7-1 LCDモジュール …………………………………………198
LCDの仕組み／LCDモジュールの種類／
グラフィックタイプのLCDモジュールの構成／
キャラクタタイプのLCDモジュールの構成

7-2 VFD（蛍光表示管）モジュール ……………………………204
　　蛍光表示管の仕組み／蛍光表示管モジュールの構成

7-3 LEDディスプレイ ……………………………………208
　　LED（発光ダイオード）／LEDディスプレイ／ドットマトリクスタイプ

第8章　各種センサ

8-1 光センサ ……………………………………………214
　　光センサの種類／フォトダイオードとフォトトランジスタ／
　　光電センサとフォトインタラプタ

8-2 温度センサ …………………………………………221
　　温度センサの種類／熱電対／白金測温抵抗体／サーミスタ／
　　IC化温度センサ

8-3 磁気センサ …………………………………………228
　　ホール素子／磁気抵抗（MR）素子

8-4 圧力センサ …………………………………………233
　　ストレインゲージ方式の半導体圧力センサ／各タイプの特徴

第9章　電源回路

9-1 電源回路とは ………………………………………238
　　階層的に構成される電源回路／
　　ACからDCへの変換を行う2次電源／
　　DCからDCへの変換を行う3次電源

9-2 シリーズ電源とスイッチング電源 …………………241
　　2次電源の基本工程／シリーズ電源／
　　スイッチング電源／ACアダプタ

9-3 3次電源を実現する電源用デバイス ………………246
　　DC/DC変換の種類／三端子レギュレータ／DC/DCコンバータ

9-4　電源のバックアップ ……………………………………253
　　　バックアップの必要性／電源バックアップ回路／リセットIC／
　　　スーパーキャパシタ／リチウム電池

おわりに ……………………………………………………259
索引　　……………………………………………………261

序 章

組み込みシステムと電子デバイス

　組み込みシステムは、対象商品である電子機器を実現するための専用のハードウエアと、それを制御するソフトウエアで構成されます。専用のハードウエアを構成するには実にさまざまな電子デバイスが必要となりますが、すべての電子デバイスを理解するのは大変です。したがって、まずはシステム構築において重要度の高い電子デバイスについて理解する必要があります。

0-1
電子デバイスとは

　一言で電子デバイスといってもその種類は膨大なので、いくつかのカテゴリに分類する必要があります。

▶▶ 3つに大別される電子デバイス

　電子回路を構成する部品のことを総称して**電子デバイス**と呼びます。電子デバイスは次の3つに大別されます。

- **能動部品**：入力と出力を持ち、入力された信号を修飾して出力するもの。
- **受動部品**：それ自身では機能せず、電気エネルギー的に能動部品の修飾機能をサポートするもの。
- **機構部品**：能動部品や受動部品の接続や固定に用いられるもの。

　能動部品には、入力された信号をアナログ的に修飾するものと、デジタル的に修飾するものがあります。前者の代表が単機能半導体（ディスクリート半導体）やリニアIC、後者の代表がCPUやメモリなどのロジックICといえます。

▶▶ 電子デバイスの分類

　前述した能動部品、受動部品、機構部品のうち、最も種類が多いのが能動部品です。したがってこの能動部品については、利用目的による分類や、構造による分類など多くの要素が関係しており、その分類方法もさまざまです。ここでは次のように分類してみます。

- **単機能半導体**　：単機能素子。
- **半導体集積回路**：複数の素子で構成される回路。
- **ディスプレイ**　：表示用素子およびモジュール。
- **水晶部品**：水晶の共振効果を利用した素子。
- **機能部品**：それ自体で装置としての機能を持つもの。

0-1 電子デバイスとは

- センサ
- 電源

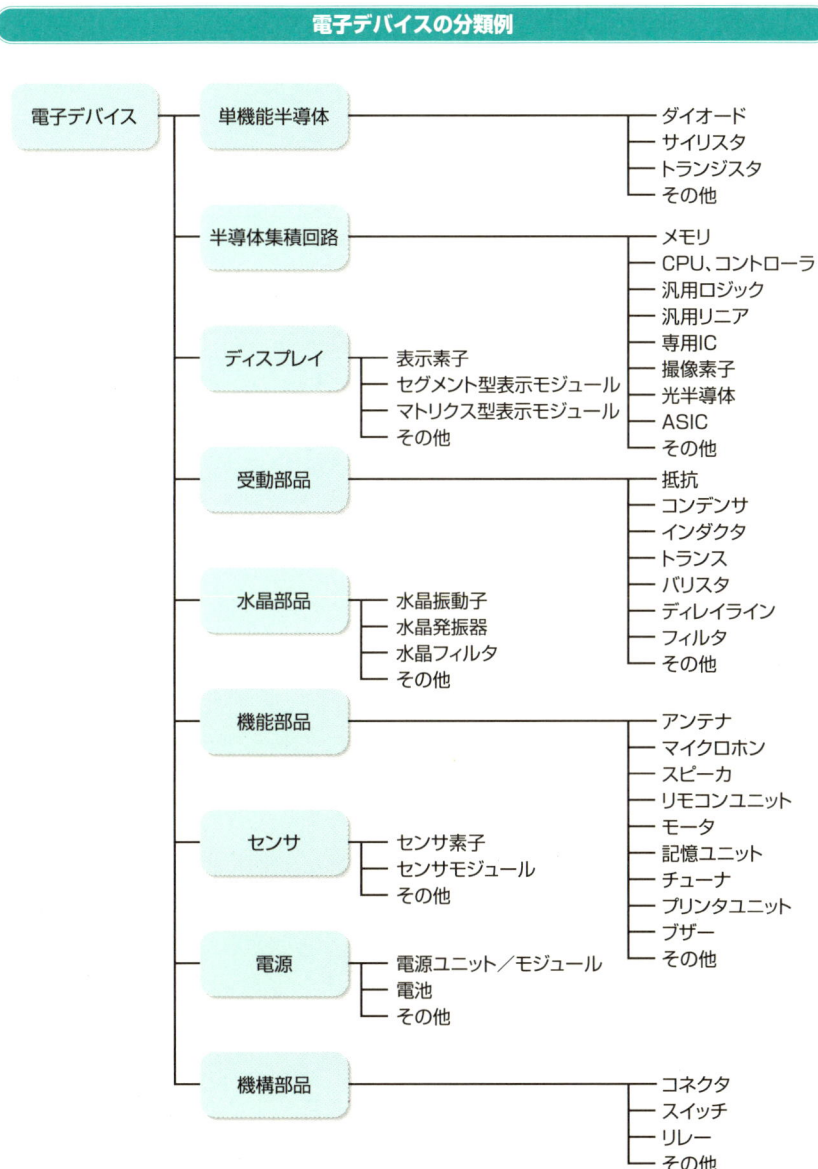

電子デバイスの分類例

0-2
組み込みシステムにおいて重要視されるデバイス

前述したように電子デバイスにはさまざまなものがありますが、それぞれに回路における重要度が異なります。

▶▶ 電子回路を具体化するステップ

電子機器の回路設計は、まずその**概要**を決めることから始まります。ここでいう概要とは回路の大まかな構成のことですが、その第一段階は商品の顔となる次のような機能を決めることです。

・表示手段
・操作入力手段
・信号検出手段
・印刷手段

つまり、回路全体を**制御部**と**制御対象部**の2つに大別した場合の制御対象部を決めるということです。前述の分類では、ディスプレイ、機能部品、センサがこれに該当します。

次に制御部ですが、制御対象部が決まると必然的にそれらを制御するのに必要な**インタフェース部**が決まります。またインタフェース部が決まると、CPUおよびメモリで構成される**コンピュータシステム部**が決まり、同時に必要となる**周辺機能部**も決定されます。制御部を構成するデバイスの大半は「単機能半導体」「半導体集積回路」となります。

これで概要が決まるわけですが、すでにおわかりのように概要設計は大半の能動部品を決める作業とも言えます。

概要が確定すると、あとは**詳細設計**となります。これまで出てこなかった受動部品、水晶部品、電源、機構部品はこの詳細設計の段階で決定されます。

0-2 組み込みシステムにおいて重要視されるデバイス

回路の概要を決めるステップ

ステップ1：制御対象部を決める

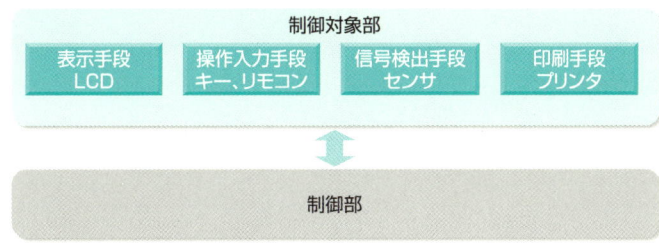

ステップ2：インタフェース部を決める

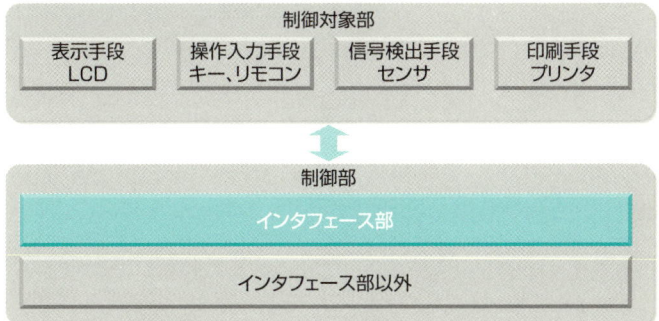

ステップ3：コンピュータシステム部と周辺機能部を決める

0-2　組み込みシステムにおいて重要視されるデバイス

▶▶ 本書で扱う電子デバイス

　本書は入門書として、概要設計までを行える基本的な知識を提供することを目的としています。したがって扱うのは、水晶部品を除いた能動部品だけに限定します。その中でも特に、組み込みシステムの肝となる半導体デバイスに重点をおいて解説します。

第1章

組み込みシステムのブロック構成

　組み込みシステムのハードウエアは、いくつかの基本的なブロックに分けることができます。一見複雑に見えるハードウエアも、このブロック化により、理解しやすくなります。この章では、組み込みシステムのブロック構成について説明します。「ハードウエア」というと、慣れない人は拒絶反応を起こしがちですが、このブロック化により理解が進むと思います。

1-1 標準的な組み込みシステムの構成

まずは組み込みシステムのハードウエアの全体像を把握していただくために、その構成について概観してみましょう。

▶▶ システムの基本構成

次の図は、組み込みシステムの基本的なブロック構成を示したものです。

組み込みシステムの基本ブロック構成

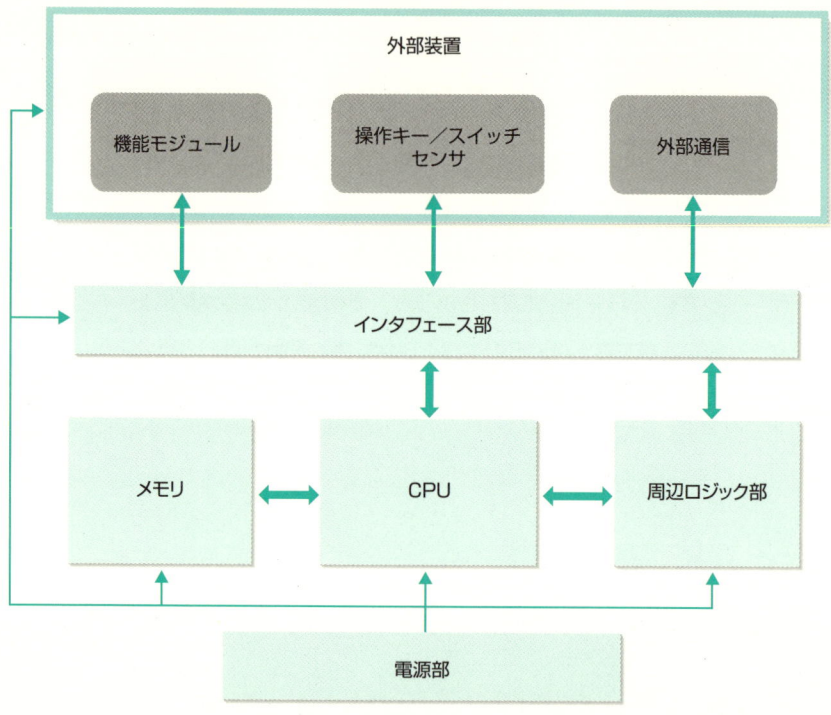

1-1 標準的な組み込みシステムの構成

　この図のように組み込みシステムは、CPU、メモリ、周辺ロジック部、インタフェース部、電源部とともに、インタフェース部に接続される外部装置によって構成されます。

　ご存知のように、**CPU**（Central Processing Unit：中央演算装置）と**メモリ**は各種処理を行うためのエンジンに当たる部分で、**電源部**はハードウエアを動作させるための電力を供給するものです。ところがこの3つのブロックだけではコンピュータシステムは構成できません。コンピュータシステムである組み込みシステムの処理は、次の流れが基本になっているからです。

　　　　　　　組み込みシステムの処理の流れ

　　　　　　　❶外部から処理の依頼を受ける
　　　　　　　　　　　　↓
　　　　　　　❷依頼を受けた処理を行う
　　　　　　　　　　　　↓
　　　　　　　❸処理の結果を表現する

　CPUとメモリだけで行えるのは、このうち❷の部分のみです。

　❶の外部からの処理の依頼手段として一般的なものとしては、キー（スイッチ）やセンサによる入力が挙げられます。また❸の処理結果の表現としては、ディスプレイへの表示や、プリンタへの印刷、音の出力、他の機器への通信といった手段が挙げられます。ここではこれらの入出力手段を「外部装置」として表しますが、こうした外部装置とのやりとりに必要なのが、周辺ロジック部とインタフェース部です。

　周辺ロジック部は、CPUでまかなえない（または苦手な）論理処理をカバーするためのものです。例えば特殊な信号処理や、アナログとデジタル間でのデータ変換、特定のハードウエアに対する制御などが挙げられます。

　一方**インタフェース部**は、CPUが外部装置とデータのやりとりを行うためのものです。外部装置にはそれぞれ決まった物理的または論理的インタフェースが存在し

1-1　標準的な組み込みシステムの構成

　ますが、これらはCPUが直接データのやりとりを行う**システムバス**とは仕様が異なります。したがってCPUが外部装置とやりとりを行うには、CPUのシステムバスを外部装置のインタフェースに合わせて変換する機能が必要となります。この部分をインタフェース部と呼びます。

　また**外部装置**については、機能モジュール、操作キー／スイッチおよびセンサ、外部通信の3つに分けられます。

　機能モジュールとは、コントローラ／ドライバを実装したLCDモジュール、プリンタモジュールといったデータレベルでやりとりを行うインテリジェントなものが該当します。**操作キー／スイッチおよびセンサ**は信号レベルでやりとりを行うもの、**外部通信**は例えばLANのようにシステム外の機器との通信インタフェースを意味します。

▶▶ 回路基板と外部装置

　さきほどのブロック図はシステム全体を示したものですが、組み込みシステムの回路基板として開発対象となるのは、次の図で色塗りした部分です。

　機能モジュールはそれ自体完成品ですから、それと接続するコネクタを回路基板に実装すればよいわけです。また外部通信もコネクタだけを実装すれば、そこにケーブルを接続することで通信が行えます。ただし、操作キー／スイッチおよびセンサは設置方法や構成がシステムごとに異なるので、一般的には回路基板に反映させます。

　また、回路基板に必要な2次側電源回路は、1次側電源回路とは別に回路基板に反映させる必要があります。

1-1 標準的な組み込みシステムの構成

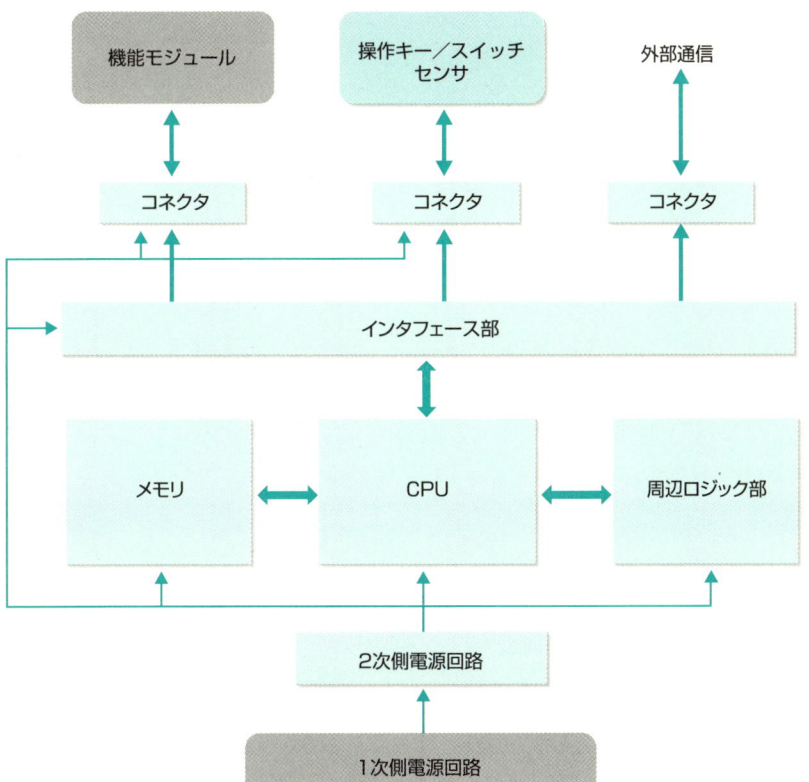

1-2
CPUとメモリ

前述したように、CPUとメモリはコンピュータシステムのエンジンです。ここではその関係について考えてみましょう。

▶▶ CPUとメモリはセットで考える

CPUは情報の処理だけを行うハードウエアで、それだけでは動作することができません。CPUを動作させるためにまず必要なのは、情報を与えてやることです。この情報を格納するのがメモリです。つまりCPUとメモリはセットで機能するもので、メモリに入っている情報であるプログラムやデータを送ってやることでCPUは動作します。

一般的な組み込みシステムでは、メモリがROMとRAMの2つに分れています。

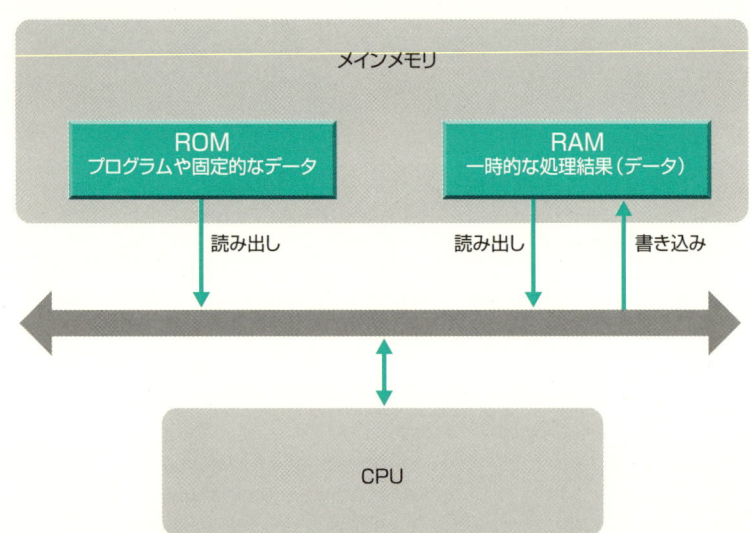

ROMとRAM

1-2 CPUとメモリ

　ROM（Read Only Memory）とはデータの読み出し専用メモリで、この中に記憶された情報は書き換えることができません。これが組み込みシステムにおいて、ソフトウエアの環境面での信頼性を実現しているわけです。通常ROMには、その機器を動かすためのプログラムと、そのプログラムが扱う固定的なデータ（文字データ、画像データ、サウンドデータ、制御に用いる固定的なパラメータなど）が記憶されています。

　一方**RAM**（Random Access Memory）とは、データの書き込みや書き換えが自由に行えるメモリです。RAMは主にプログラムの途中の処理結果（データ）を保存するのに利用します。保存されたデータを修飾したり加工することで、最終的な処理結果が得られます。

▶▶ メモリへのアクセス方法

　メモリはスペースの決まった多くのBOXで構成されており、それぞれのBOXは次ページの図のように番地（**アドレス**）で管理されています。

　ROMの場合は読み出し専用なので、CPUから番地（アドレス）を指定してやれば、該当するBOXに格納されているデータが出力されます。

　一方RAMの方は番地を指定するとともに、読み出しの指示を与えてやることで、BOXのデータが出力されます。書き込みの場合は、番地を指定し、書き込みの指示を与え、書き込むデータを渡すことでBOXに新しいデータが書き込まれます。

COLUMN　カートリッジ式のゲーム機

　昨今のDVD-ROMやCD-ROMを採用したものは別として、家庭用ゲーム機にはカートリッジROMによりソフトを交換するものがあります。こういったタイプのゲーム機は、CPUとメインメモリのうち、メインメモリのすべて（または一部）をカートリッジに開放しています。つまり、ソフトを実行するために必要なプログラムをROMに実装し、処理に必要な容量のRAMとともにカートリッジ内部に実装しているわけです。

1-2　CPUとメモリ

メモリの読み出しと書き込み

ROMの読み出し

CPU

アドレス（番地）を指定する →

指定されたアドレス（番地）のデータを受け取る ←

メインメモリ
番地1：	データ1
番地2：	データ2
番地3：	データ3
番地4：	データ4
番地5：	データ5
・	・
・	・
・	・
・	・
番地N：	データN

RAMの読み出し

CPU

アドレス（番地）を指定する →

読み出しを指示する →

指定されたアドレス（番地）のデータを受け取る ←

メインメモリ
番地1：	データ1
番地2：	データ2
番地3：	データ3
番地4：	データ4
番地5：	データ5
・	・
・	・
・	・
・	・
番地N：	データN

RAMへの書き込み

CPU

アドレス（番地）を指定する →

書き込みを指示する →

指定されたアドレス（番地）に書き込むデータを渡す →

メインメモリ
番地1：	データ1
番地2：	データ2
番地3：	データ3
番地4：	データ4
番地5：	データ5
・	・
・	・
・	・
・	・
番地N：	データN

▶▶ バックアップしたいデータへの対応

　ここまではコンピュータシステムのエンジンとして必要なROMとRAMの機能について説明しましたが、もう一つ、組み込みシステムにおけるメモリの利用方法として、データのバックアップがあります。

　例えば、住所録を備えた携帯電話や電子手帳を考えてみましょう。ROMとRAMだけのメモリ構成の場合、利用者が登録した住所録はRAMに書き込むしかありません。ところが一般的にRAMと呼ばれる**SRAM**（Static Random Access Memory）や**DRAM**（Dynamic Random Access Memory：3-2節参照）は、電力が供給されていないと、書き込まれたデータを保持することができません。つまりこのメモリ構成では、携帯電話や電子手帳のバッテリが切れてしまうと住所録が消滅してしまいます。そこで用いられるのが、**バックアップメモリ**です。

　バックアップメモリには**フラッシュメモリ**（6-3節参照）や**EEPROM**（Electronically Erasable and Programmable Read Only Memory：6-3節参照）といったメモリデバイスが用いられます。これらは**不揮発性メモリ**と呼ばれ、電力が供給されなくても書き込んだデータを保持することができます。

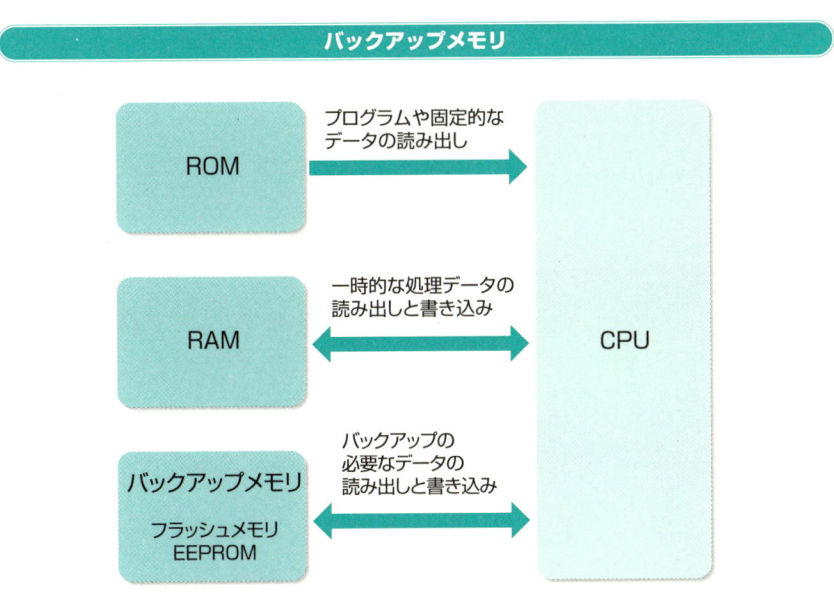

1-2 CPUとメモリ

世界初のマイクロプロセッサ4004で学ぶCPUとMPU、MCUの関係

　本書ではマイクロプロセッサを包括してCPUと呼んでいますが、一般的にはMPU、MCUといった用語も用いられます。ここで、それらの関係について説明しましょう。

　現在のように半導体が進化する以前にも、コンピュータは存在していました。その代表的なものは、世界最初のコンピュータと呼ばれる**ENIAC**（Electronic Numerical Integrator And Calculator）です。

　ENIACは米国・ペンシルバニア大学で1946年に製作され、18,000本の真空管、1,500個のリレー、70,000個の抵抗器、10,000個のコンデンサで構成されていました。つまり現在のような1つのLSIではなく、複数の電子部品で構成される回路によって、演算やデータ処理を行うエンジン部が構成されていたわけです。このエンジン部の回路のことをCPU（Central Processing Unit：中央演算装置）と呼び、これが現代にも受け継がれているのです。

　このCPUを1チップのLSIとして実現したものが**MPU**（Micro Processing Unit）または**マイクロプロセッサ**と呼ばれるものです。

　世界初のMPUは、当時の日本の電算機メーカーであるビジコン社がプリンタ付き電卓用のLSIとしてインテル社に開発を依頼し、1971年に両者の共同開発により誕生した**4004**です。

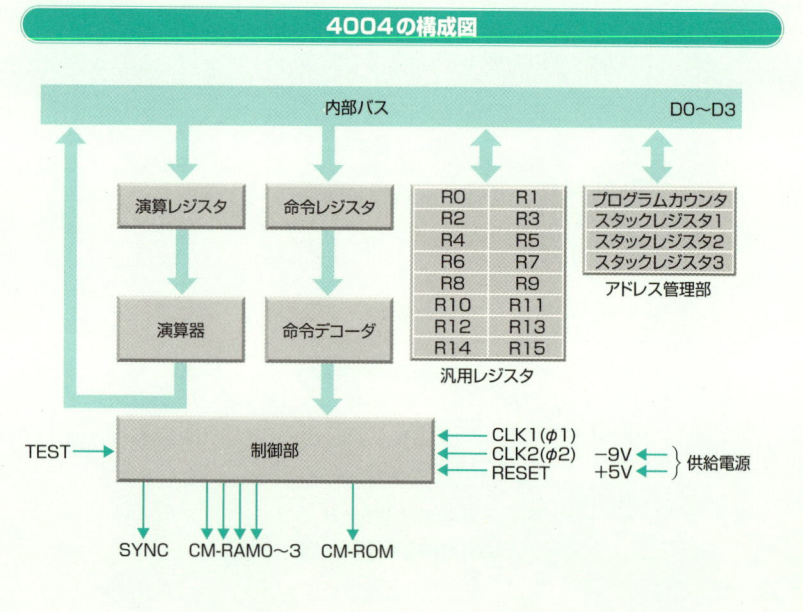

4004の構成図

この構成図でわかるように、4004は演算とデータ処理の最低限の機能だけで構成されており、これだけではシステムとして動作できません。したがって4004では、次の3つのチップセットとともにシステムが構成されました。4004を含むこのチップセットは**MSC-4**と呼ばれました。

- 4001：プログラムメモリ（ROM）
- 4002：作業メモリ（RAM）
- 4003：出力拡張ユニット

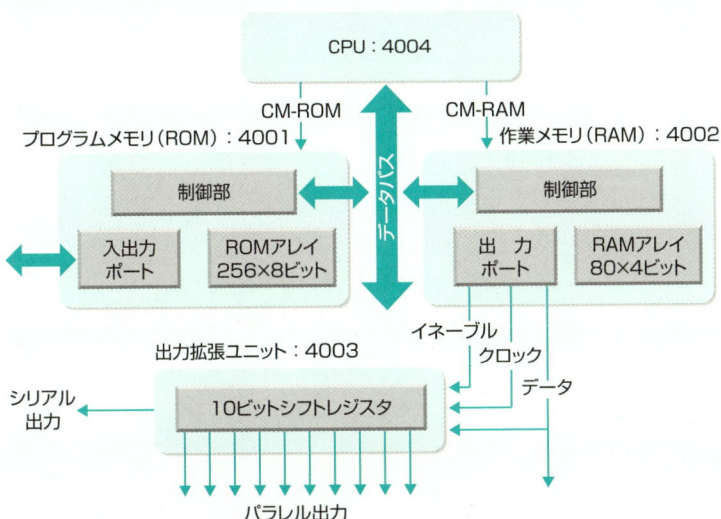

MSC-4のシステム構成

4004の登場以降現在まで、半導体プロセスの向上によるLSIの高集積化によりMPUは進化してきましたが、その進化には2つの流れがあります。一つはMPU内部のCPUとしての機能の高性能化であり、もう一つはCPU以外の周辺機能をLSI内部に実装させる多機能化です。

先ほどのMSC-4は、4004とROM、RAM、外部出力がそれぞれ独立したLSIで構成されていましたが、これらがシステムとして必要な独立したLSIの機能を、1つのLSIで実現できれば非常に便利でしょう。これが後者の多機能化です。

このようにCPUとメモリ、外部インタフェースなど、システムに必要な機能回路を1つのLSIに実装したのが**MCU**（Micro Controller Unit：超小型制御装置）または**ワンチップマイコン**と呼ばれるものです。

1-3 周辺ロジック部

コンピュータシステムは処理エンジンであるCPUを核として、その周辺のさまざまな回路で構成されます。その回路の一つが周辺ロジック部と呼ばれる部分です。

▶▶ 周辺ロジック部の考え方

　周辺ロジック部は、CPUで処理できない（またはCPUで処理を行うと不便な）データ処理を行うものです。ただしその範囲はあまりに広いので、周辺ロジック部の役割を次ページの図のように5つのパターンに分けてみました。

　パターン1は、CPUが処理の依頼と対象となるデータを周辺ロジック部に渡し、これを周辺ロジック部が処理して、結果をCPUに渡すものです。シンプルなものではタイマ／カウンタやリアルタイムクロックなどもこれに該当しますが、例えばDSP（3-4節参照）を用いた静止画像処理回路などもこれに該当します。

　パターン2は、CPUが処理の依頼と対象となるデータを周辺ロジック部に渡し、これを周辺ロジック部が処理して結果をインタフェース部を介して外部に出力するものです。外部装置を制御するコントローラなどがこれに該当します。

　パターン3は、CPUが処理の依頼と対象となるデータを周辺ロジック部に渡し、これを周辺ロジック部が処理して結果を外部に出力するとともに、外部から入力されたデータを周辺ロジック部に依頼して受け取るものです。イーサネットコントローラなど、通信用のコントローラがこれに該当します。

　パターン4と5は、データの処理をすべて周辺ロジック部で行うもので、CPUは処理の依頼など管理だけを行うものです。これに該当するものとしては、DSPを用いた動画や音声の処理回路が挙げられます。

　ただし、周辺ロジック部はインタフェース部と密接に関係しているものが多く、特にデバイス単位では両方の機能を備えているものもあり、実際の回路上での切り分けは難しい場合があります。

1-3 周辺ロジック部

周辺ロジック部の役割

パターン1

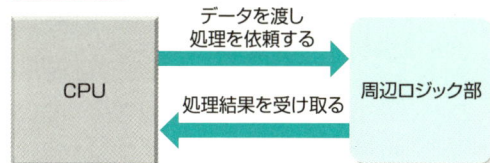

パターン2

パターン3

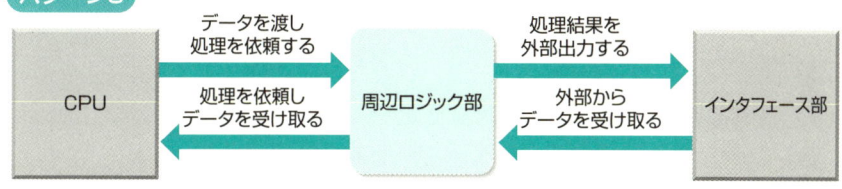

パターン4

パターン5

▶▶ 周辺ロジック部を構成する機能デバイス

　周辺ロジック部を構成する一つの方法としては、汎用の**機能デバイス**の採用が挙げられます。汎用の機能デバイスは、大きく次の2つに分けられます。

❶**CPU周辺用デバイス**
❷**専用デバイス**

　❶は組み込みシステムのターゲット商品とは無関係に、CPUの周辺機能として一般的に用いられるものです。前述したタイマ／カウンタやリアルタイムクロック、電源監視用リセットIC、ブザーICといったものが挙げられます。
　一方❷はターゲット商品に合わせたもので、例えば松下電器産業では次のような分野ごとに製品が用意されています（2006年7月時点）。

・映像機器用
・音響機器用
・通信機器用
・情報機器用
・電源用
・モータ用

▶▶ 独自回路（ランダムロジック）

　周辺ロジック部を前述の機能デバイスだけで構成できる場合は問題ないのですが、そうでない場合は独自の回路を構成する必要があります。
　独自の回路を構成する方法としては、後述する（2-4節参照）74シリーズや汎用ASSPといった、部品としての機能を持つ汎用**ロジックIC**を用いるケースが一般的です。回路規模が大きい場合や基板上の実装密度を上げたい場合は、カスタム対応のASIC（2-5節参照）に回路を実装します。

1-4 インタフェース部

　CPU周辺の回路としてもう一つ重要なのがインタフェース部です。インタフェース部は、CPUが外部のデバイスおよび装置とデータのやりとりを行ううえで必要となる回路です。

▶▶ インタフェース部の考え方

　外部デバイスおよび装置はそれぞれに、データのやりとりを行う論理的・物理的インタフェースを備えています。このインタフェースを用いてCPU（場合によっては周辺ロジック部）がデータのやりとりを行うには、CPUが扱うデータを外部デバイスおよび装置のインタフェースに合わせて論理的または物理的に変換する必要があります。

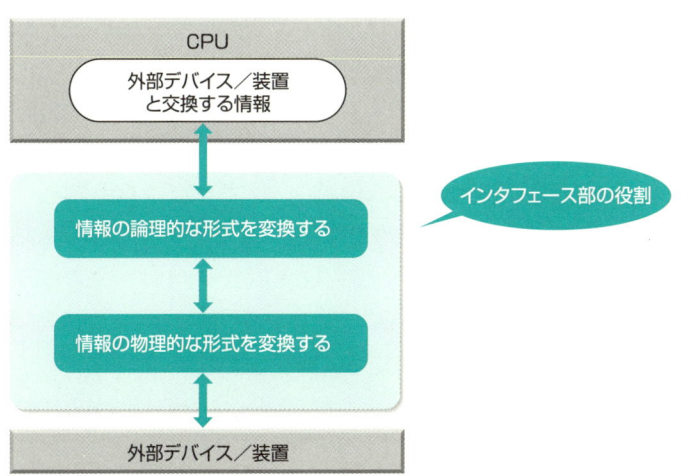

インタフェース部の役割

　論理的な変換とは、データのサイズや並び方を、外部デバイスおよび装置のインタフェースに合わせるものです。

1-4 インタフェース部

　一方物理的な変換とは、データの受け渡しを行う伝送路における信号レベルでのインタフェースを合わせるものです。例えばCPU側の信号が3.3V対応なのに対し、外部デバイスおよび装置の信号が5V対応であれば、信号レベルを5Vに変換する必要があります。また、伝送方式が決められている場合は、その伝送方式に合わせた制御が必要となります。信号レベルの変換を行うものを一般的に**ドライバ**、伝送制御を行うものを**トランシーバ**、**レシーバ**と呼びます[*]。

▶▶ コントローラとは

　インタフェース部の論理的・物理的変換機能を提供するデバイスは、一般的にインタフェースLSI（または**インタフェースIC**）と呼ばれますが、これ以外にコントローラと呼ばれるものがあります。

　インタフェースLSIは単純な変換だけを行うものです。これを用いる場合、CPUはその制御端子を直接操作しながらデータの受け渡しを行います。

　ところが、画像の表示制御やLAN経由の通信といった複雑な処理を必要とするものにおいて、制御端子を直接操作していたのではCPUの負担が多すぎます。そこで生まれたのがコントローラです。**コントローラ**は特定の処理を対象としますが、内部はCPUと同じで、プログラムによって動作し、CPUの代わりにデータのやりとりの管理を行ってくれます。したがってコントローラの場合、CPUは依頼する処理内容を定義するコマンド（**命令コード**）と処理の対象となるデータを渡すだけで、以降の外部ハードウエアの制御処理はコントローラが行ってくれます。

　コントローラはCPUの代わりに管理を行うものですから、インタフェース部というよりは周辺ロジック部を構成するデバイスといえます。けれども昨今のコントローラは、インタフェース部に該当する論理的な変換だけでなく、物理的な変換の機能までも1チップに内蔵しているものが多く存在します。

　前節の周辺ロジック部のところで、インタフェース部との切り分けが難しいと述べたのは、そのためです。

---

[*]…**と呼びます**　ただし、信号レベルの変換と伝送制御の両方の機能を備えているICもある。

1-4　インタフェース部

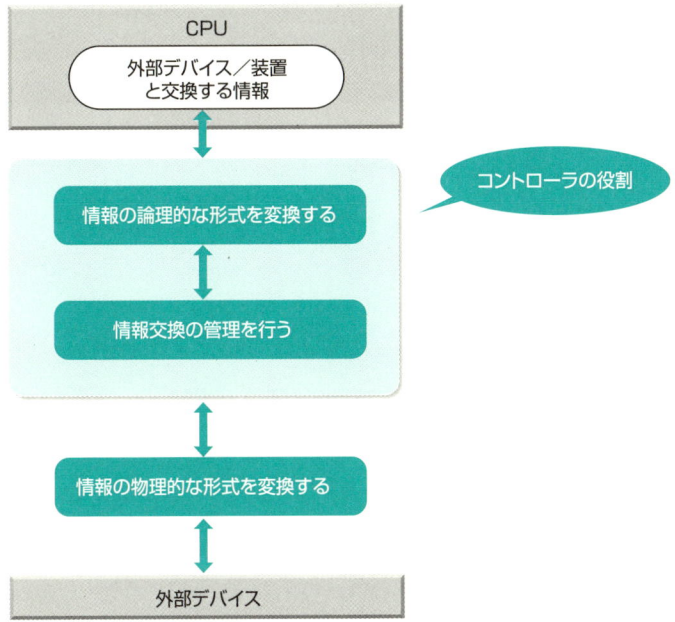

▶▶ 外部通信のためのインタフェース

　インタフェース部は、外部通信のためのインタフェースと機能デバイスのためのインタフェースに分けられます。

　外部通信のためのインタフェースとは、LANやUSBといった標準的な伝送手段が対象となり、その場合は相手側の外部デバイスおよび装置もCPUを内蔵したインテリジェントなものです。つまり、コマンドとデータによってやりとりが行えるものです。

　この場合のインタフェース部は、一般的に通信コントローラ、トランシーバ／レシーバ、ドライバで構成されますが、伝送制御に特別な回路を必要としない場合は、トランシーバ／レシーバは必要ありません。

1-4 インタフェース部

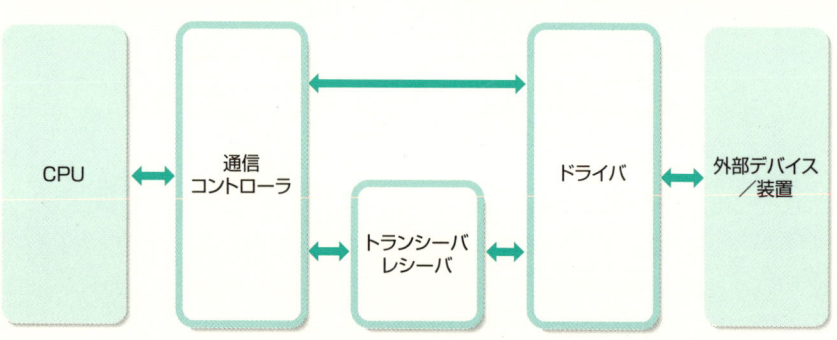

機能デバイスのためのインタフェース

　一方、機能デバイスの多くはCPUやコントローラを持たないノンインテリジェントなものです。この場合インタフェースは、インタフェースICや汎用ロジックICを介してCPU主導でやりとりが行われます。ただし、モータ制御や表示制御といったCPUに負担のかかる処理が必要な場合は、専用のコントローラを介した方が有効[*]です。

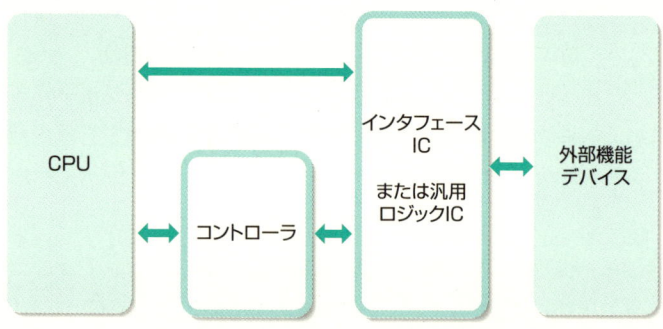

[*]…**有効**　もちろん、機能デバイス側にコントローラが実装されている場合は不要である。

1-5 電源部

　組み込みシステムにおいては、使用される部品や外部装置ごとに必要とされる電圧や電流が異なります。それを供給するのが電源部です。

▶▶ 1次側電源と2次側電源

　電源を考えるうえで基本となるのが、製品に供給される**元電源**です。例えば製品がコンセントに接続するものであればAC100Vが元電源であり、電池駆動だけのものであれば電池から供給されるものが元電源となります。

　この元電源を加工して、商品内部の回路基板や外部装置に必要な電圧や電流を供給するのが**電源回路**です。したがって元電源のことを**1次側電源**、そこから加工された電源を**2次側電源**といいます。

1次側電源と2次側電源

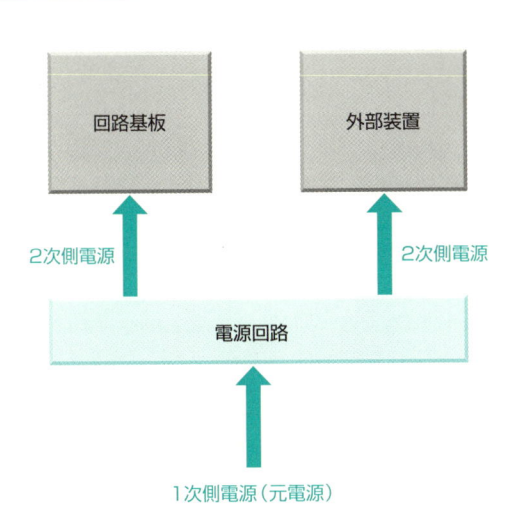

```
  ┌─────────┐      ┌─────────┐
  │ 回路基板 │      │ 外部装置 │
  └────▲────┘      └────▲────┘
       │2次側電源         │2次側電源
  ┌────┴──────────────────┴────┐
  │          電源回路           │
  └──────────────▲──────────────┘
                 │
             1次側電源（元電源）
```

1-5　電源部

▶▶ 回路基板と外部装置に必要な電源

　2次側電源の電圧や電流を決めるためには、回路基板と外部装置に必要な電圧と電流を把握しておく必要があります。というのは、1次側電源に接続された1つの電源回路で、回路基板や外部装置に必要なあらゆる電圧と電流を用意するのは、非常に効率が悪いからです。

　電源回路は、1次側電源の電圧が高いほどトランスやコンデンサといった部品が大きくなり、また2次側電源の種類が多いほど回路規模が大きくなってしまいます。このことから、まずは**ACアダプタ**や一般的に**電源ユニット**と呼ばれる1次側電源回路により限られた2次側電源を生成し、そこから回路基板などに実装された2次側電源回路によって個々に必要な電源を生成するのが一般的です。

　したがって、2次側電源が1種類しか用意できない1次側電源回路であれば、回路基板と外部装置に必要な電圧のうち最も高いものを基準に2次側電源電圧を設定します。

限られた2次側電源からさらに必要な電源を生成する2次側電源回路

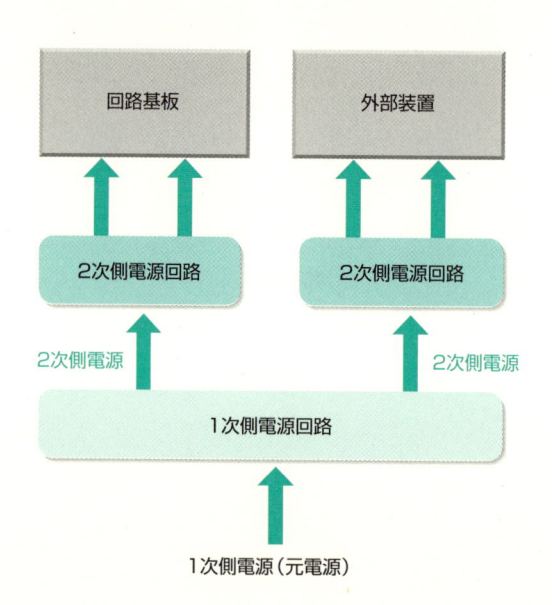

第2章

デジタル回路の基本

組み込みシステムにおけるCPUやメモリ、各種デバイスを理解するには、デジタル回路の基本的な知識が不可欠です。本章では、デジタル回路の基本的な解説を行います。

2-1
トランジスタの基礎知識

デジタル回路を構成する半導体はいずれも、トランジスタを集積したものです。まずはトランジスタの仕組みについて説明します。

▶▶ 電流はどうして流れるか

物体に電流が流れるというのは、マイナスの電荷を持つ電子やプラスの電荷を持つ正孔*が移動することによって起きます。

この電子を多く持つ半導体を**N形半導体***といい、これに対して正孔を多く持つ半導体を**P形半導体***といいます。したがって各半導体に電圧を印加*すると、N形半導体の場合は電子が正極方向に移動し、P形半導体の場合は正孔が負極方向に移動することで電流が流れます。

N形半導体とP形半導体

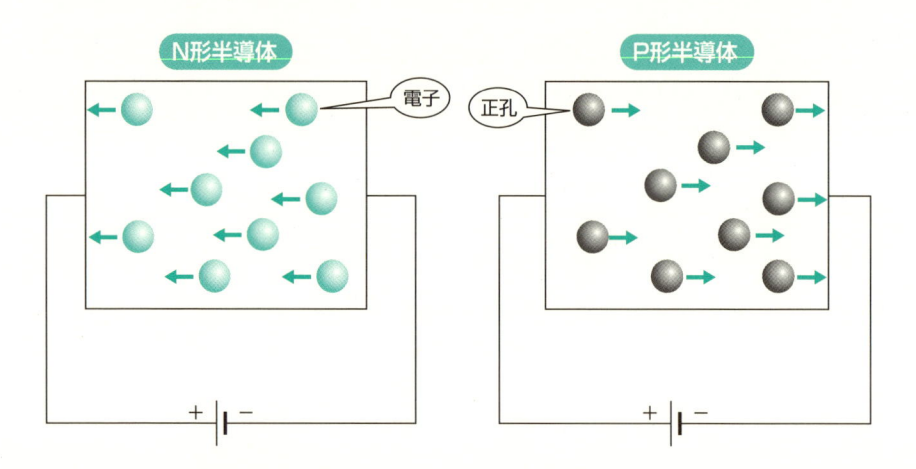

▶▶ ダイオードの仕組み

ところが、N形半導体とP形半導体はどちらも電流が流れるだけで、デバイスとしては何の意味もありません。そこで、この2つの半導体を組み合わせて機能させ

* 正孔　　　　固体の結晶構造中で、電子が欠落した部分。まるで正の電荷を持った電子であるかのようにふるまう。
* **N形半導体**　Nは、Negativeの頭文字。
* **P形半導体**　Pは、Positiveの頭文字。
* 印加　　　　回路や装置に電圧をかけること。

2-1 トランジスタの基礎知識

たのが**ダイオード**です。ご存知のようにダイオードのメインとなる機能は、順方向にかけられた電圧に対しては電流を流し、逆方向に対しては電流を流さないという整流作用です。

N形半導体とP形半導体を次の図のように結合させてみましょう。

PN接合ダイオード

電圧を順方向にかけた場合（電流が流れる）

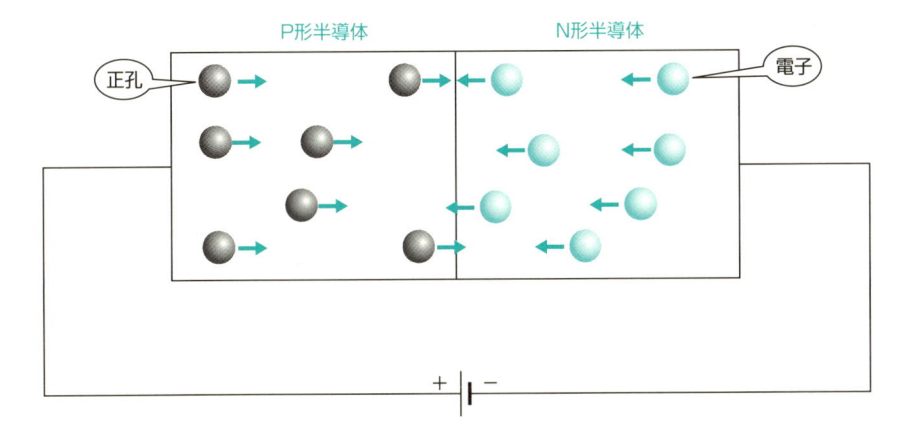

P形半導体　　　N形半導体
正孔　　　　　　　　　　　電子

電圧を逆方向にかけた場合（電流が流れない）

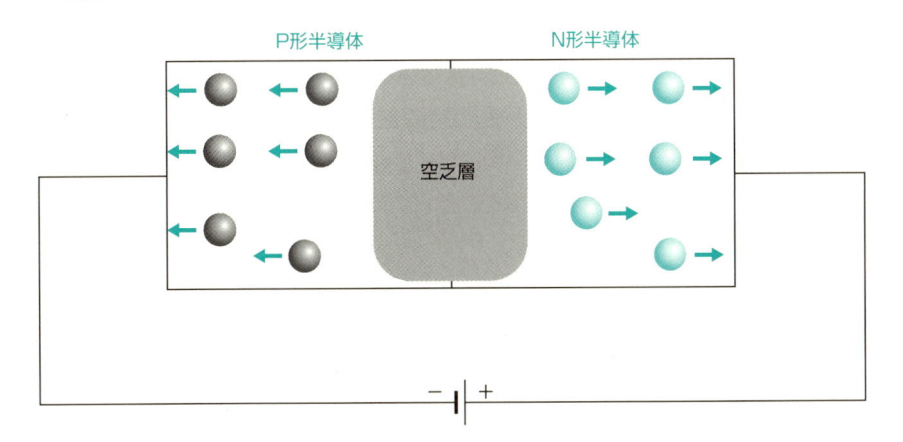

P形半導体　　　N形半導体

空乏層

2-1 トランジスタの基礎知識

　これを**PN接合**といいます。このとき順方向に電圧をかけると、正孔は負極方向に移動し、電子は正極方向に移動することで、両者は互いに相手側の領域に侵入します。したがって電流が流れます。

　ところが印加する電圧の極性を逆にすると、正孔と電子は離れるかたちで移動します。これによりP形半導体とN形半導体の境界線付近には、正孔も電子も存在しない**空乏層**という領域ができてしまいます。当然ながら空乏層は電流を流すことができないため、これが電流の流れを遮断する壁となります。これがダイオードの整流作用の仕組みです。

▶▶ バイポーラトランジスタ

　トランジスタにはバイポーラトランジスタとMOS FET（電界効果トランジスタ）がありますが、どちらもN形半導体とP形半導体の結合により構成されています。

　バイポーラトランジスタは2つのN形半導体にP形半導体を挟んだ構造の**NPN形**と、2つのP形半導体にN形半導体を挟んだ構造の**PNP形**の2つがあります。中央の挟まれている部分を**ベース**（B）、両サイドの一方を**コレクタ**（C）、もう一方を**エミッタ**（E）と呼びます。記号のエミッタ側の矢印は、電流の流れる方向を表します。

NPN形とPNP形のバイポーラトランジスタ

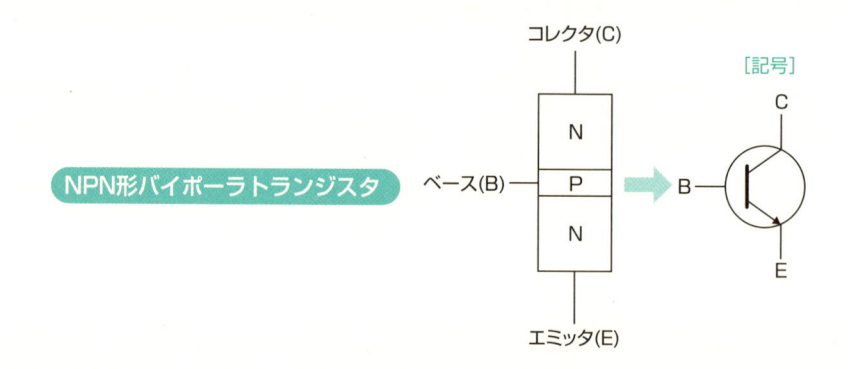

NPN形バイポーラトランジスタ

コレクタ(C) — N / ベース(B) — P / エミッタ(E) — N

［記号］B、C、E

2-1 トランジスタの基礎知識

```
                    コレクタ(C)
                       │
                   ┌───┴───┐
                   │   P   │
                   ├───────┤         [記号]
PNP形バイポーラトランジスタ    ベース(B)─│   N   │━▶  B ─┤
                   ├───────┤
                   │   P   │
                   └───┬───┘
                       │
                    エミッタ(E)
```

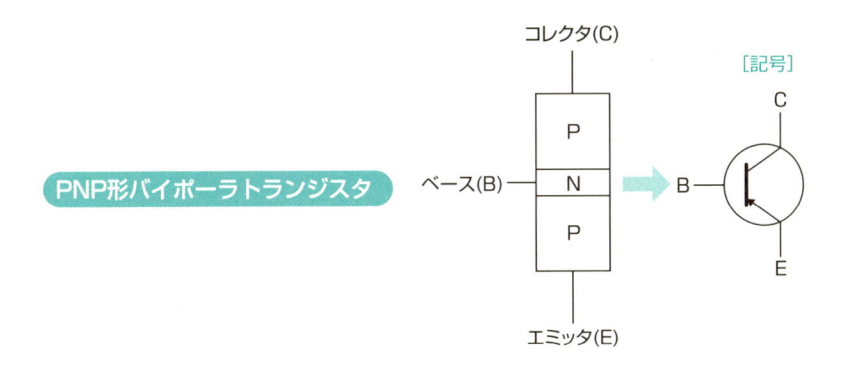

（右側の記号図：C が上、E が下、B が左のPNPトランジスタ記号）

　どちらもダイオードと同じように整流作用を利用したものです。例えばNPN形において、コレクタ－エミッタ間にのみ電圧を印加し、ベース－エミッタ間には電圧を印加しないとします。この場合はコレクタ側の電子とベースの正孔が離れるかたちで移動するため、空乏層が形成され電流は流れません。

コレクタ－エミッタ間にのみ電圧をかけた場合（電流が流れない）

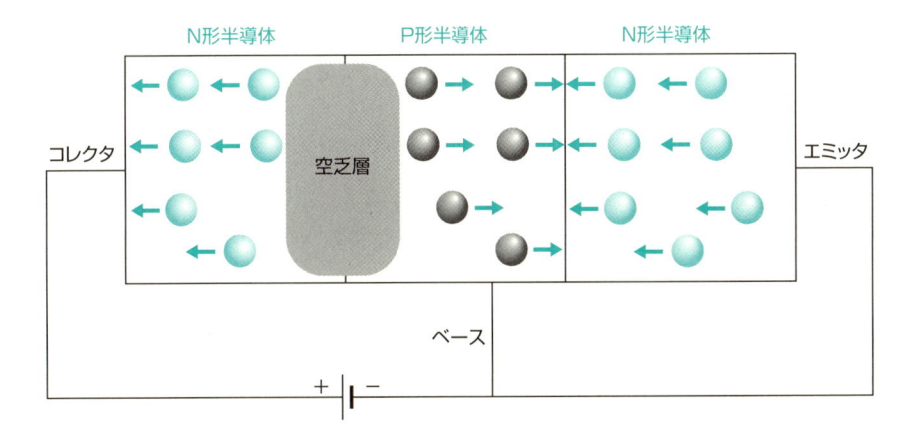

（図：左からN形半導体（コレクタ）、P形半導体（ベース）、N形半導体（エミッタ）。中央に空乏層があり、電子と正孔が離れる向きに移動している様子。下部にベースと電池（＋ －）が接続されている）

　次に、コレクタ－エミッタ間とベース－エミッタ間の両方に電圧を印加してみます。この場合はエミッタの電子がベースを経由して、さらにはコレクタにも入り込むため電流が流れます。つまりベースに電流が流れることで、コレクタに電流が流れるわけです。

第2章 デジタル回路の基本

41

2-1 トランジスタの基礎知識

> コレクターエミッタ間とベース-エミッタ間に電圧をかけた場合（電流が流れる）

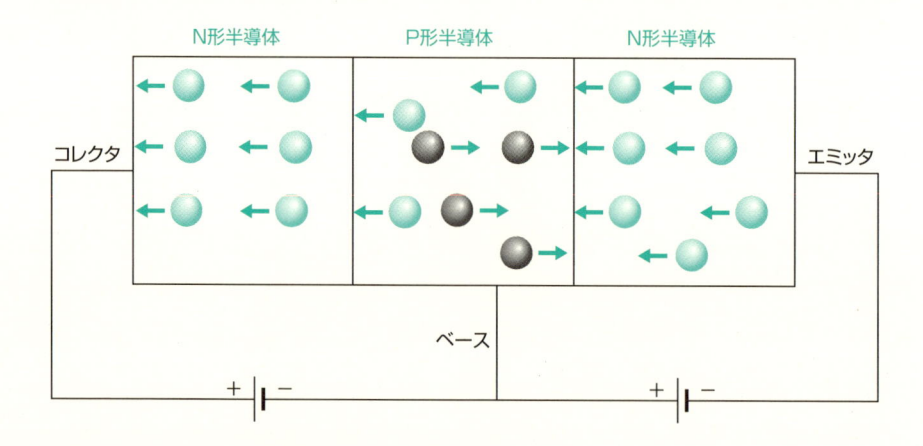

（図：N形半導体／P形半導体／N形半導体の構造。左端にコレクタ、右端にエミッタ、下部中央にベース。下部に電池2つ（+ −）が接続されている）

⏩ MOS FET（電界効果トランジスタ）

　バイポーラトランジスタは電子と正孔の両方によって電流を流していましたが、LSIの多くに採用されている**MOS FET**（Metal Oxide Semiconductor Field Effect Transistor：**電界効果トランジスタ**）は、電子または正孔のどちらか一方の移動によって電流を流します。

　例えばNPN形MOS FETは、自由電子を持つN形半導体を2つの浮島とし、正電荷を持つP形半導体を湖とした構造となっています。N形半導体の片側部分を**ソース**（S）、もう片方を**ドレイン**（D）と呼び、その間にあるP形半導体と接した酸化膜からなる絶縁部分を**ゲート**（G）と呼びます。ソースとドレインはバイポーラトランジスタのドレインとソースに、ゲートはベースに該当します。

2-1 トランジスタの基礎知識

NPN形MOS FETの構造

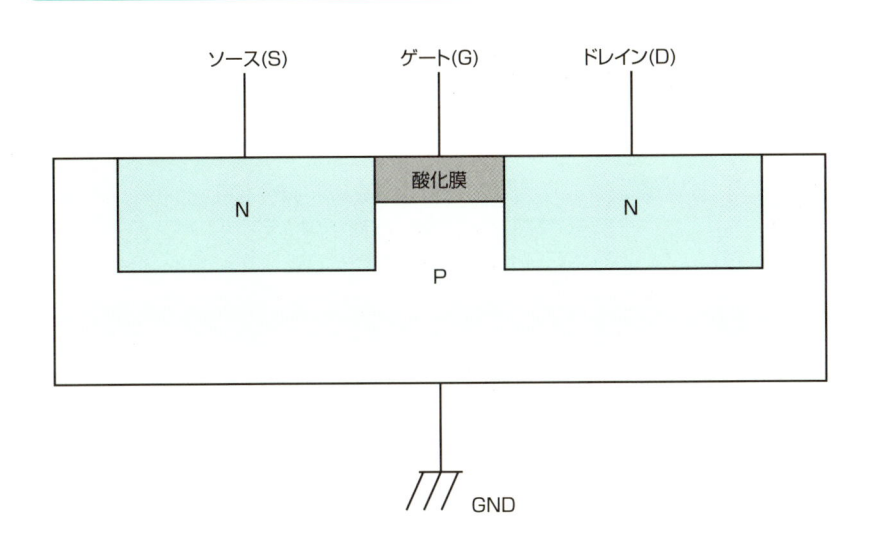

ソース(S)　ゲート(G)　ドレイン(D)

酸化膜

N　　　　　　　　　N

P

GND

　ゲートに電圧を印加しない場合は、バイポーラトランジスタのときと同様にN形とP形の間に空乏層が形成されて電流は流れませんが、ゲートに電圧を印加した場合の動作が異なります。

　MOS FETのP形半導体は負極（GND）とつながっています。したがってゲートに電圧を印加すると、P形半導体の正孔は酸化膜周辺から負極側へと追いやられてしまいます。これにより酸化膜周辺にはソース側の電子をドレイン側に移動させる道ができ、この道を電子が移動することで電流が流れます。つまりゲートに電圧を与えてやるとソースとドレインが導通し（接続された状態）、電圧を与えないと非導通になるということです。

2-1 トランジスタの基礎知識

ゲートに電圧を印加するとP形の正孔が追いやられる

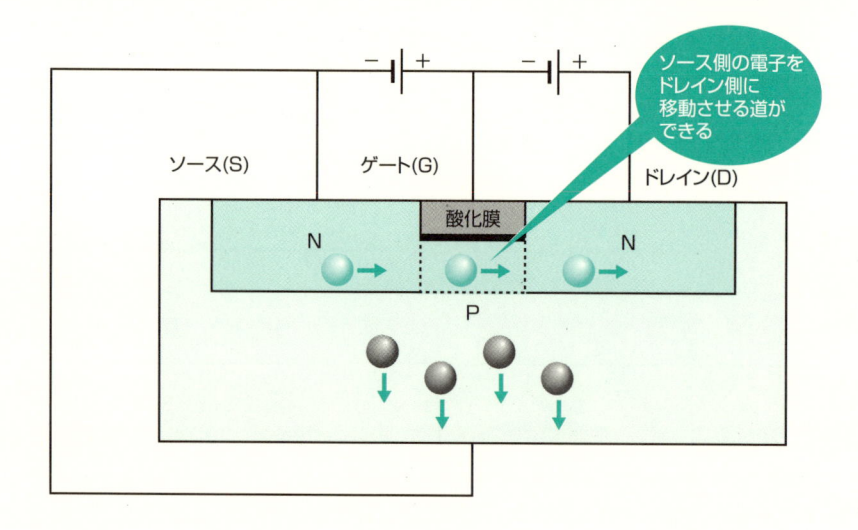

ソース側の電子をドレイン側に移動させる道ができる

ソース(S)　　ゲート(G)　　　　ドレイン(D)

酸化膜

N　　　　　　　　　　N

P

　バイポーラトランジスタは、信号の増幅やインピーダンスの変換などいろいろな用途で用いられていますが、MOS FETではこのスイッチとしての機能を利用し回路を構成しています。

MOS FETの一般的表記と、スイッチとしての動作

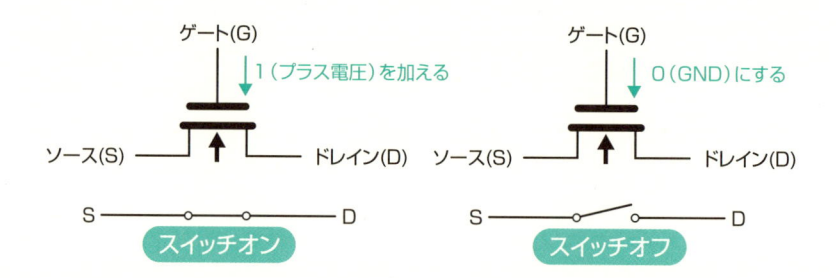

ゲート(G)　　　　　　　　　　ゲート(G)
↓1（プラス電圧）を加える　　　↓0（GND）にする

ソース(S)　　　　ドレイン(D)　　ソース(S)　　　　ドレイン(D)

S ——o o—— D　　　　　　　S ——o　o—— D
　　スイッチオン　　　　　　　　　スイッチオフ

44

2-2
基本論理回路

　LSI内部の回路を含めたいわゆるデジタル回路は、前述したMOS　FETのオン／オフというスッチ特性を生かして1と0で論理が組み立てられています。

▶▶ インバータ回路

　MOS　FETのドレインに出力を設けた次の図の回路は、入力に3Vを与えるとドレイン－ソース間が導通し電流が流れ、出力が0Vになります。また入力に0Vを与えるとドレイン－ソース間が切断されるため、出力は3Vとなります。

　これは何を意味しているのでしょうか。3Vを1とし、0Vを0として扱うことにより、1と0の値で入力される情報を0と1に反転して出力するということです。この回路のことを**インバータ**（INV）または**NOT回路**と呼び、この回路が論理回路の基本となっています。

インバータ回路

1と0の値で入力される情報を、0と1に反転して出力

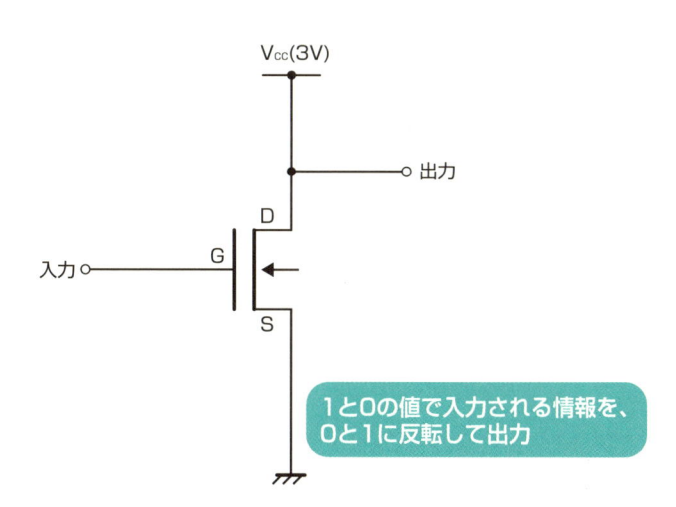

AND回路

　先ほどのインバータ回路を入力側に2つ直列に並べ、出力に1つ配置したものが、次の回路です。

　入力AとBのいずれかもしくは両方が0Vの場合、中間地点であるポイントPには電流が流れないので、Pの電圧は3Vになります。一方、入力AとBの両方に3Vを与えてやると、Pは電流が流れるため0Vとなります。あとはPの後ろにあるインバータ回路により、Pが3Vであれば出力Xは0V、Pが0Vであれば出力Xは3Vとなります。

　これを先ほどのように3Vを1、0Vを0として考えると、入力AとBの両方が1のときだけ出力Xは1となり、それ以外の場合出力Xはすべて0となります。

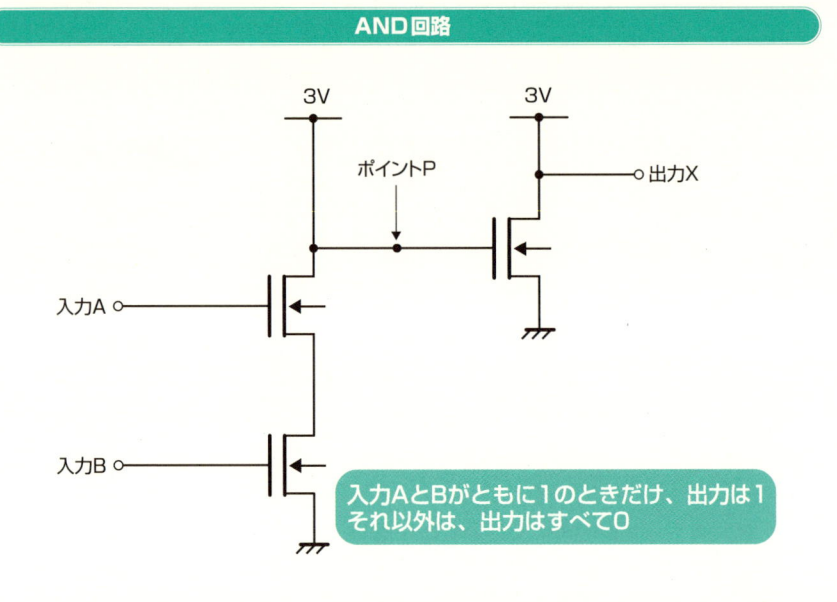

AND回路

入力AとBがともに1のときだけ、出力は1
それ以外は、出力はすべて0

　これは次の計算式と同じです。この回路を**AND回路（論理積）**といいます。

　$X = A \times B$　（AとBの両方が1のときだけXは1になる）

2-2 基本論理回路

インターネットで検索する際に、「条件AND条件」という検索方法がありますが、ここでいうANDもそれと同じです。入力AとBの両方が有効（ここでは1という値）のときだけ出力Xを有効（1）にするという意味です。

▶▶ OR回路

さらに次の図は、インバータ回路を入力側に2つ並列に並べ、出力に1つ配置したものです。

入力AとBのいずれかもしくは両方が3Vの場合、中間地点であるポイントPは電流が流れ0Vになります。一方、入力AとBの両方に0Vを与えてやると、Pは電流が流れないため3Vとなります。あとはPの後ろにあるインバータ回路により、Pが0Vであれば出力Xは3V、Pが3Vであれば出力Xは0Vとなります。

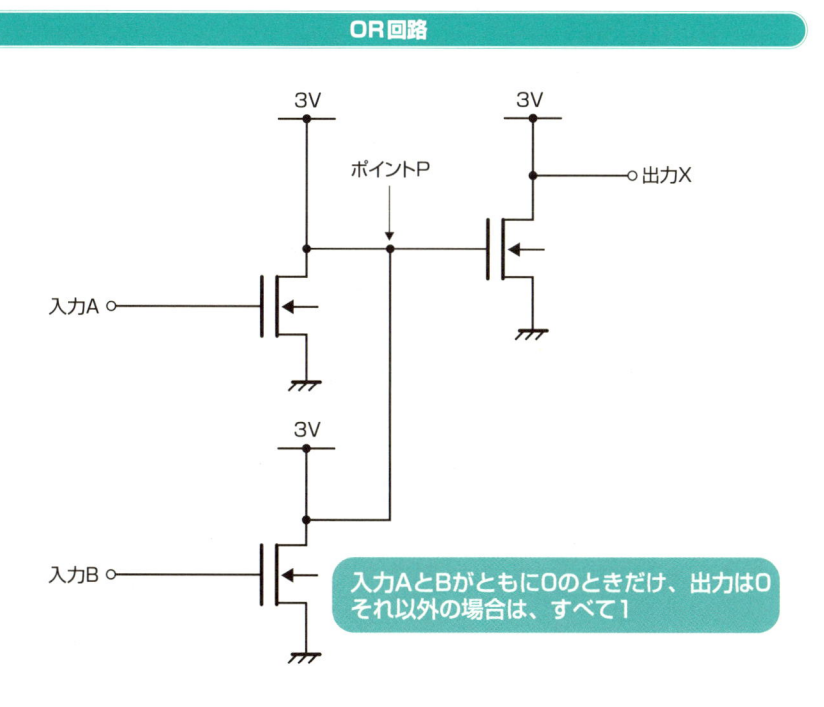

OR回路

[図：OR回路]
ポイントP、出力X、入力A、入力B、3V

入力AとBがともに0のときだけ、出力は0
それ以外の場合は、すべて1

3Vを1、0Vを0として考えると、入力AとBの両方が0のときだけ出力Xは0となり、それ以外の場合出力Xはすべて1となります。これは次の計算式と同じ*です。

＊…と同じ　ただし、ここでの足し算は有効か無効かを導く**論理和**なので、1（有効）＋1（有効）＝1（有効）となる。

X＝A＋B　（AとBの両方が0のときだけXは1になる）

この回路を**OR回路**といいます。インターネットの「条件OR条件」検索と同じで、入力AとBのどちらかが有効（ここでは1という値）であれば出力Xを有効（1）にするという意味です。

▶▶ 論理記号と真理値表

ここまでインバータとAND、ORの回路をMOS FETで表現してきましたが、回路をすべてMOS FETで表現していたのでは、回路設計が非常に不便です。そこで、**論理回路**という発想が生まれました。インバータ（INV）、AND、ORは論理回路においては次の論理記号で表されます。なお、一緒に添付してある表は**真理値表**といい、入力と出力の関係を示しています。デジタル回路では、これらの論理記号を用いて設計を行います。

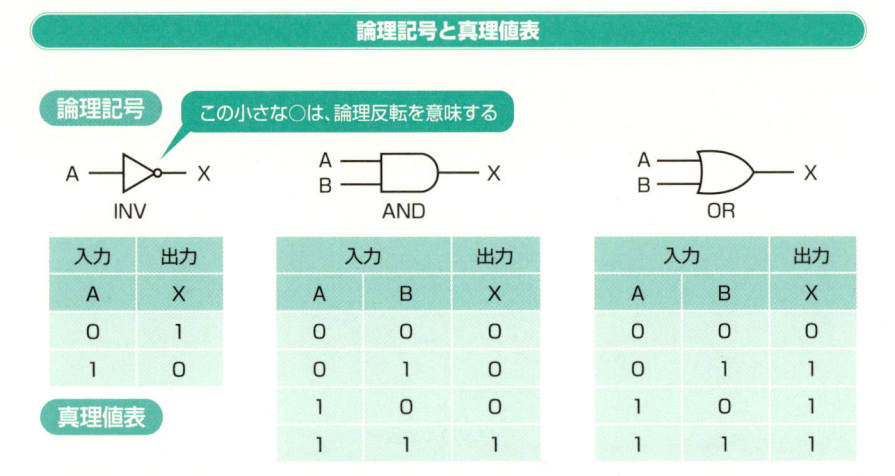

論理記号と真理値表

論理記号

この小さな〇は、論理反転を意味する

INV

入力	出力
A	X
0	1
1	0

真理値表

AND

入力		出力
A	B	X
0	0	0
0	1	0
1	0	0
1	1	1

OR

入力		出力
A	B	X
0	0	0
0	1	1
1	0	1
1	1	1

▶▶ NANDとNOR

先ほどのAND回路を思い出してください。この回路の出力側のインバータ回路を取り除き、ポイントPの部分を出力とした回路は次のようになります。

2-2 基本論理回路

NAND回路

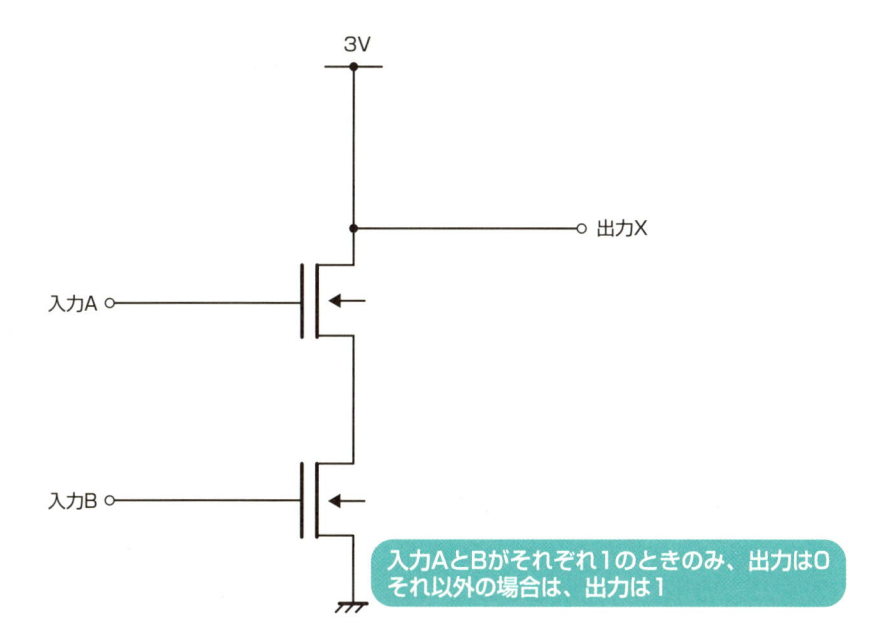

3V
入力A
入力B
出力X

入力AとBがそれぞれ1のときのみ、出力は0
それ以外の場合は、出力は1

　この回路は**NAND**(ナンド)といい、次の論理記号で表されます。ANDの論理を反転したものなので、入力AとBがそれぞれ1のときのみ出力Xは0となり、それ以外の場合出力Xは1となります。

NANDの論理記号

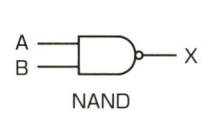

A
B ─ NAND ─ X

入力		出力
A	B	X
0	0	1
0	1	1
1	0	1
1	1	0

2-2 基本論理回路

つまり、次のようにNANDにインバータを付けたものがANDです。

NANDにインバータを付けたものがAND

今度は、先ほどのNOR回路の出力側のインバータ回路を取り除き、ポイントPの部分を出力とします。

NOR回路

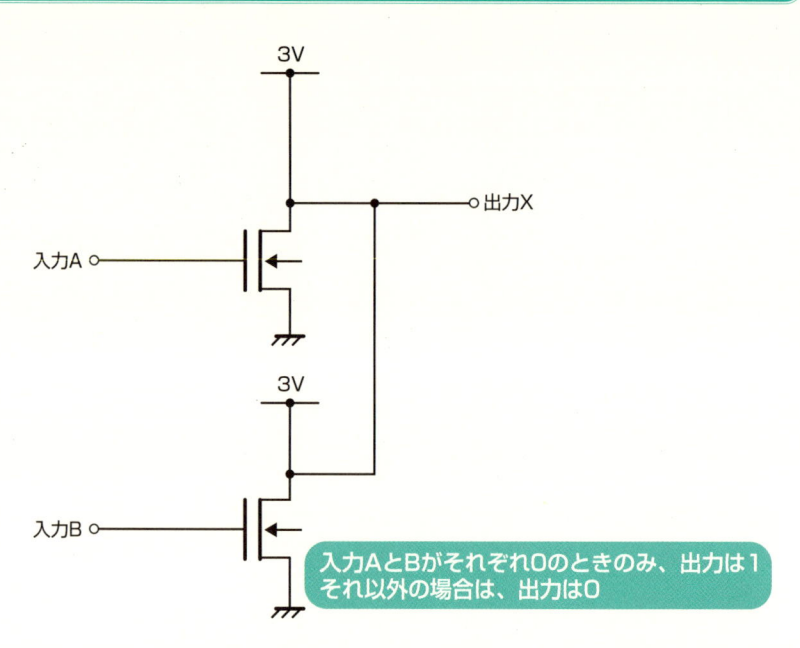

入力AとBがそれぞれ0のときのみ、出力は1
それ以外の場合は、出力は0

この回路は**NOR**＊（ノア）といい、次の論理記号で表されます。ORの論理を反転したものなので、入力AとBがそれぞれ0のときのみ出力Xは1となり、それ以外の場合出力Xは0となります。

NORの論理記号

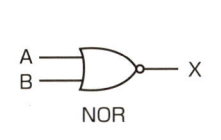

入力		出力
A	B	X
0	0	1
0	1	0
1	0	0
1	1	0

NORにインバータを付けたものがORになります。

NORにインバータを付けたものがOR

このようにNANDとNORは、ANDとORの出力段のインバータ回路であるMOS FETを取り除いたものです。つまり、少ないMOS FETで論理を構成できるということで、このことから論理設計を行う場合はNANDとNORを基準に論理を組み立てます。

▶▶ EX-OR

前述したインバータ、AND、OR、NAND、NORの5つは論理回路の基本中の基本ですが、一般的にはこれにEX-ORを追加した計6つの回路を**基本論理回路**（**論理ゲート**）と呼びます。

EX-OR（Exclusive OR）は、2つの入力の値が異なるときに出力を有効（1）にする回路で、**排他的論理和**と呼ばれます。

＊**NOR** 「NOT OR」の略。

2-2 基本論理回路

EX-ORの論理記号

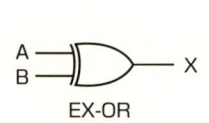

入力		出力
A	B	X
0	0	0
0	1	1
1	0	1
1	1	0

　真理値表からもわかるように、入力AとBの値が異なるときに出力Xは1になります。なお、EX-ORはAND、NAND、ORを用いて次の回路で構成できます。

EX-ORの回路構成

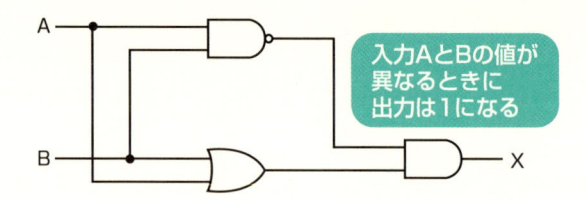

入力AとBの値が異なるときに出力は1になる

2-3
フリップフロップ回路

　前述した6つの基本論理回路を組み合わせて構成される代表的な回路に、フリップフロップ回路があります。フリップフロップ回路は順序回路の一つであり、デジタル回路において重要かつ基本的な役割をしています。

▶▶ フリップフロップ（FF）とは何か

　基本論理回路により構成されるデジタル回路は、組み合わせ回路と順序回路という2つの要素から成り立っています。

　組み合わせ回路とは、入力情報をもとに論理修飾された情報をただ出力するだけの回路をいいます。一方、**順序回路**は出力情報を再び入力にフィードバックさせることで情報を回路に記憶し、新たな入力情報と組み合わせて情報を修飾することができます。順序回路は記憶、データの受け渡し、カウンタ、情報の入出力をクロックに同期させる場合などに用います。このもととなるのが**フリップフロップ（FF）**です。

　次のインバータによるフィードバック回路を見てください。（a）は2つのインバータからなる回路で、2段目のインバータの出力が1段目のインバータの入力に戻るというフィードバックのかたちをとっています。

COLUMN　負論理に慣れるには

　NANDやNORといった負論理に慣れるのは、けっこう時間を要するものです。したがって、慣れない場合は、まずANDやORといった正論理の基本ゲートだけを用いて回路を設計します。そしてANDとORをNANDとNORに置き換えて、それぞれの先にINVを配置します。これで論理は合っているわけです。
　あとはINVが2つ連続して並ぶものを消去します。反転が2つ連続すると元に戻るからです。これで負論理を基準とした回路が構成できます。

2-3 フリップフロップ回路

インバータによるフィードバック回路

(a) インバータによるフィードバック回路

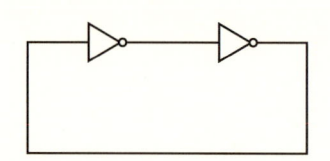

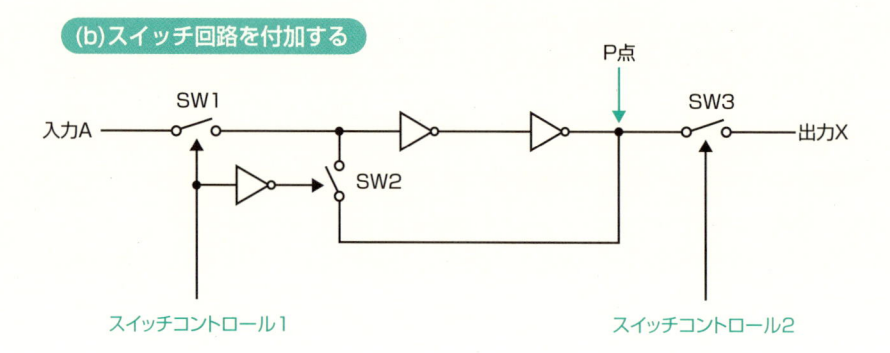

(b) スイッチ回路を付加する

　この回路にスイッチ回路を付加して、(b)の回路を構成してみます。SW1（スイッチ1）とSW2（スイッチ2）はスイッチコントロール1の信号に制御され、SW1がオンのときにはSW2はオフとなります。またSW3はスイッチコントロール2の信号により制御されます。

　この(b)の回路に対し、まずSW1をオンして入力Aに1というデータを与えてやります。このときSW2はオフです。

　次にSW1をオフにします。このときSW2はオンになります。これにより1というデータは、1段目のインバータに入力されて2段目のインバータから出力される（P点）という動作を永遠に繰り返します。

　次にスイッチコントロール2によりSW3をオンにします。これにより出力Xから1というデータが出力されます。

　この一連の動作を示したのが次の図です。これがデジタル回路における記憶の仕組みの基本となっています。つまり、(a)において情報を書き込む、(b)において

2-3 フリップフロップ回路

書き込まれた情報を記憶する、(c) により記憶してある情報を取り出す、といった具合です。この記憶の仕組みを用いた順序回路が、フリップフロップです。

記憶の仕組み

(a) SW1をオンして入力Aに1を与える

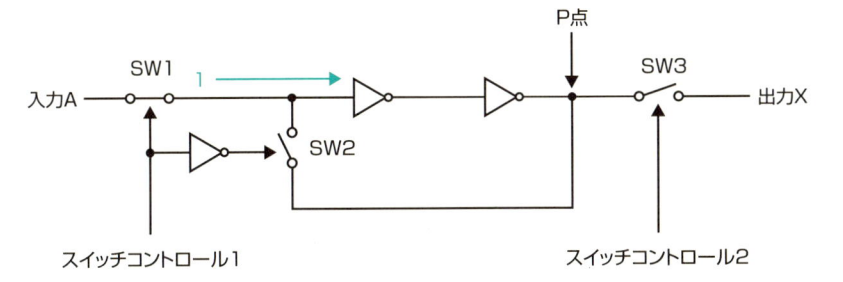

入力A ─ SW1 ─ 1 → ─▷─ ─▷─ ─ P点 ─ SW3 ─ 出力X
SW2
スイッチコントロール1　　　スイッチコントロール2

(b) SW1をオフする

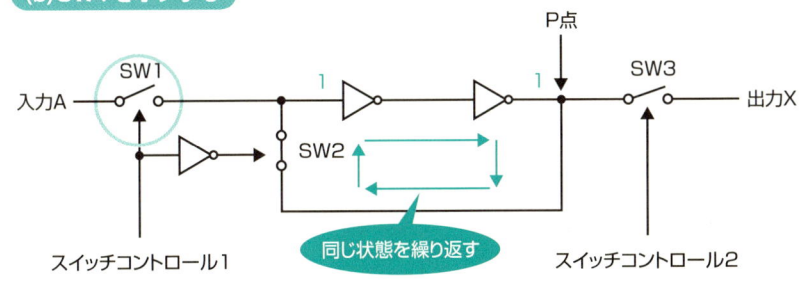

入力A ─ SW1 ─ 1 ─▷─ ─▷─ 1 ─ P点 ─ SW3 ─ 出力X
SW2
同じ状態を繰り返す
スイッチコントロール1　　　スイッチコントロール2

(c) SW3をオンする

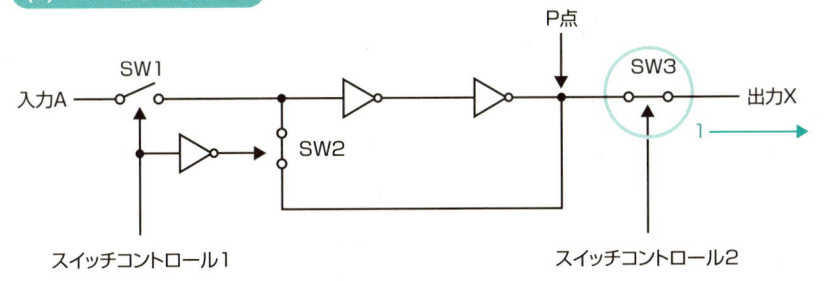

入力A ─ SW1 ─ ─▷─ ─▷─ ─ P点 ─ SW3 ─ 1 → 出力X
SW2
スイッチコントロール1　　　スイッチコントロール2

第2章　デジタル回路の基本

55

2-3 フリップフロップ回路

▶▶ RS-FF

　フリップフロップの最も基本的なものが**RS-FF**（Reset Set Flip Flop）です。RS-FFの構成方法はいくつかありますが、図に示したRS-FFは、R（リセット）が0でS（セット）が1のときに出力Qが1になり、Rが1でSが0のときQが0となります（$\overline{Q}$はQの反転出力）。

　RとSがともに0の場合は、Qは前の状態を保持します（変化しない）。RとSがともに1の場合は、Qの値が0か1のどちらになるかわからないので、この入力は禁止されています。

　RS-FFは一度SまたはRに非同期なパルス信号を与えてやれば、そのときに確定した出力Qを保持し続けるので、電源のオン／オフや回路動作のオン／オフに用いられます。

RS-FFの回路構成例

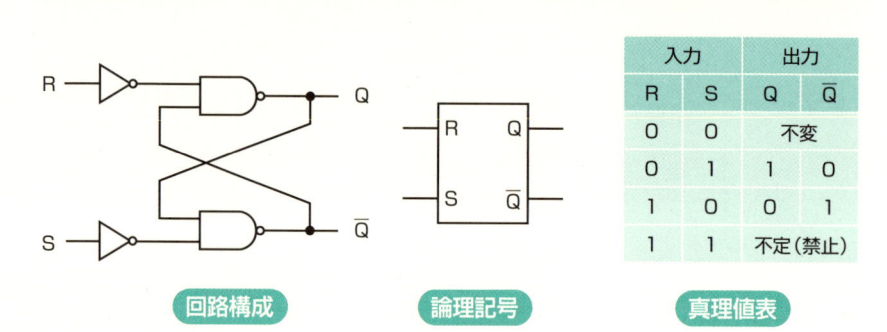

入力		出力	
R	S	Q	$\overline{Q}$
0	0	不変	
0	1	1	0
1	0	0	1
1	1	不定（禁止）	

回路構成　　論理記号　　真理値表

▶▶ JK-FF

　前述のRS-FFは、R＝S＝1（禁止）のときに出力Qが不定になるという問題がありました。この問題を解決し、さらにクロックに同期してリセットとセットを行えるようにしたものが**JK-FF**です。

2-3 フリップフロップ回路

JK-FFの回路例

JK-FFの回路例

論理記号

入力			出力	
J	K	CK	Q	$\overline{Q}$
0	0	⌠	不変	
0	1	⌠	1	0
1	0	⌠	0	1
1	1	⌠	$\overline{Q}$	Q

論理反転

真理値表

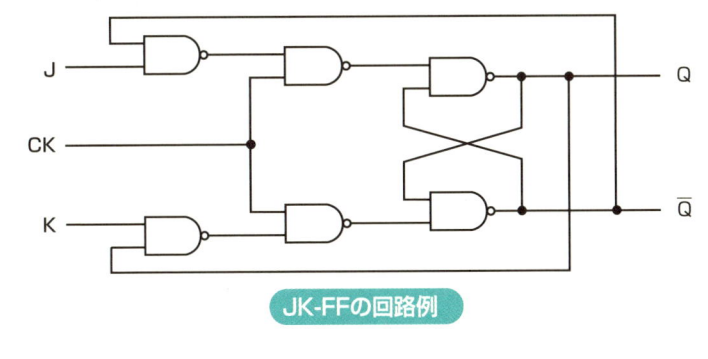

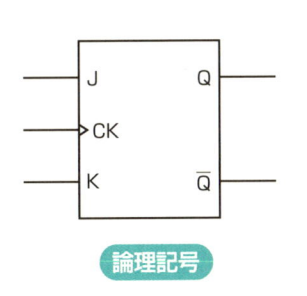

　Jがリセット、Kがセットに該当します。図に示した回路例では、Jが1でKが0のときに出力Qは1になり、Kが1でJが0のときにQは0になります。JKの名前の由来は、Q（Queen）をJ（Jack）とK（King）が奪い合うという意味からだそうです。

　JK-FFの特徴は、出力Qの状態がクロック（CK）の立ち上がりに同期する点で、CKのパルスの立ち上がり時点におけるJとKの状態からQが決定されます。クロックが入力されないと出力状態は変化しません。また、RS-FFでは禁止だったJ＝K＝1の場合は、Qの値が反転するようになっています。

　次のタイミングチャートで見てみましょう。❶の区間は、1回目のクロックの立ち上がりにおけるJの値は0、Kの値は1なので、Qの値は0になります。

　❷の区間は、2回目のクロックの立ち上がりにおけるJとKは0で、真理値表からJ＝K＝0の場合Qは不変（前の状態を保持する）なので、❶の区間の状態を保

持して0となります。

❸の区間は、3回目のクロックの立ち上がりにおけるJは1、Kは0なので、Qは1となります。

❹の区間は、4回目のクロックの立ち上がりにおけるJとKはともに1なので、Qは反転（前の状態と反対の状態）となり、❸の区間のQの値1が反転して0となります。

❺の区間では、Jが0、Kが1なのでQは0となります。

JK-FFのタイミングチャート

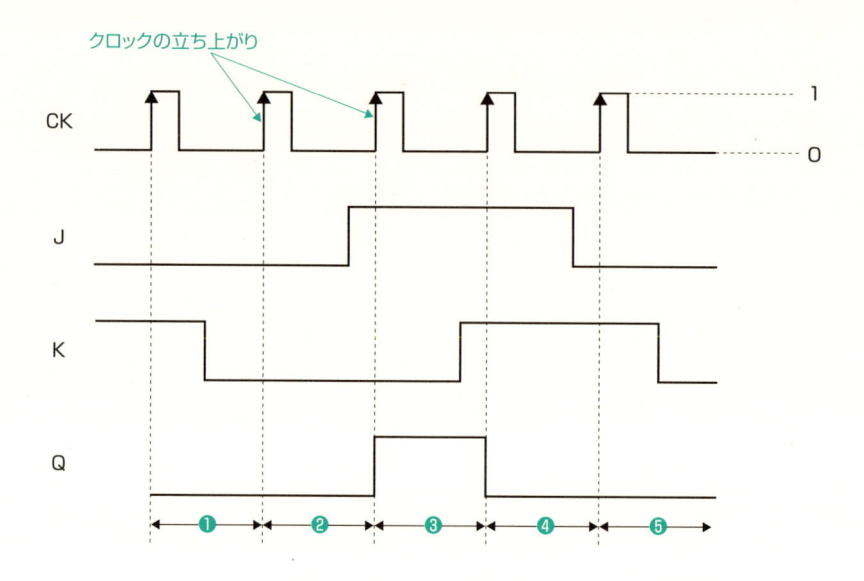

JK-FFには次のようにPreset入力が付いたもの、Clear入力が付いたもの、両方が付いたものがあり、いずれもPresetまたはClearの値により出力Qが1か0に固定されます。

なお、ここではクロックの立ち上がりに同期するものを例に挙げましたが、クロックの入力段にインバータを配し、クロックの立ち下がりに同期するものもあります。

2-3 フリップフロップ回路

JK-FFのバリエーション例

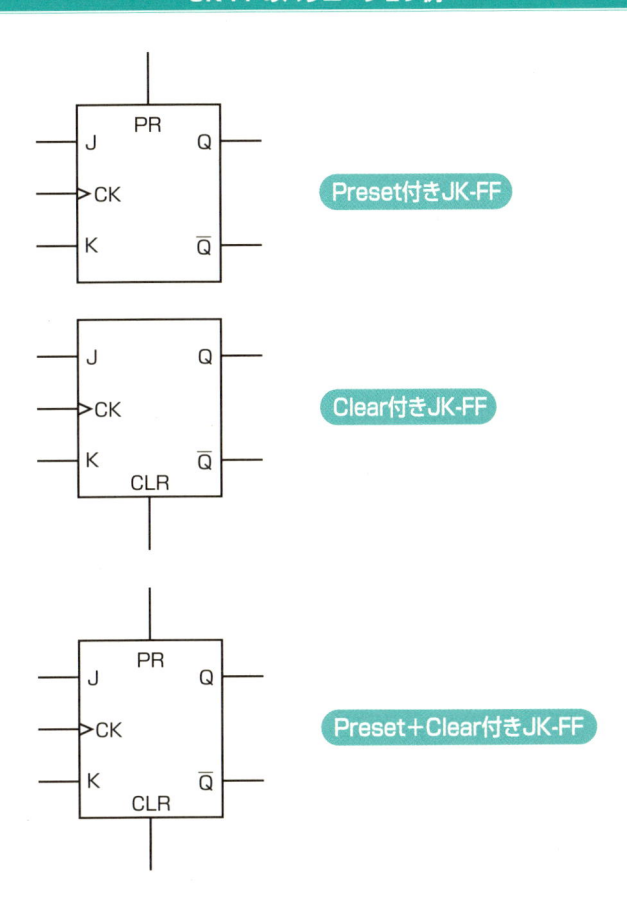

Preset付きJK-FF

Clear付きJK-FF

Preset＋Clear付きJK-FF

▶▶ D-FF

　バスを介してデータのやりとりを行うCPUの回路で最も頻繁に利用されるのが**D-FF**（Delay Flip Flop）です。RS-FFやJK-FFがリセット、セットといった回路への制御が目的なのに対し、D-FFはデータをクロックに同期して受けて出力するという非常にシンプルな構造になっています。

　クロック（CK）の立ち上がりにおけるDの値をそのままQに出力し、クロックが入力されないとQの状態は変化しません。

2-3 フリップフロップ回路

D-FFの回路例とタイミングチャート

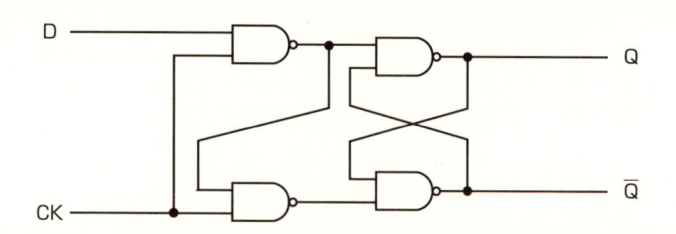

D-FFの回路例

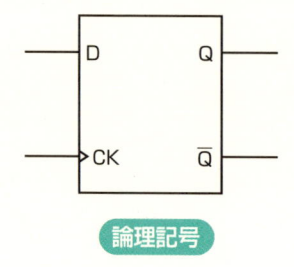

論理記号

真理値表

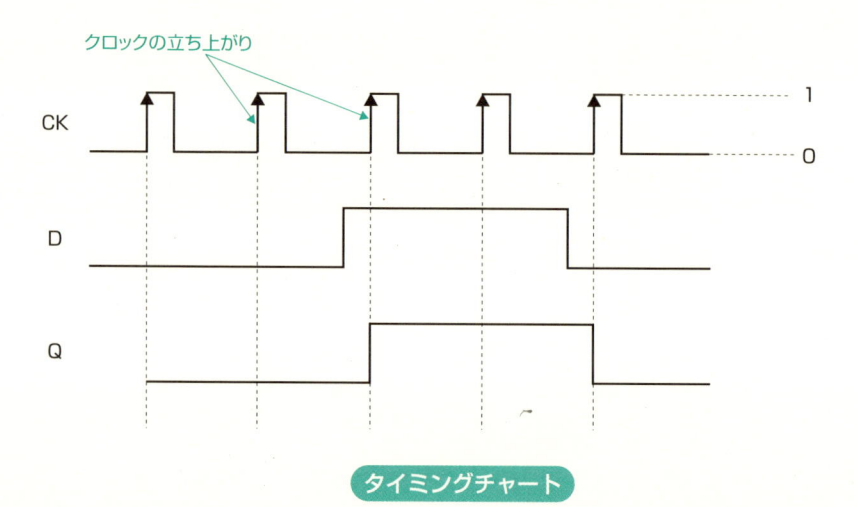

入力		出力	
D	CK	Q	$\overline{Q}$
0	⌐	0	1
1	⌐	1	0

クロックの立ち上がり

タイミングチャート

2-4 標準機能回路と標準ロジックIC

　前述した基本論理回路およびフリップフロップによって構成される回路のうち、汎用的に用いられるものをここでは標準機能回路とよびます。標準機能回路は基本論理回路およびフリップフロップとともに、74シリーズに代表される汎用ロジックICとしても提供されています。

▶▶ ラッチ

　大局的に見るとデジタル回路では「要所要所でデータを確定させて、その確定したデータを次の処理回路に受け渡す」というのが基本となっており、この組み合わせで回路が構成されています。

　データを確定させるというのは、特定のタイミングでデータを受け取ることです。これに用いられるのが、フリップフロップです。フリップフロップはクロックに同期してデータを確定させるので、これをデータ幅（ビット数）に合わせて複数を並列に構成します。各フリップフロップに同一のクロックを与えてやれば、**ラッチ**を構成できます。

要所要所でデータを確定させるラッチ

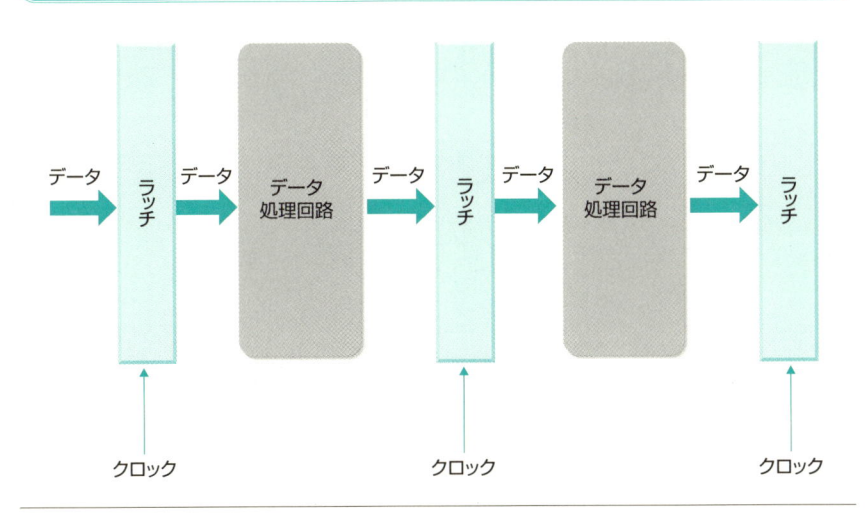

データ → ラッチ → データ → データ処理回路 → データ → ラッチ → データ → データ処理回路 → データ → ラッチ

クロック　　　　　　　　　クロック　　　　　　　　　クロック

2-4 標準機能回路と標準ロジックIC

参考として、ルネサステクノロジ社HD74HC174のロジックダイアグラムを示します。この回路では6ビットのデータに対応することができます。

HD74HC174（ルネサステクノロジ社）のピン配置とロジックダイアグラム

ピン配置

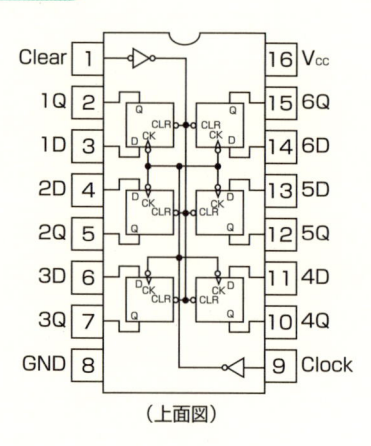

（上面図）

ロジックダイアグラム

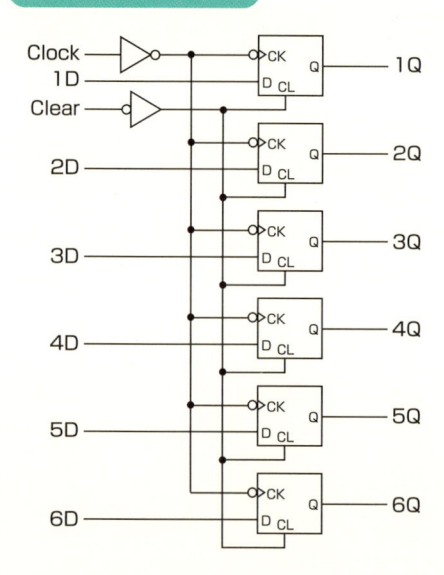

2-4　標準機能回路と標準ロジックIC

▶▶ シフトレジスタ

シフトレジスタは時分割多重化処理*や、シリアルデータ*とパラレルデータ*の変換などに利用されます。

次にD-FFの入力と出力を直列に接続したシフトレジスタの例を示します。この回路ではクロックが立ち上がるたびに、入力されたデータが次のD-FFへ移動していきます。

D-FFによる4ビットシフトレジスタの回路とタイミングチャート

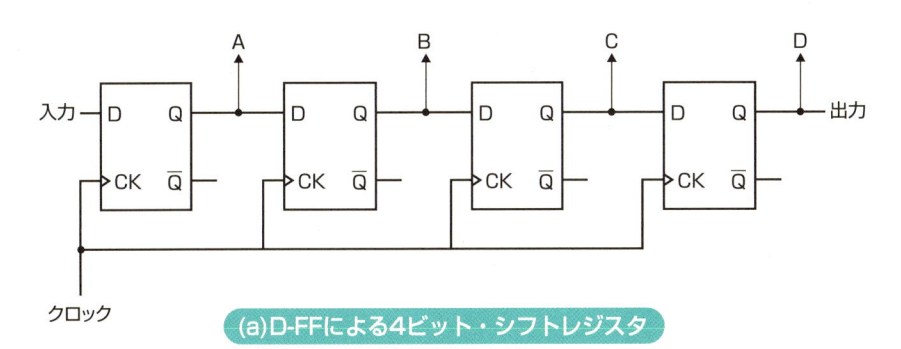

(a) D-FFによる4ビット・シフトレジスタ

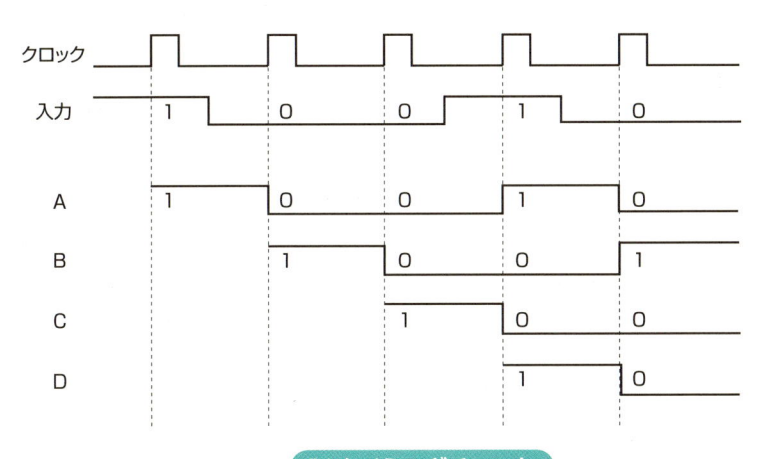

(b) タイミングチャート

---

* **時分割多重化処理**　プロセッサの処理能力を細かい時間単位に分割し、処理を分散すること。複数の機能が同時に走っているように見える。
* **シリアルデータ**　直列データ。データを1ビットずつ送る。
* **パラレルデータ**　並列データ。データ幅分の全データを同時に入力または出力することができる。

さらにわかりやすく説明するために、このシフトレジスタを次のように表記します。

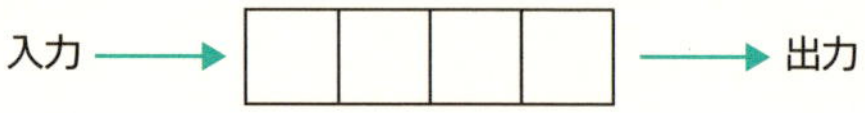

入力 ⟶ □□□□ ⟶ 出力

例えばこのシフトレジスタに現在「1010」という値があるとすると、この値はクロックを与えるごとに次のように変化します。

| 1 | 0 | 1 | 0 | ⟶ | | 1 | 0 | 1 | ⟶ | | | 1 | 0 |

現在の状態　　　　　　クロックが1つ入った状態　　　クロックが2つ入った状態

この動作を**ビットシフト**と呼びます。また各D-FFからの出力（A，B，C，D）によりシリアル（直列）に書き込まれたデータをパラレル（並列）に取り出すことができます。

8ビットシフトレジスタHD74HC164（ルネサステクノロジ社）のピン配置とロジックダイアグラム

ピン配置

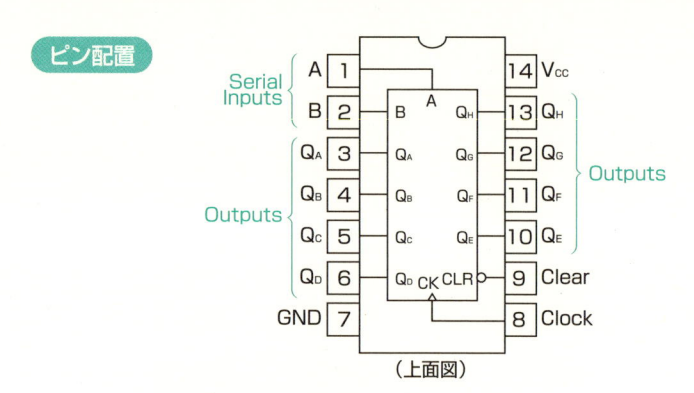

Serial Inputs
- A 1
- B 2

Outputs
- Q_A 3
- Q_B 4
- Q_C 5
- Q_D 6

GND 7

- 14 V_{CC}
- 13 Q_H
- 12 Q_G
- 11 Q_F
- 10 Q_E
- 9   Clear
- 8   Clock

Outputs: Q_H, Q_G, Q_F, Q_E

（上面図）

ロジックダイアグラム

出力: Q_A, Q_B, Q_C, Q_D, Q_E, Q_F, Q_G, Q_H

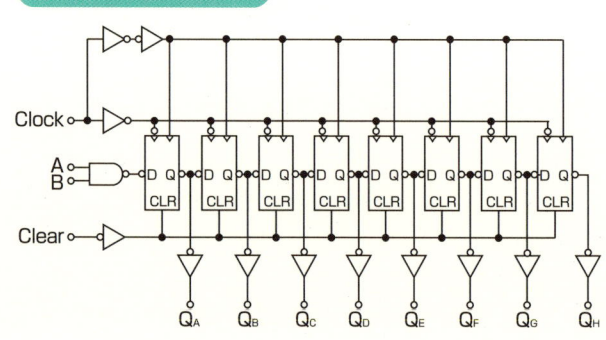

▶▶ カウンタ

カウンタは、「キーが押されてからの時間をカウントする」場合や「LEDの点灯時間をカウントする」場合など、処理時間の管理が必要な場合に用いられます。これもフリップフロップで構成されます。

JK-FFによるカウンタの回路とタイミングチャート

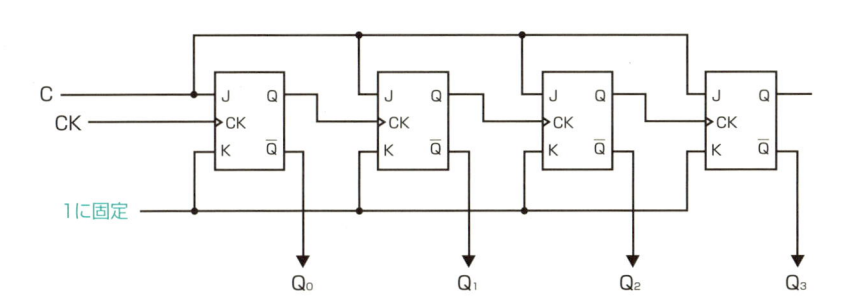

(a) JK-FFによるカウンタの構成例

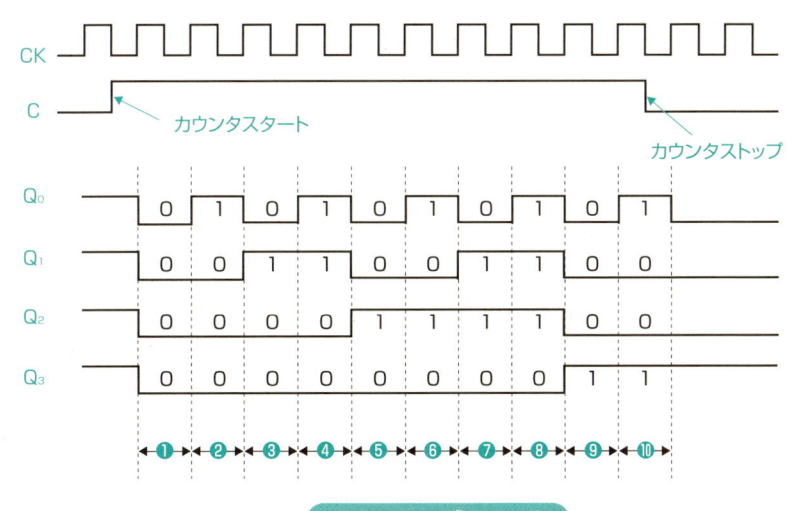

(b) タイミングチャート

2-4 標準機能回路と標準ロジックIC

前ページにJK-FFを用いた4ビットカウンタの例を示しました。Cはコントロール入力で、1のときにカウンタを動作させ、0のときカウンタを停止させるようになっています。タイミングチャートを見るとわかるように、出力Q_0、Q_1、Q_2、Q_3はもとのクロックであるCKの2倍、4倍、8倍、16倍の周期で1と0の値を切り替えています。

この出力を次のような表にすると、4ビットのデータが10進数でいう0から順番にカウントアップしていることがわかります。

出力を表にまとめると

状態	Q_3	Q_2	Q_1	Q_0	10進数
❶	0	0	0	0	0
❷	0	0	0	1	1
❸	0	0	1	0	2
❹	0	0	1	1	3
❺	0	1	0	0	4
❻	0	1	0	1	5
❼	0	1	1	0	6
❽	0	1	1	1	7
❾	1	0	0	0	8
❿	1	0	0	1	9

HD74HC161（ルネサステクノロジ社）のピン配置

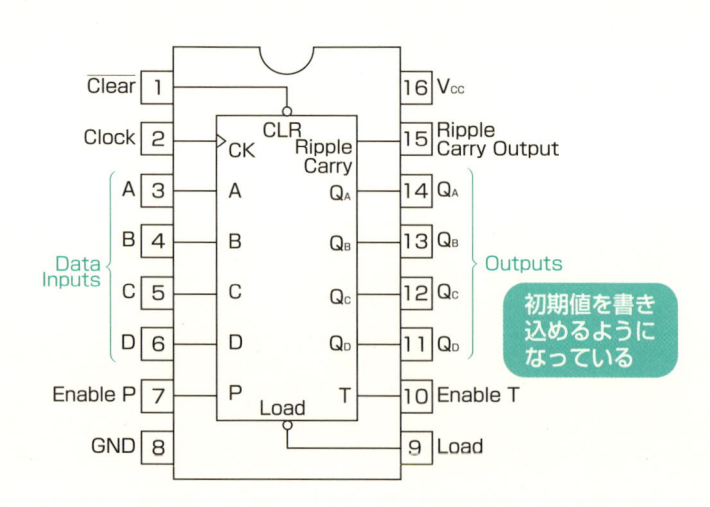

```
         Clear   [1]         [16] Vcc
         Clock   [2] CLR     [15] Ripple Carry Output
                     CK  Ripple
                         Carry
Data  A [3]  A           Q_A [14] Q_A
Inputs B [4]  B          Q_B [13] Q_B  Outputs
      C [5]  C           Q_C [12] Q_C
      D [6]  D           Q_D [11] Q_D
      Enable P [7] P   T     [10] Enable T
              Load
         GND  [8]         [9] Load
```

初期値を書き込めるようになっている

2-4 標準機能回路と標準ロジックIC

▶▶ エンコーダとデコーダ

　デジタルの基本である2進数は、1ビットで0と1の2つの状態を表します。したがって2ビットであれば、4つの状態を表すことができます。

　制御系の回路においては、2進数で設定したコードに対してそれに対応した1つの信号ラインを有効にしたい場合が多々あります。例えば4つのLEDが付いていて、これを2ビットのコードで制御するには、2ビットの情報を4つの信号ラインに変換する回路が必要となります。これが**デコーダ***です。

　またこれとは逆に、複数の信号ラインの一つが有効な場合に、これを2進数のコードで処理したい場合もあります。その処理を行う回路が**エンコーダ***です。

デコーダとエンコーダ

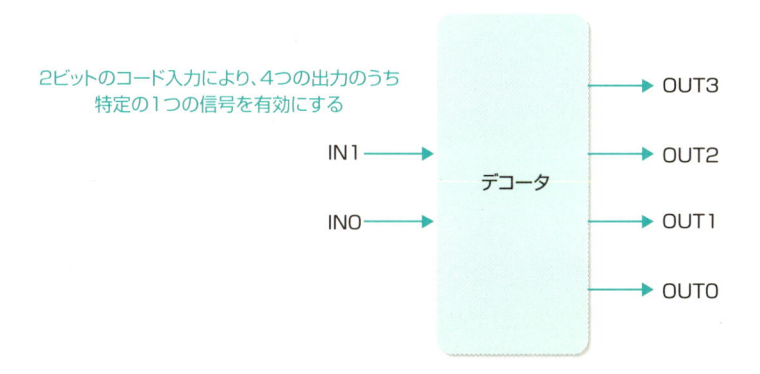

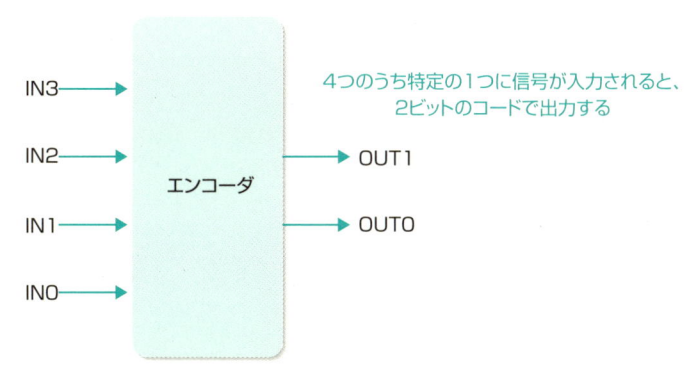

2ビットのコード入力により、4つの出力のうち
特定の1つの信号を有効にする

IN1 ──→ デコータ ──→ OUT3
　　　　　　　　　 ──→ OUT2
IN0 ──→　　　　　 ──→ OUT1
　　　　　　　　　 ──→ OUT0

IN3 ──→
IN2 ──→ エンコーダ ──→ OUT1
IN1 ──→　　　　　　 ──→ OUT0
IN0 ──→

4つのうち特定の1つに信号が入力されると、
2ビットのコードで出力する

---

* **デコーダ**　辞書的な定義は、符号化されたデータを復号し、もとのデータを取り出すソフトウエアまたはハードウエアのこと。
* **エンコーダ**　辞書的な定義は、データを一定の規則にもとづいて符号化するソフトウエアまたはハードウエアのこと。

2-4 標準機能回路と標準ロジックIC

デコーダHD74HC131（ルネサステクノロジ社）のダイアグラム

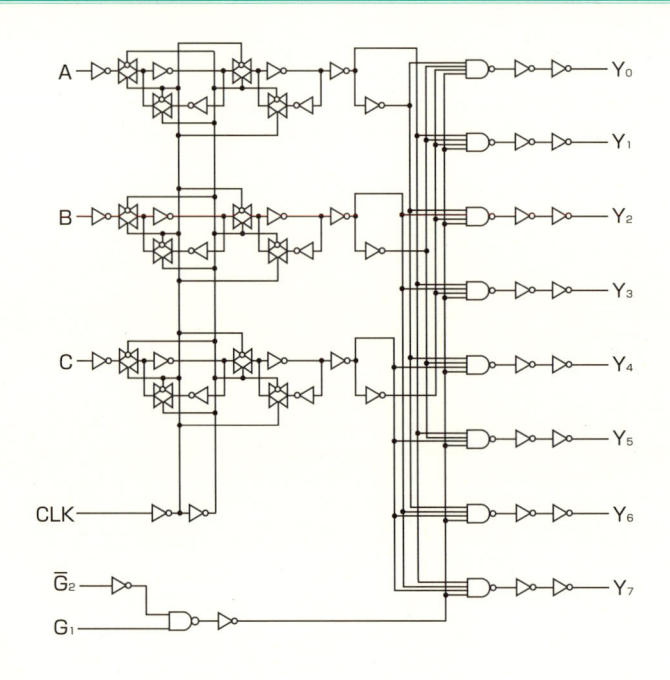

▶▶ 加算器

加算器は、四則演算の基本となる加算処理を行う回路です。

次の図は、ルネサステクノロジ社の4ビット加算器HD74HC283の回路を表したものです。A_1〜A_4が被加算数、B_1〜B_4が加算数の入力で、$Σ_1$〜$Σ_4$が加算結果の出力、C_0が下位ビットからの桁上げ（キャリア）入力、C_4が上位ビットへの桁上げ出力となっています。

2-4 標準機能回路と標準ロジックIC

4ビット加算器HD74HC283（ルネサステクノロジ社）のブロックダイアグラム

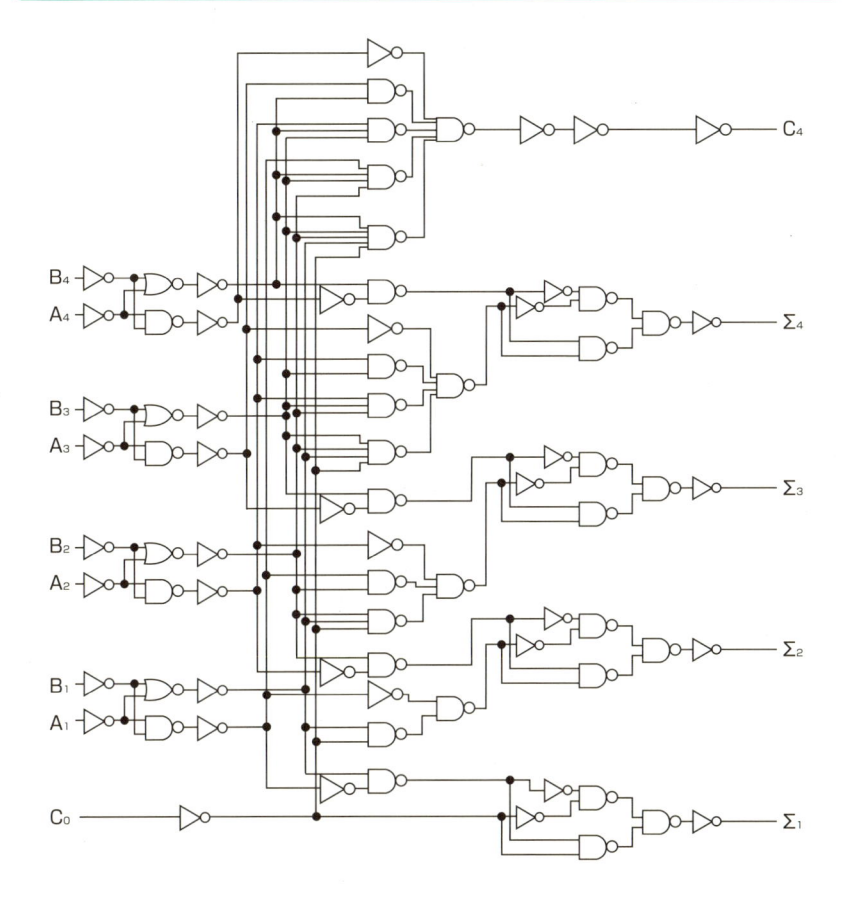

　加算器は演算対象の値（ビット数）が大きくなると回路も膨大になるので、通常は4ビットまたは8ビット単位で設計し、これを上位のビットに積み重ねることによって大きな値に対応します

2-4 標準機能回路と標準ロジックIC

4ビット加算器を2つ重ねた8ビット加算器

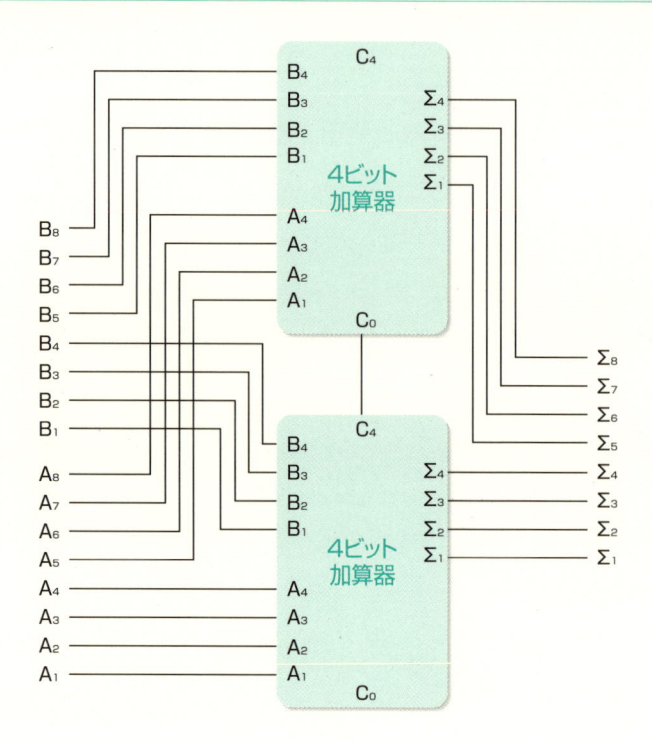

2-5
ランダムロジックを構成するASIC

前節で説明したように、ロジック回路はラッチとデータ処理回路の複数の組み合わせによって構成されています。このうちデータ処理回路には、商品独自の回路（ランダムロジック）が含まれますが、標準ロジックIC以外にこれを実現する部品として挙げられるのがASICです。

▶▶ ASICとは

ASIC（Application Specific Integrated Circuit）とは、特定用途向けのランダムロジックを1つのチップにLSI化したものです。ASICは大きくUSIC、UPIC、ASSPの3つに分類することができます。

ASICの分類

```
ASIC ─┬─ USIC ─┬─ フルカスタムLSI
      │        └─ セミカスタムLSI ─┬─ ゲートアレイ
      │                            ├─ セルベースIC
      │                            ├─ エンベデッドアレイ
      │                            └─ ストラクチャードASIC
      ├─ UPIC ─┬─ PLD
      │        └─ FPGA
      └─ ASSP
```

USIC（User Specific IC）はランダムロジックを半導体メーカーに依頼してLSI化するもので、フルカスタムLSIとセミカスタムLSIの2つがあります。

2-5 ランダムロジックを構成するASIC

　UPIC（User Programmable IC）はランダムロジックをユーザー側で実装する（書き込む）ことができるものです。

　これに対して**ASSP**（Application Specific Standard Product）は完成品で、映像機器用、音響機器用、通信機器用といったように、商品ターゲットごとに多くのユーザーが共通で必要とする回路を実装した汎用品です。

▶▶ LSIに回路が形成される工程

　各ASICについて述べる前に、LSIに回路が形成される工程について説明します。

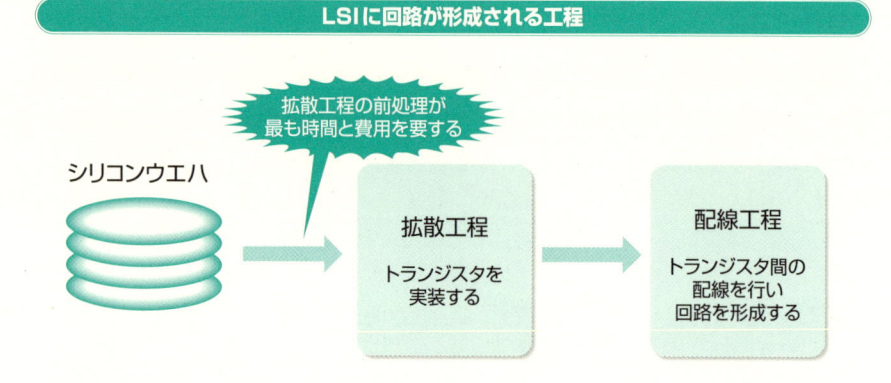

LSIに回路が形成される工程

シリコンウエハ → 拡散工程（トランジスタを実装する） → 配線工程（トランジスタ間の配線を行い回路を形成する）

拡散工程の前処理が最も時間と費用を要する

　ご存知のようにLSIはシリコンウエハを加工するものですが、その最初の工程が拡散工程です。**拡散工程**では基本素子レベルで表現した対象となる回路のうち、配線を除いた部分だけをウエハ上に形成します。

　拡散工程が終了すると、**配線工程**に移ります。配線工程ではウエハ上に形成した基本素子を金属薄膜で配線し、電気回路を形成します。このとき金属薄膜を2層〜9層に重ね合わせることで3次元的な高密度な配線が可能となります。

　ここで重要なのは、拡散工程の前の処理です。ユーザーが設計したランダムロジックはあくまで論理回路にすぎません。けれども拡散工程を実行させるには、その前に対象となる論理回路を膨大な基本素子レベルの回路（トランジスタとキャパシタ*の基本素子だけで構成される回路）に変更する必要があるうえ、実装密度を上げるためにトランジスタを配置するレイアウトも考慮しなければなりません。したがって、この部分が最も時間と費用を要する部分といえます。

---

*キャパシタ　コンデンサのこと。電極板の間の静電気力（電界）によって電荷を蓄積する。

2-5 ランダムロジックを構成するASIC

▶▶ フルカスタムLSI

フルカスタムLSIはその字のごとく、ユーザーが提供する回路をゼロからLSI化するものです。したがって開発費用や期間はかかりますが、全くぜい肉のない高密度な集積回路を形成できるため、量産時に低コストを実現することができます。

フルカスタムLSIでは、ユーザーが設計した論理回路図をもとにメーカーの設計部門が基本素子単位で回路を設計します。次に基本素子レベルの回路図から基本素子の最適な配置を設計します。これを**レイアウト設計**といい、この作業が回路集積度を向上させます。

レイアウト設計が終了したら、フォトマスクを作成します。**フォトマスク**とは、レイアウトされた基本素子レベルの回路を、カメラでいうフィルムにしたものです。このフォトマスクにUV照射し、前述したシリコンウエハにパターンを形成するのが拡散工程です。

フルカスタムLSIの開発・製造工程

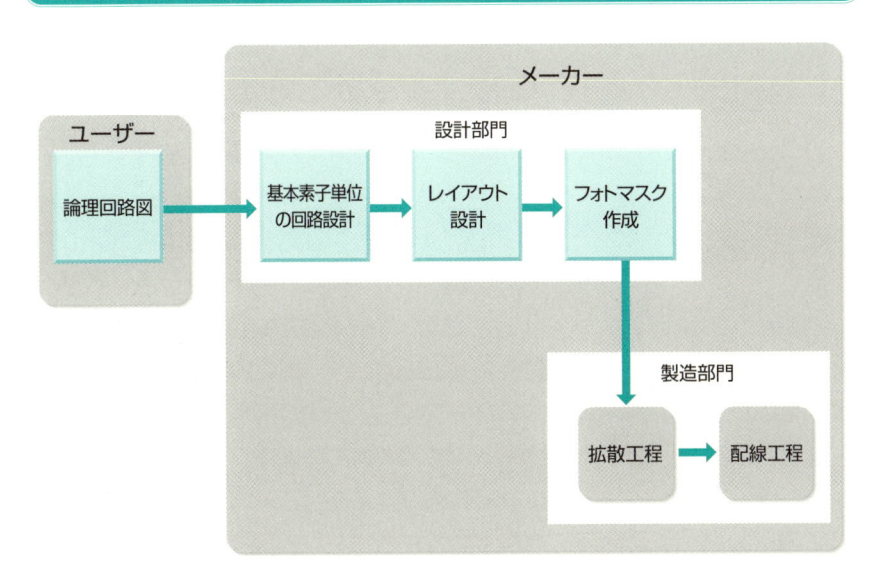

ユーザー：論理回路図 → メーカー
- 設計部門：基本素子単位の回路設計 → レイアウト設計 → フォトマスク作成
- 製造部門：拡散工程 → 配線工程

一方**セミカスタムLSI**は、回路をゼロからLSI化するのではなく、あらかじめ基本となる回路を用意しておいて、それを用いてランダムロジックを構成するものです。

2-5 ランダムロジックを構成するASIC

▶▶ ゲートアレイ

ゲートアレイは、拡散工程まで終了した汎用のウエハをあらかじめメーカー側が用意するものです。つまり、ユーザーが提供する論理回路図から配線情報のみを抽出して、この情報をもとに配線工程のみを行うことで回路を形成します。したがって設計作業と拡散工程を簡素化できるため、短納期での供給が可能となります。

2-2節でも説明したように、基本論理回路はトランジスタで構成されているため、このトランジスタ間の配線を決めるだけでさまざまな回路を構成できます。

ゲートアレイの開発・製造工程

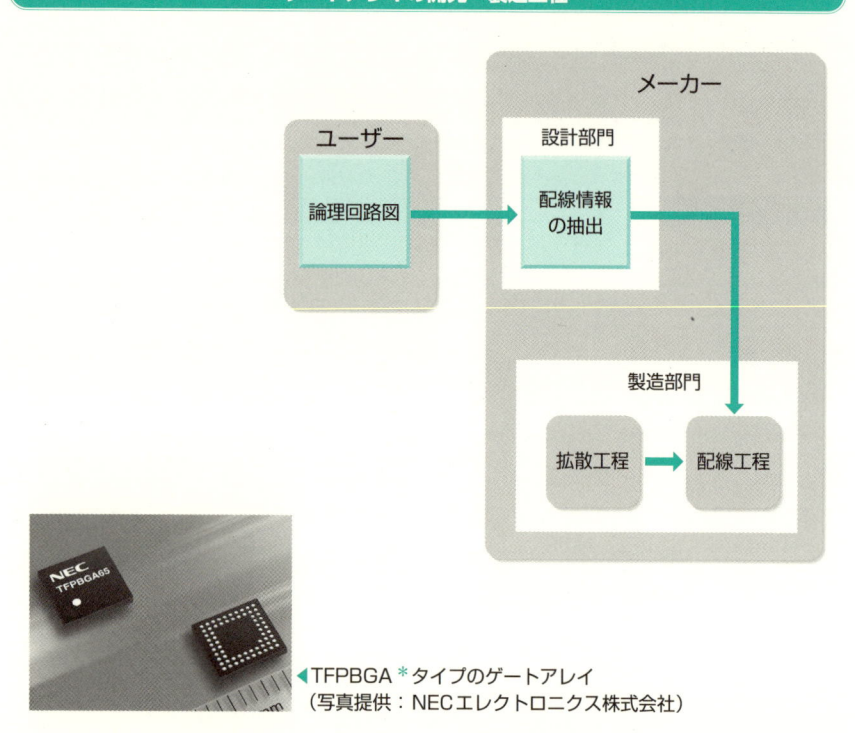

ユーザー：論理回路図
メーカー
　設計部門：配線情報の抽出
　製造部門：拡散工程 → 配線工程

◀TFPBGA＊タイプのゲートアレイ
（写真提供：NECエレクトロニクス株式会社）

一般的なゲートアレイは内部セルと入出力セルで構成されます。内部セル領域にはあらかじめ規則的にトランジスタが埋め込まれており、2入力NANDを実現できる単位が**セル**（またはゲート）として行列状に配列（アレイ）されています。

＊**TFPBGA**　極小のボール状配線接続端子を有するテープタイプのパッケージ。

2-5 ランダムロジックを構成するASIC

ゲートアレイの構成例

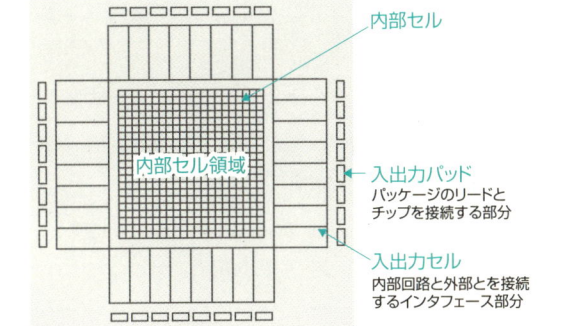

内部セル
内部セル領域
入出力パッド
パッケージのリードとチップを接続する部分
入出力セル
内部回路と外部とを接続するインタフェース部分

出典：NECエレクトロニクス
「ゲートアレイとは？」
(http://www.necel.com
/gatearray/outline/
outline.html#3)

▶▶ セルベースIC（スタンダードセル）

　フルカスタムLSIではユーザーが設計した論理回路図をもとに、基本素子単位で回路を設計する必要がありましたが、**セルベースIC**では基本素子単位ではなく、セル単位で設計を行います。したがってフルカスタムLSIに比べると、基本素子レベルの設計が簡素化されます。

セルベースICの開発・製造工程

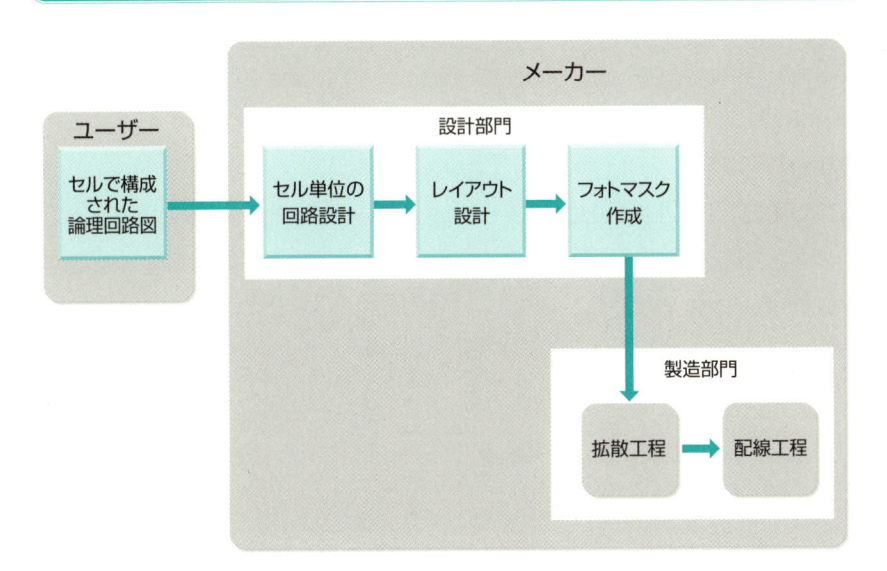

ユーザー
　セルで構成された論理回路図

メーカー
　設計部門
　　セル単位の回路設計 → レイアウト設計 → フォトマスク作成
　製造部門
　　拡散工程 → 配線工程

2-5 ランダムロジックを構成するASIC

　セル単位で基本素子レベルの設計を行うには、ユーザーから提供される論理回路図も、セルをベースに設計されていなくてはなりません。このためメーカーは**セルライブラリ**と呼ばれる論理部品データを提供し、ユーザーはこの論理部品によって設計を行います。

　セルの最も小さなものは前述したNANDやORゲートといった基本論理回路ですが、これ以外に2-4節で述べた標準機能回路もあります。つまり、複数の基本素子で構成される機能回路をセルというブロックで扱うわけです。

　基本論理回路や標準機能回路を対象とした小規模なセルは**基本セル**と呼ばれ、さらに規模の大きなものは**マクロセル**と呼ばれます。例えば沖電気では、マクロセルをメモリセル（RAMおよびROM）、I/Oセル（物理的インタフェース）、メガセルに分類しています。下記を見るとわかるように、CPUコアやコントローラまでもがセルとして扱われています。

[I/Oセル]

- Oscillator
- PLL
- PCI
- USB
- LVDS
- PECL

[メガセル]

- **CPU** ……………ARM7TDMI、ARM920T
- **CPU周辺** ………DMAコントローラ、タイマ、ウォッチドッグタイマ
  　　　　　　　　パラレルインタフェース、シリアルインタフェース
- **インタフェース** …UART、USBデバイス／ホストコントローラ
  　　　　　　　　PCIコントローラ、EEE1394レイヤコントローラ
- **アナログ** …………D/Aコンバータ、A/Dコンバータ、パワーオンリセット

2-5 ランダムロジックを構成するASIC

沖電気のセルベースIC（MG87J0000ファミリ）の仕様

チップ構成	最大ゲート数	18,304,000
	最大総パッド数 (I/O, V_{DD}, V_{SS})	1,196
動作電圧	コア電源電圧(V)	1.08～1.32
	IO電源電圧(V)	3.0～3.6
ゲート遅延時間(ps)		53(V_{DD}=1.2V)［2入力NANDゲート、F/O=2, L=0］
入出力インタフェース		TTL、SCHMITT、PCI、5Vトレラント
出力形式		プッシュプル、3ステート、双方向バス
出力駆動能力(mA)		2/4/6/8/12/16(V_{DD}=3.3V)
プルアップ／ダウン抵抗値(KΩ)		75（プルアップ）／75（プルダウン）
オシレータ最大発振周波数(MHz)		50
マクロセル	コンパイルドメモリセル	1ポートSRAM（同期）、2ポートSRAM（同期）、ROM
	メガマクロセル	ARM926EJ-S、ARM946E-S、UART、USB、DAC、ADC、他

▶▶ エンベデッドアレイ

エンベデッドアレイはゲートアレイとセルベースIC両方の特徴を生かしたものです。セルベースICではユーザーから論理回路図が提供されてから作業が開始されますが、エンベデッドアレイでは論理回路図が提供される前に、ユーザーから利用するゲート数と使用するマクロセルの情報を受けて、拡散工程までを実行します。

つまり、ユーザーが利用するマクロセルを内部セル領域に配置し、マクロセル以外の部分を基本セルを対象としたゲートアレイとするわけです。あとはユーザーから論理回路図が提供された段階で、配線工程により基本セルおよびマクロセルを結線します。

作業工程としてはセルベースICとさほど変わりませんが、拡散工程を先行して行えるぶん、納期の短縮が可能です。

2-5 ランダムロジックを構成するASIC

エンベデッドアレイの開発・製造工程

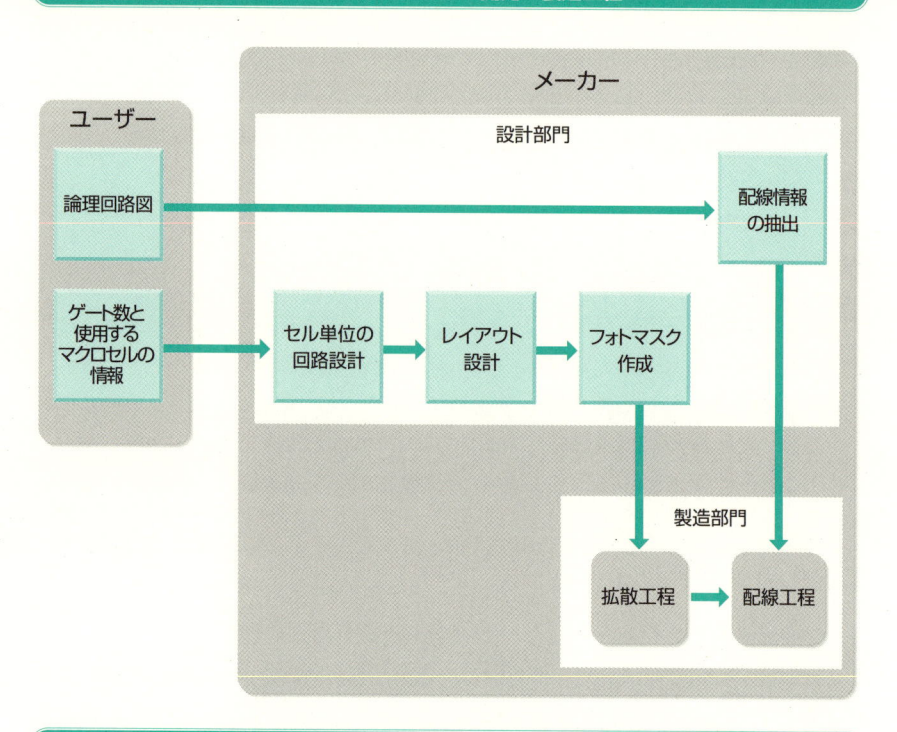

ユーザー
- 論理回路図
- ゲート数と使用するマクロセルの情報

メーカー

設計部門
- セル単位の回路設計 → レイアウト設計 → フォトマスク作成
- 配線情報の抽出

製造部門
- 拡散工程 → 配線工程

エンベデッドアレイ S1X60000シリーズ（セイコーエプソン社）の概略構成

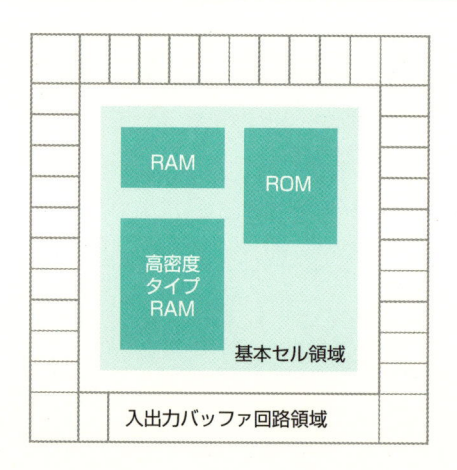

- RAM
- ROM
- 高密度タイプRAM
- 基本セル領域
- 入出力バッファ回路領域

2-5 ランダムロジックを構成するASIC

▶▶ ストラクチャードASIC

　ストラクチャードASICは、ゲートアレイをより手軽に利用できるように進化したものといえます。ゲートアレイが基本セル領域をすべて開放しているのに対し、ストラクチャードASICではあらかじめRAM、DLL＊（Delay Locked Loop）、APLL＊（Analog Phase-Locked Loop）、テスト回路などを備えており、これらを含めた基本的な配線パターンがあらかじめ用意されています。つまりRAM、DLL、APLL、テスト回路などを実装した、拡散工程までが終了した汎用のウエハが用意されているうえに、配線工程においても基本的な配線パターンが用意されているため、ユーザー独自の配線パターンのみ追加すれば回路を形成できるわけです。

　このためストラクチャードASICでは、複数の配線層を共有層とカスタマイズ層に分離させ、カスタマイズ層の情報のみ提供されればすむ構成になっています。したがってゲートアレイ以上の短納期が可能となります。

アルテラ社のストラクチャードASIC：HardCopy Ⅱファミリの概要（2006年6月時点）

特長	HC210W	HC210	HC220	HC230	HC240
ASICゲート数	1M	1M	1.6M	2.2M	2.2M
デジタル信号処理(DSP)ブロックの追加ゲート数	0	0	0.3M	0.7M	1.4M
トータルRAMビット数	875,520	875,520	3,059,712	6,345,216	8,847,360
フェーズ・ロック・ループ数(PLL)	4	4	4	8	12
パッケージ（最大ユーザI/Oピン数）	484ピン・ワイヤ・ボンド FBGA(308)	484ピン FBGA(334)	672ピン FBGA(492)、780ピン FBGA(494)	1,020ピン FBGA(698)	1,020ピン FBGA(742)、1,508ピン FBGA(951)

＊ **DLL**　外部から与えたクロック信号と内部のクロック信号との間に生じる時間差を回路的に制御して調整し、高速なクロックアクセス時間や高い動作周波数を実現する回路。外部クロックに対する内部信号の遅延時間を制御する。

＊ **APLL**　外部クロック信号に対して内部発振回路の出力の位相を制御する回路。

2-5 ランダムロジックを構成するASIC

HardCopy II

（写真提供：日本アルテラ株式会社）

▶▶ PLD、FPGA

　PLD（Programmable Logic Device）と**FPGA**（Field Programmable Gate Array）は、ゲートアレイの配線工程の一部をユーザーで行えるものです。ユーザーは製品を購入すれば、専用のソフトウェアを使用してすぐに回路を構成できます。

　少し実感がわかないかもしれませんが、ユーザー側で書き込みができる論理を組み立てられるデバイスとして代表的なものに、EEPROMやRAMがあります。EPROMやRAMについては後述しますが（6-1節参照）、PLDとFPGAはこのメモリのアーキテクチャにより論理回路を構成するとともに、各論理ブロック間の配線をユーザーに開放しています。

　これらのメモリはデータを書き込むと、あとはアドレス（入力）を指定するだけで書き込んだデータが出力されます。論理回路もこれと同じで、入力に対してどういったデータを出力するかが決定できればよいわけです。

　PLDは論理ブロックにEEPROMと同じような構造を採用し、各論理ブロック間の結合は配線スイッチの指定により行えます。論理ブロックが不揮発性メモリであるEEPROMの構造のため、一度書き込んだ回路は電源が落ちても保持することができます。

　一方FPGAは、SRAMの構造を採用しています。FPGAはPLDよりも小さな論理ブロックを数多く備えるとともに、配線についてもゲートアレイの配線工程に近い設定が行えるため、回路の自由度が非常に高いのが特徴です。

2-5 ランダムロジックを構成するASIC

PLDの構造

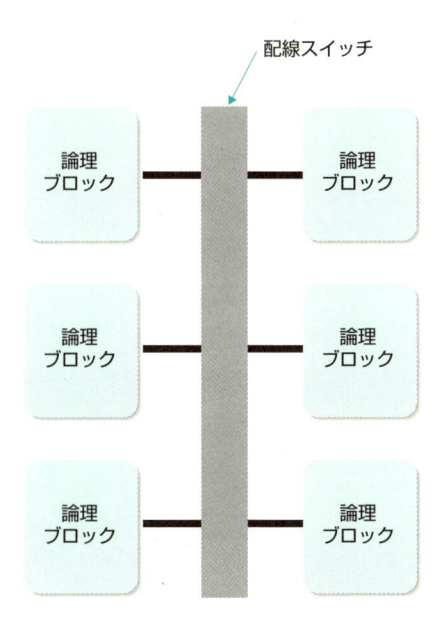

配線スイッチ

論理ブロック　論理ブロック
論理ブロック　論理ブロック
論理ブロック　論理ブロック

FPGAの構造

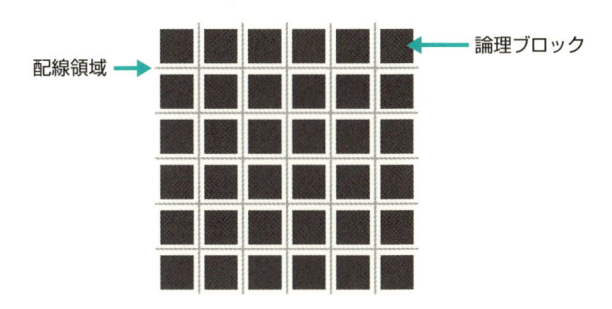

配線領域　　論理ブロック

　ただし、不揮発性メモリであるSRAMの構造を採用しているため、電源を落とすと回路を保持することができません。そのため回路データをROMに持たせ、電源投入のたびにそのデータをFPGAにダウンロードさせる仕組みが必要です。

2-5 ランダムロジックを構成するASIC

FPGAにはデータをダウンロードするためのROMが必要

FPGA ← 回路データのダウンロード ← データROM

PLDとFPGAの商品例

▲PLD（CPLD）：MAX Ⅱ
（写真提供：日本アルテラ株式会社）

▲FPGA：Virtex-4
（写真提供：ザイリンクス株式会社）

第3章

CPUをサポートする基本機能

CPUは制御処理の中核をなすCPUコアと呼ばれる部分と、CPUコアの処理を合理的に行うためのサポート機能で構成されています。CPUコアの処理パフォーマンスを最大限に向上させるには、このサポート機能が欠かせません。

ここでは、そのサポート機能について説明します。

3-1
サポート機能の定義

　CPUコアはそれ自身が単独で処理を行えるわけではありません。CPUコアが処理を行うためには、メモリやバスの制御が不可欠です。これらの制御手段が貧弱だと、CPUコアはその能力を十分に発揮することができません。

▶▶ システム・コントロール・ロジック

　デジタル回路の大局的な制御部は、システム・コントロール・ロジックと周辺機能により構成されます。**システム・コントロール・ロジック**とは全制御の主導権を持つもので、CPUコア、メモリ、サポート機能で構成されます。一般的にMPUと呼ばれるものは、このシステム・コントロール・ロジックのうちCPUコアとサポート機能を1チップに実装したものです。

　一方、周辺機能＊は、システム・コントロール・ロジックの管理下で、外部デバイスや装置とのやりとりを行うものです。ワンチップマイコンやMCUと呼ばれるものの多くは、システム・コントロール・ロジックと周辺回路を1チップに実装したものです。

システム・コントロール・ロジックと周辺機能

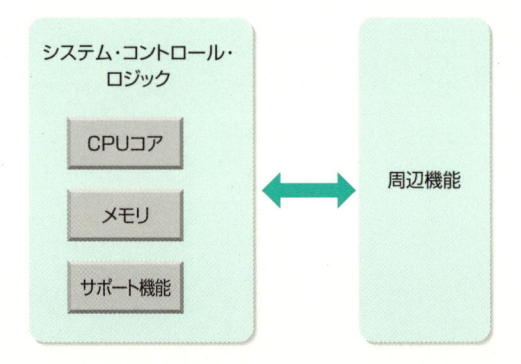

＊周辺機能　第4章で詳しく解説する。

3-1 サポート機能の定義

▶▶ サポート機能の構成

では**サポート機能**とは何かというと、次のように定義できます。

❶ メモリとのやりとりを合理化する
❷ 周辺機能とのやりとりを合理化する
❸ CPUコアの処理の一部をまかなう

　この定義にもとづいた基本的なサポート機能として挙げられるのが、次の6つです（次ページの図参照）。

・キャッシュメモリ
・MMU（メモリマネージメントユニット）
・FPU/DSP
・割り込みコントローラ
・バスコントローラ（バスステートコントローラ）
・DMAコントローラ

COLUMN　CPUの進化とサポート機能

　前述の6つのサポート機能のうち、まず先にCPUが対応したのが割り込みコントローラです。割り込みコントローラは、1972年に発表された8008から実装されています。
　続いてバスコントローラの元となるものが、1976年に発表されたZ80に採用されています。
　そしてその他の機能が採用されるきっかけとなったのは、MC6800およびMC6809です。この2つのCPUは周辺LSIとして、MMU、DMAコントローラ、FPUが用意されていました。

3-1 サポート機能の定義

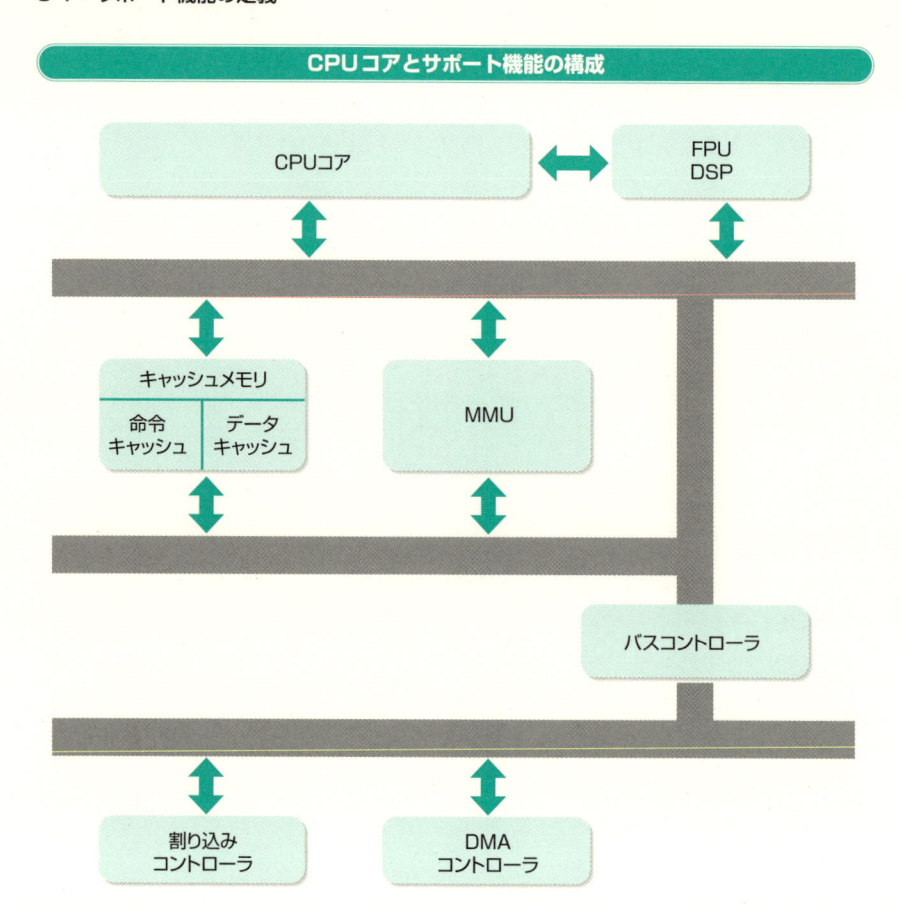

CPUコアとサポート機能の構成

- CPUコア ↔ FPU / DSP
- キャッシュメモリ
  - 命令キャッシュ
  - データキャッシュ
- MMU
- バスコントローラ
- 割り込みコントローラ
- DMAコントローラ

3-2

キャッシュメモリ

キャッシュメモリは、CPUコアと外部メモリとのやりとりを合理化するためのものです。CPUチップ外部のメモリにアクセスする場合は、この機能がパフォーマンスを大きく向上させます。

▶▶ キャッシュメモリの必要性

　大きなメモリ空間を必要とするシステムでは、CPUの外部にメモリICが実装されます。CPUとメモリIC間は基板配線により接続されますが、この基板配線はLSI内部の配線と比較して非常に負荷の大きなものであり、高速化するCPUの処理速度に追従できるものではありません。

　また、メモリICの多くにはDRAMが使用されています。**DRAM**（Dynamic Random Access Memory）とは、トランジスタと抵抗により電荷を蓄える回路を記憶素子に用いたもので、回路がシンプルで集積度が高いため安く提供されます。ただし、情報の記憶が電荷によって行われ、電荷は時間とともに減少することから、一定時間ごとに記憶保持のための再書き込み（**リフレッシュ**）を行う必要があり、このためメモリアクセスが低速です。

　こうした外部メモリとのアクセスの問題を解決する手法として生まれたのが、**キャッシュメモリ**です。

　キャッシュメモリには SRAM が用いられます。**SRAM**（Static Random Access Memory）はDRAMのような記憶保持動作が不要なため、高速なメモリアクセスが可能です。キャッシュメモリはこのSRAMを用いて、使用頻度の高いデータを蓄積しておくことで、低速なメインメモリへのアクセスを減らすことを目的としています。

3-2 キャッシュメモリ

高速なメモリアクセスを実現するキャッシュメモリ

外部メモリとの直接のアクセス

チップ内部
CPUコア ⇔ アクセスが遅い ⇔ 外部メモリ

キャッシュメモリとのアクセス

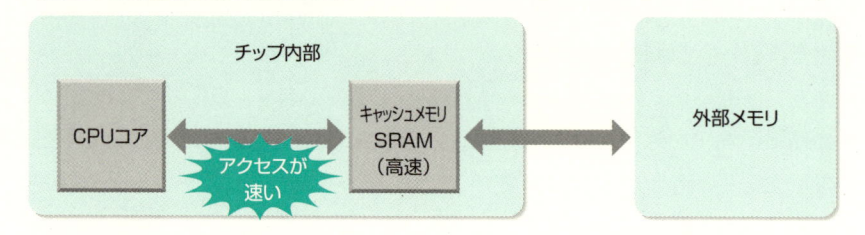

チップ内部
CPUコア ⇔ アクセスが速い ⇔ キャッシュメモリ SRAM（高速） ⇔ 外部メモリ

▶▶ キャッシュメモリの仕組み

　CPUは、命令のオペランド*のうちメモリに該当するデータ（データ1）を探す場合、まずキャッシュメモリを見に行きます。キャッシュメモリにデータ1が存在しない場合は、メインメモリにアクセスしてデータ1を取り出します。データ1は、CPUに読み出されると同時にキャッシュメモリに書き込まれます。

　キャッシュメモリにデータ1が書き込まれて以降は、メインメモリにアクセスしなくてもキャッシュメモリとの間だけでデータのやりとりが行えます。また、演算などによりデータ1の値が書き換えられた場合は、キャッシュメモリだけでなくメインメモリのデータ1も書き換えられます。

　キャッシュメモリにはこのようにオペランドを対象として、命令の実行の過程でデータのやりとりを行う**データキャッシュ**と、命令そのものを格納する**命令キャッシュ**があります。

＊**オペランド**　演算の対象となる値や変数のこと。

3-2 キャッシュメモリ

キャッシュメモリの仕組み

①外部メモリにアクセスする

②データ1を読み出すと共にキャッシュメモリに書き込む

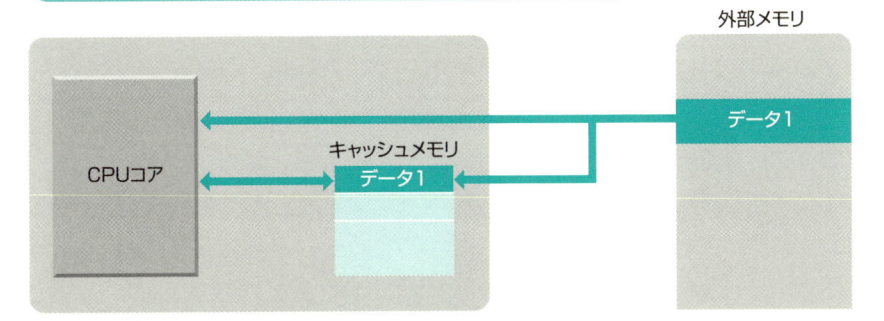

③以降データ1はキャッシュメモリから読み出される

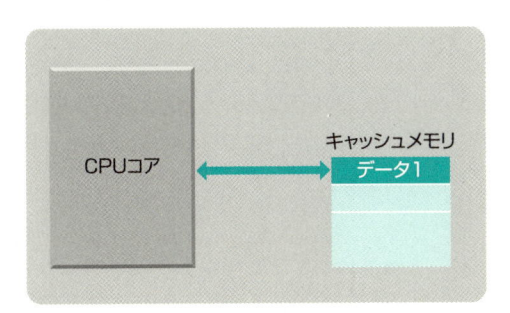

3-3
MMU（メモリマネージメントユニット）

プログラムをすべてROMに格納するような組み込みシステムには該当しませんが、情報機器のように、あらかじめいくつかのアプリケーションプログラムを補助記憶装置に保存し、必要なときにメモリ（RAM）にロードして実行するような場合には、MMU（メモリマネージメントユニット）が有効です。

▶▶ 仮想メモリの概念

　MMU（Memory Management Unit：**メモリマネージメントユニット**）とは、実際にハードウエアに搭載しているメモリ（物理メモリ）を有効に用いるための機能です。

　これから実行しようとするプログラムのサイズが物理メモリより小さい場合は、そのプログラムすべてをメモリに書き込んで実行すればよいのですが、プログラムのサイズが物理メモリより大きい場合はどうでしょうか。単純に考えると、プログラムの一部をメモリに書き込んで実行し、必要になったときに随時別の部分をメモリに書き込んで実行する、ということになるでしょう。ところがこれでは、プログラム側にメモリを管理する機能を組み込まなければならず、非常に不便です。そこで生まれたのが仮想メモリという概念です。

▶▶ スワップによるメモリ管理

　仮想メモリとは、物理メモリと補助記憶装置を合わせてすべてのプログラムが収まる大きなメモリ空間を想定するものです。補助記憶装置上に**スワップファイル**と呼ばれる専用の領域を用意して、メモリ容量が不足したら使われていないメモリ領域の内容を一時的に補助記憶装置に退避させ、必要に応じてメモリに書き戻すことで実現されます。

　ハードディスクとメモリの間でプログラムを入れ替える動作を**スワップ**といいます。これによってアプリケーションプログラムはメモリ管理に煩わされることなく、仮想メモリでの動作だけを考えればよくなります。スワップは仮想メモリにおける

3-3 MMU（メモリマネージメントユニット）

アドレスを物理アドレスに変換、または物理アドレスを仮想メモリのアドレスに変換してやる処理が主で、この処理はOS側のプログラムで処理することもできます。

▶▶ 仮想メモリをハードウエアで実現するMMU

けれどもメモリアクセスのたびにOS側でプログラムを実行していたのでは、効率が悪くなります。そこでこの処理をプログラムに代わってハードウエアで実現したのがMMUです。

プログラムが物理メモリより大きな場合、MMUは仮想メモリのプログラムから実行に必要な部分を、物理メモリに対して可能な限り（メモリに収まる限り）一括してスワップします。またMMUは、マルチプロセス*においても有効です。その場合は、MMUが仮想メモリに割り当てられた各プログラムの実行に必要な部分だけをメモリにスワップさせるので、アプリケーションソフトやOSはメモリ管理を気にすることなく、他の処理が行えます。

プログラムが物理メモリより大きな場合のスワップ処理

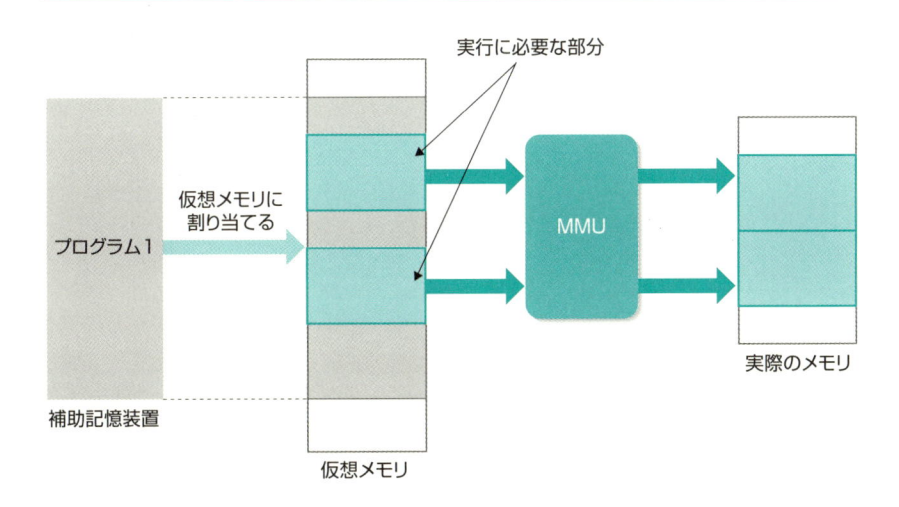

実行に必要な部分

プログラム1　→　仮想メモリに割り当てる　→　仮想メモリ　→　MMU　→　実際のメモリ

補助記憶装置

＊マルチプロセス　複数のプログラムがタイムシェアリングにより同時に実行されること。

3-4
FPU/DSP

　CPUコアはシステム全体の総合的な管理を目的としています。そのため、一部の演算処理に負担がかかると管理がおろそかになり、システムの正常な維持が困難になります。このような場合にCPUコアを手助けするのがFPUやDSPです。

▶▶ 演算処理の分割

　CPUコアが苦手とする演算処理として挙げられるのが、浮動小数点演算と、連続して行われる演算処理です。前者に対応するのが**FPU**（Floating Point number Processing Unit：**浮動小数点演算ユニット**）であり、後者に対応するのが**DSP**（Digital Signal Processor）です。

専用命令に対応するFPUとDSP

データバス
浮動小数点演算命令
一般命令
FPU ⇔ CPUコア

データバス
DSP演算命令
一般命令
DSP ⇔ CPUコア

3-4 FPU/DSP

　FPUとDSPはいずれもCPUコアと同等のマイクロプロセッサと捉えることができ、CPUコアと独立に処理を行うことができます。いずれもCPUに内蔵されるものは、専用の命令を受けて処理を行います。つまり、プログラムのうち一般命令はCPUコアが処理し、浮動小数点演算命令はFPUが、DSP演算命令はDSPが処理するわけです。

▶▶ FPU

　FPUは浮動小数点演算専用の命令セットを持ったコプロセッサと捉えることができ、浮動小数点演算のために独立の指数処理部を持つ演算回路を備えています。また、CPUでの演算結果をFPUで浮動小数点フォーム（単精度／倍精度）に変換するような場合は、専用のレジスタを介して行います。

FPUの構成例

3-4 FPU/DSP

　FPUの命令セットは、算術演算や論理演算、整数と浮動小数点数の変換などが主なものですが、近年は高速な座標変換が必要な3次元グラフィックに対応した特別な演算命令も多く組み込まれています。

▶▶ DSP

　FPUはCPUコアのコプロセッサに位置づけられますが、DSPはCPUコアと同等のプロセッサとして捉えられます。簡単に言うと、CPUコアの演算処理部を強化したものがDSPです。したがって、システムによってはDSPだけでもCPUコアの役割を果たすことができます。

　音声や映像といった信号は、元はアナログ信号です。このアナログ信号をデジタル信号に、またはデジタル信号をアナログ信号に変換するデバイスとしてA/Dコンバータ、D/Aコンバータがありますが、その手前の処理はシステム・コントロール・ロジックで行う必要があります。

　現在主流のMPEG＊などは、データを周波数に置き換えたり、符号化圧縮したりという処理が必要ですが、これらの処理は膨大な演算を必要とします。これをCPUコアだけで処理しようとすると、CPUコアはこの演算処理だけにかかりっきりになり、その他の管理が行えなくなってしまいます。したがって、こういった長時間の連続した処理はDSPに任せ、CPUコアは演算結果のみを受け取るといった構成が必要となります。このためDSPは、高速な積和演算や飽和演算＊といった機能を備えています。

テキサス・インスツルメンツ社のTMS320C64xT DSPシリーズ

写真提供：日本テキサス・
　　　　　インスツルメンツ株式会社

＊**MPEG**　Moving Picture Experts Groupの略。映像データの圧縮方式の一つ。
＊**飽和演算**　オーバーフローやアンダーフローを最大値、最小値に丸めること。

3-5 割り込みコントローラ

突発的で優先順位の高い要求を処理するには、現在行っている処理をいったん中止して、その要求に対応した処理をしてやらなければなりません。こういった処理にハードウエアで対応するのが割り込みコントローラです。

▶▶ 割り込み処理とは

組み込みシステムで実行されるプログラムは、通常の場合はあらかじめ設定されたフローにもとづいて処理が実行されますが、ときには設定されたフローを無視してでも真っ先に優先して実行しなければならない処理が発生します。例えばセンサからの信号やシステムに問題が起こったことを知らせる信号、設定していた時間になったことを通知する信号が入ってきた場合の処理などです。

割り込み処理とは、これらの信号に対する処理を実行するものです。あらかじめ信号とそれに対する処理プログラムを定義することで、信号が発生すると同時にCPUコアが強制的にアドレスを変更し、対象となる処理プログラムを実行させます。

▶▶ 割り込み処理の流れ

次ページの図を参考に、割り込み処理の流れを説明します。

❶ キーやセンサなど、外部の入力装置から割り込みコントローラに信号が入る。
❷ 割り込みコントローラは、あらかじめ定義されている**割り込みレベル**＊と入力された信号の割り込みレベルを比較する。入力された信号の割り込みレベルが、定義されている割り込みレベル以上であれば割り込みを承認し、CPUコアに対して割り込み要求信号を送る。
❸ 割り込み要求信号を受けたCPUコアは、現在実行中の命令のアドレスと**ステータスレジスタ**＊のデータをメモリの退避領域に書き込む。
❹ 次に割り込みコントローラから、CPUコアのステータスレジスタの一部に割り込みの優先順位を示す割り込みレベルコードが書き込まれる。

＊**割り込みレベル**　　　割り込み処理の優先度を表すもので、値が大きいほど優先順位が高くなる。
＊**ステータスレジスタ**　現在の状態を示すデータが書き込まれている場所。

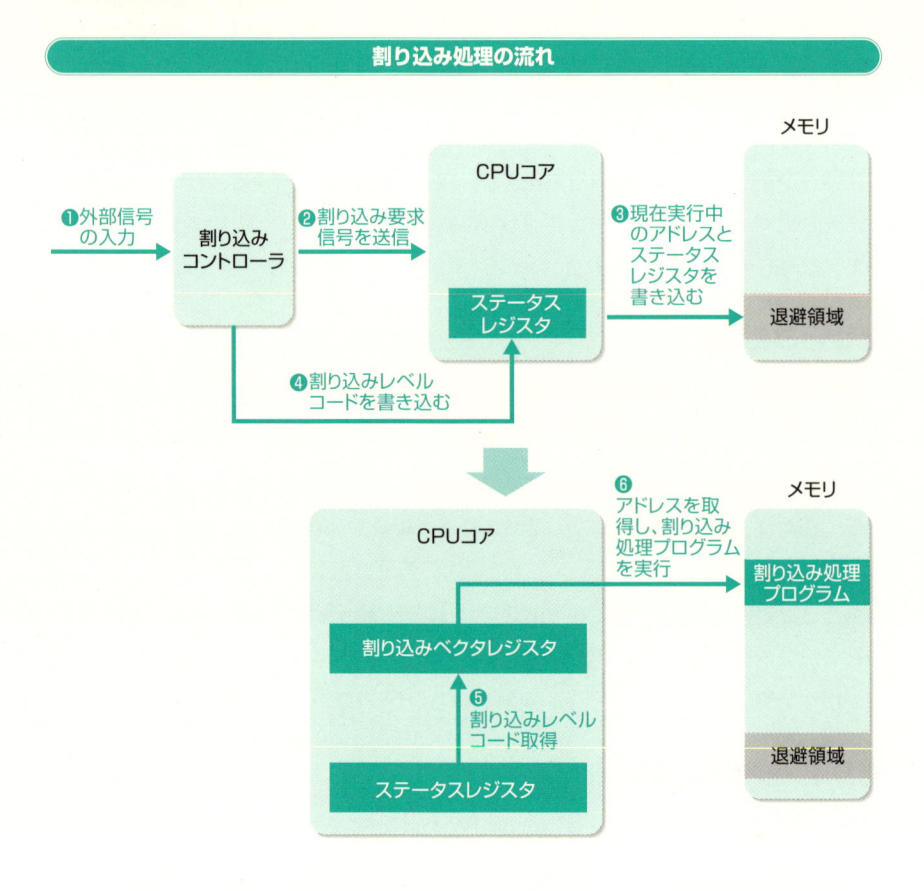

3-5　割り込みコントローラ

割り込み処理の流れ

```
❶外部信号         割り込み      ❷割り込み要求    CPUコア          ❸現在実行中            メモリ
 の入力    →→→  コントローラ  →→→信号を送信  →→→           のアドレスと
                                                ステータス      ステータス      →→→ 退避領域
                                                レジスタ        レジスタを
                                                                書き込む

                              ❹割り込みレベル
                                コードを書き込む
```

↓

```
                              CPUコア                ❻アドレスを取        メモリ
                                                      得し、割り込み
                                                      処理プログラム    →→→ 割り込み処理
                              割り込みベクタレジスタ  を実行                  プログラム
                                    ↑
                                    ❺割り込みレベル
                                      コード取得                            退避領域
                              ステータスレジスタ
```

　割り込みコントローラの役目はここまでです。以降はCPUコアだけで処理を行います。

❺CPUコアは、ステータスレジスタから割り込みレベルコードを取得する。

❻CPUコアは割り込みレベルコードに対応したメモリアドレス情報を**割り込みベクタレジスタ**＊から取得し、これをメモリに与えてやることで、そのアドレスを先頭アドレスとした割り込み処理プログラムが実行される。

　割り込み処理プログラム実行後、CPUコアがメモリの退避領域から保存しておいたアドレスとステータスレジスタのデータを再び取り込むことで、再び元のプログラムが実行されます。

＊**割り込みベクタレジスタ**　割り込み処理を行う命令のメモリアドレスが、割り込みレベルに対応して書き込まれている。

3-6 バスコントローラ（バスステートコントローラ）

CPUコアの外部バスには、メモリを含めさまざまな機能回路が接続されます。したがって何も考えずに外部バスに回路を接続すると、衝突が起こります。この衝突を回避する信号の役割を果たすのがバスコントローラです。

▶▶ バスコントローラの構成

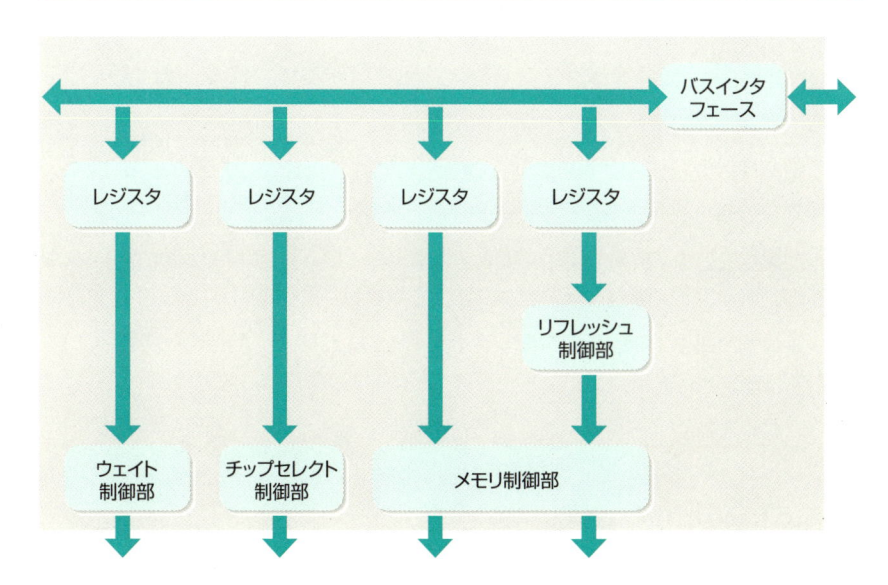

仮想メモリと物理メモリとの間でスワップを行うのはMMUですが（3-3節参照）、仮想メモリという空間に対してMMUが扱えるアドレスを生成しているのは**バスコントローラ**です。

バスコントローラの構成例

（図：バスインタフェース ― レジスタ×4 ― リフレッシュ制御部／ウェイト制御部／チップセレクト制御部／メモリ制御部）

バスコントローラは次の制御ブロックで構成されます。

3-6 バスコントローラ（バスステートコントローラ）

- メモリ制御部
- リフレッシュ制御部
- チップセレクト制御部
- ウェイト制御部

▶▶ 各ブロックの処理内容

　メモリ制御部は仮想メモリ空間（アドレス）を生成するとともに、メモリ空間の分割および各メモリ空間におけるメモリデバイスの制御を行います。

　パソコンのケースを開けたことのある人は目にしたことがあると思いますが、パソコンのマザーボードにはバススロットと呼ばれるコネクタがあり、このコネクタにビデオボードやディスク制御ボード、シリアル／パラレル制御ボード、LANボードといった基板（デバイス）が接続され、そこからモニタ、ハードディスク、入力装置、通信機器といった外部機器が接続されています。これらのデバイスはバスを構成している要素のうち、アドレスバスとデータバス、チップセレクト信号により主なやりとりが行われています。

　実はこれらのデバイスの多くにはメモリが搭載されており、CPUコアがこれらのメモリにデータを書き込んだり読み出したりすることで、制御が行われます。したがってこれらのデバイスとやりとりを行うためには、それぞれのデバイスごとにメモリ空間を分割して割り当ててやる必要があります。

　また、複数デバイスによるデータの衝突を避けるには、データバスも分割する必要があるのですが、データバスはどのデバイスでも共有しているので、チップセレクト信号により割り当てます。**チップセレクト信号**とは、CPUとデバイスの間での「これからあなたとやりとりしましょうね」という確認の合図だと考えてください。これにより、共有されるデータバスを介して特定のデバイスとのやりとりが行えます

　リフレッシュ制御部は、DRAMを使用しているデバイス（主にメインメモリ）に対してリフレッシュ信号を供給します。

　CPUコア内部の処理速度に比べ外部のメモリはアクセスが低速です。したがってCPUはメモリのアクセスタイムに合わせるために、処理を停止して待つ必要があります。**ウェイト制御部**はこの待ち時間（ウェイト）を制御するものです。

3-6 バスコントローラ（バスステートコントローラ）

アドレス空間の分割とチップセレクトにより複数のデバイスを接続できる

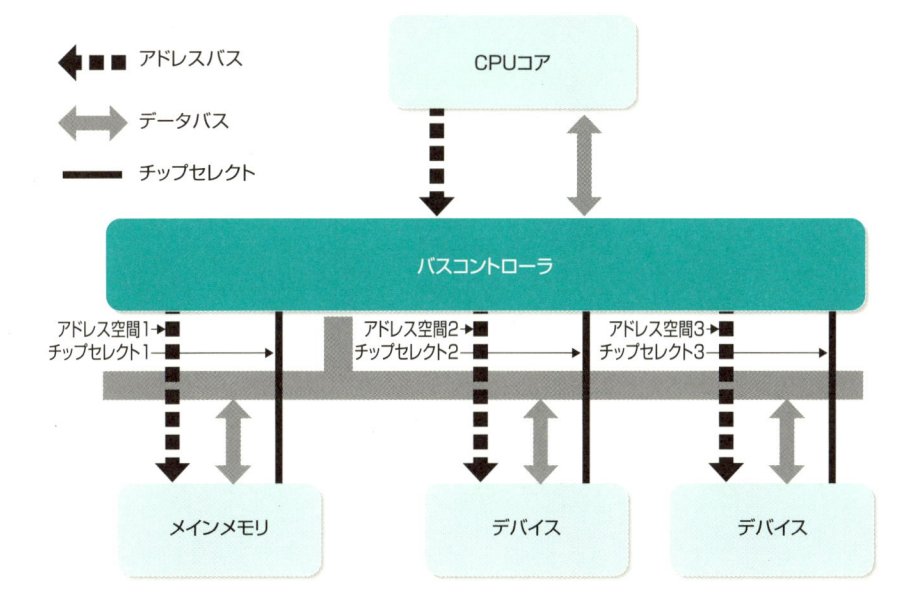

- ◀▪▪▪ アドレスバス
- ◀▶ データバス
- ── チップセレクト

CPUコア

バスコントローラ

アドレス空間1 / チップセレクト1
アドレス空間2 / チップセレクト2
アドレス空間3 / チップセレクト3

メインメモリ / デバイス / デバイス

第3章 CPUをサポートする基本機能

3-7
DMAコントローラ

システムにおいては、メモリ上にあるまとまったデータを、バスを介して外部デバイスに転送する必要が多々あります。このような場合にCPUコアに代わって転送処理を行うのが、DMAコントローラです。

▶▶ DMAコントローラの必要性

通常、アドレスバス、データバス、コントロールバスといったバスの管理はCPUコアが主導権を持っています。したがって外部デバイスとメモリとの間でデータ転送を行う場合は、外部デバイスからデータをCPUコアのレジスタに取り込み、レジスタからメモリに書き込む、またはメモリからデータをレジスタに取り込みレジスタから外部デバイスに転送するというのが基本です。

ところが、「外部記憶装置のデータを一時的にメモリに書き込む」といった処理では、データサイズが大きくなるとその分CPUコアの処理を占有する時間が長くなり、その間他の処理が行えなくなります。そこで考え出されたのが**DMA**（Direct Memory Access）です。DMAはCPUコアを介さずに外部デバイスとメモリ間でデータ転送を行うもので、その物理的な制御を行うのが**DMAコントローラ**です。

▶▶ DMAコントローラの処理

次にDMAコントローラの処理の流れについて説明します。

❶まずCPUコアは、DMAコントローラに対しバス管理の主導権を渡す。ここではバスコントローラへのレジスタ書き込みをDMAコントローラに委ねる。このときCPUは、DMAコントローラのレジスタに次のようなデータを書き込む。

- ・外部デバイス内部にある転送元データのアドレス
- ・転送先であるメモリのアドレス
- ・データの転送回数
- ・使用するDMAチャネル

3-7 DMAコントローラ

❷ バスの主導権を持ったDMAコントローラは、外部デバイスから転送要求を受ける。
❸ 転送要求を受けると、DMAコントローラはバスコントローラを介して転送元アドレスと転送先アドレスを指定する。これにより外部デバイスの転送データがデータバスに開放される。
❹ メモリに対して書き込み信号を与えることで、バス上のデータがメモリに書き込まれる。
❺ この動作をあらかじめ設定してあった「データの転送回数」分だけ繰り返し、メモリの書き込み信号をオフして、転送が終了する。

このようにDMA転送はCPUコアを介さずに処理を行うため、その間CPUコアは別の処理に時間を費やすことができます。

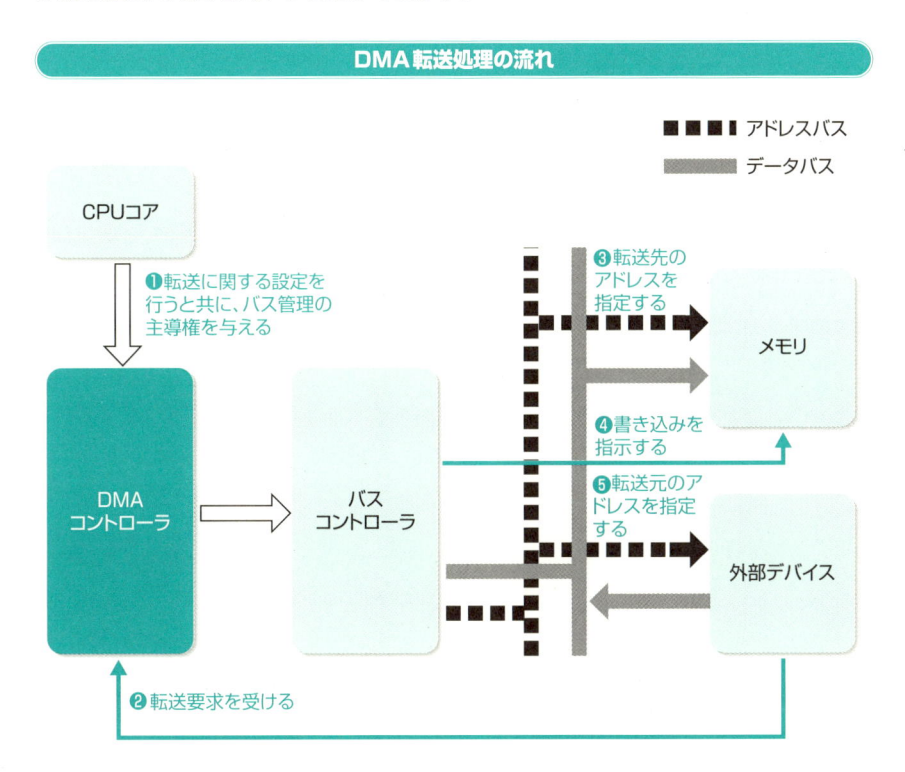

DMA転送処理の流れ

凡例: ■ ■ ■ アドレスバス / ━━ データバス

- CPUコア → DMAコントローラ: ❶転送に関する設定を行うと共に、バス管理の主導権を与える
- DMAコントローラ → バスコントローラ
- ❸ 転送先のアドレスを指定する（→メモリ）
- ❹ 書き込みを指示する
- ❺ 転送元のアドレスを指定する（→外部デバイス）
- 外部デバイス → DMAコントローラ: ❷転送要求を受ける

第3章 CPUをサポートする基本機能

第4章

CPUの周辺機能

　第3章ではシステム・コントロール・ロジックにおけるCPUのサポート機能について説明しましたが、システム・コントロール・ロジックはあくまで管理部門に過ぎません。実際に外部の機器やネットワークに対して物理的なやりとりを行うのは、周辺機能と呼ばれる部分です。
　本章では、この周辺機能について解説します。

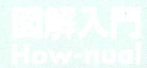

4-1

SH7720に見る周辺機能

ワンチップマイコンと呼ばれるものにはさまざまな周辺機能が実装されています。これらの周辺機能は単体のICとしても各社から提供されています。ここではまず、ルネサステクノロジ社のSH7720を参考に、主な周辺機能を挙げてみます。

▶▶ SH7720の概要

SH7720は32ビットRISCアーキテクチャ（5-2節参照）のCPUコア（動作周波数：133MHz、CPU性能：173MIPS＊）を採用したワンチップマイコンです。前述したDSPやバスコントローラなどすべてのサポート機能を持つほか、多くの外部デバイスに対応できる周辺機能が実装されています。したがって周辺機能を説明するうえで、これ以上ないサンプルと言えます。

次にSH7720のブロック図を示しますが、この中で色づけしてある部分が周辺機能と定義している部分です。

SH7720（ルネサステクノロジ社）のブロック図

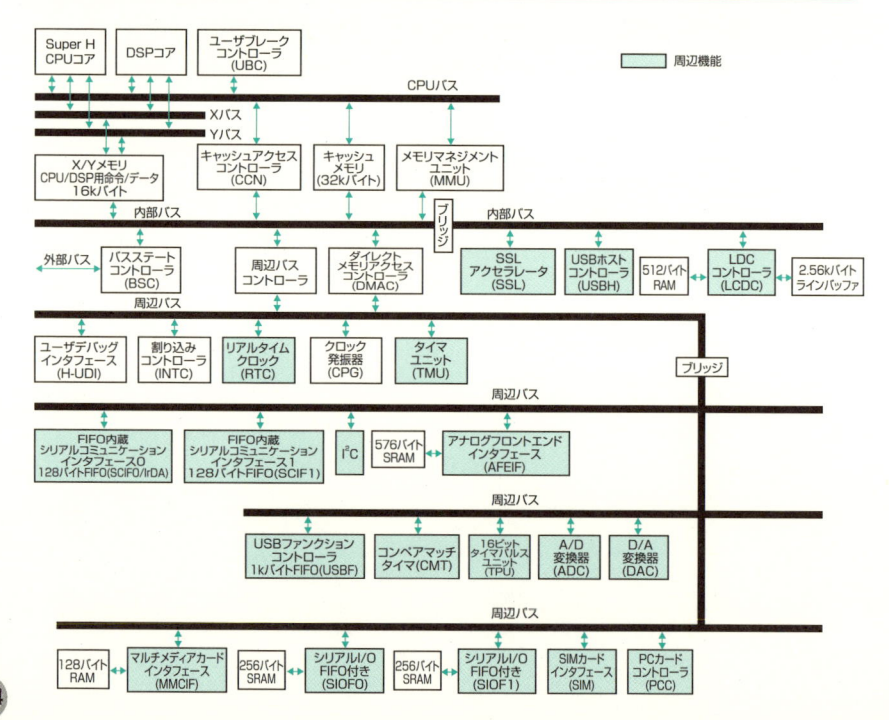

```
Super H CPUコア    DSPコア    ユーザブレークコントローラ(UBC)                                          周辺機能
                                                                CPUバス
                              Xバス
                              Yバス
X/Yメモリ          キャッシュアクセス   キャッシュ       メモリマネジメント
CPU/DSP用命令/データ コントローラ(CCN)   メモリ(32kバイト) ユニット(MMU)
16kバイト
                              内部バス                           ブリッジ    内部バス
外部バス  バスステート   周辺バス        ダイレクト      SSL           USBホスト  512バイト  LCD         2.56kバイト
         コントローラ   コントローラ    メモリアクセス   アクセラレータ (USBH)    RAM        コントローラ ラインバッファ
         (BSC)                         コントローラ    (SSL)                               (LCDC)
                              周辺バス  (DMAC)
ユーザデバッグ  割り込み      リアルタイム  クロック      タイマ
インタフェース  コントローラ  クロック      発振器        ユニット                ブリッジ
(H-UDI)        (INTC)        (RTC)        (CPG)         (TMU)
                              周辺バス
FIFO内蔵                FIFO内蔵
シリアルコミュニケーション シリアルコミュニケーション   I²C   576バイト  アナログフロントエンド
インタフェース0           インタフェース1                      SRAM       インタフェース
128バイトFIFO(SCIF0/IrDA) 128バイトFIFO(SCIF1)                            (AFEIF)
                              周辺バス
                USBファンクション  コンペアマッチ  16ビット      A/D        D/A
                コントローラ       タイマ(CMT)    タイマパルス  変換器     変換器
                1kバイトFIFO(USBF)                ユニット(TPU) (ADC)      (DAC)
                              周辺バス
128バイト  マルチメディアカード  256バイト  シリアルI/O    256バイト  シリアルI/O    SIMカード     PCカード
RAM        インタフェース        SRAM       FIFO付き       SRAM       FIFO付き       インタフェース コントローラ
           (MMCIF)                          (SIOF0)                   (SIOF1)        (SIM)          (PCC)
```

4-1　SH7720に見る周辺機能

基本的な周辺機能

　SH7720はご覧のとおり数多くの周辺機能がありますが、これをカテゴリ別に分けると次のようになります。

●通信用
・アナログフロントエンドインタフェース（モデム機能）
・USBホストコントローラ／ファンクションコントローラ
・シリアルコミュニケーションインタフェース
・SSLアクセラレータ（SSLの暗号／復号処理）

●クロック／タイマ用
・リアルタイムクロック　　・タイマユニット　　　・コンペアマッチタイマ
・タイマパルスユニット

●アナログ信号用
・A/D変換器　　　　　　・D/A変換器

●周辺IC接続用
・シリアルI/O　　　　　 ・I^{2}C

●表示用
・LCDコントローラ

●外部標準デバイス接続用
・PCカードコントローラ　・マルチメディアカードインタフェース

　このうち通信用のアナログフロントエンドインタフェース（モデム機能）と、PCカードコントローラ、マルチメディアカードインタフェースについては、基本的な機能ではないのでここでは解説を省略します。それ以外のものとして、イーサネットコントローラを追加して以降に説明します。

＊**MIPS**　コンピュータの処理速度を表す単位。1MIPS＝1秒間に100万回の命令を処理できる速度。

4-2
タイマ、リアルタイムクロック

システムにおいては、タイミングを管理したり、時刻を管理したりといった要求が多く発生します。こういった時間的な管理および制御に対応するのが、タイマやリアルタイムクロックです。

▶▶ タイマユニット

タイマの基本は2-4節で説明したように、カウンタの元となるクロックを入力し、このクロックに同期してカウントアップ／ダウンを行うことです。

標準的な**タイマユニット**は、図のように**クロック選択回路**、**カウンタ**、**割り込み制御回路**、**カウンタ制御用レジスタ**、**書き込み／読み出し用レジスタ**により構成されます。

標準的なタイマユニットの構成例

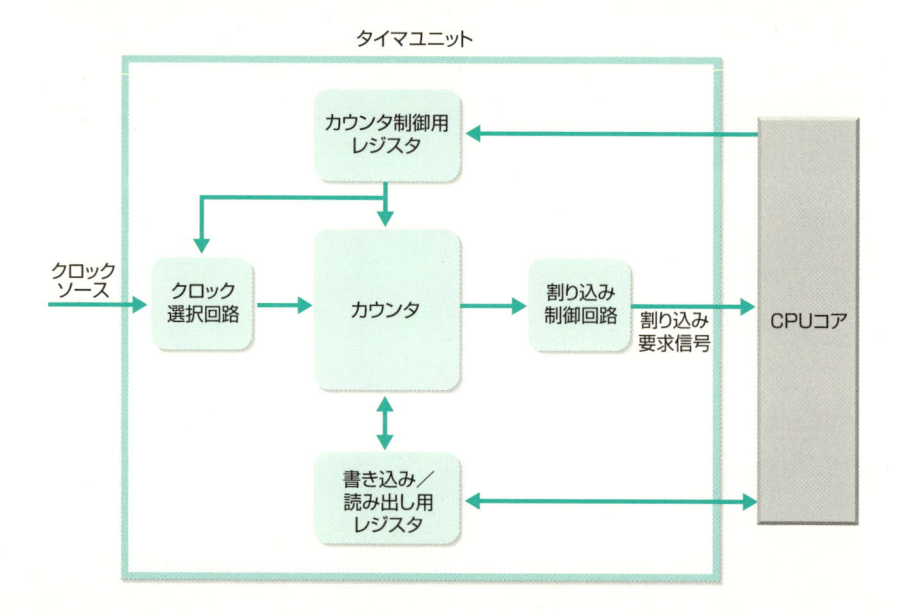

```
タイマユニット

クロックソース → クロック選択回路 → カウンタ → 割り込み制御回路 → 割り込み要求信号 → CPUコア
                                 ↑          ↑
                       カウンタ制御用レジスタ ←─────────── CPUコア
                                 ↕
                       書き込み／読み出し用レジスタ ←─── CPUコア
```

4-2 タイマ、リアルタイムクロック

　カウンタ制御用レジスタは、クロックソースの指定とともにカウンタ動作の開始や停止を指示するものです。書き込み／読み出し用レジスタは、カウンタの初期値を書き込んだり、現在のカウント値を取得するのに用いられます。

　また、カウント値がオーバーフローしたりアンダーフローした場合は、割り込み制御回路に信号が出力され、これを介してCPUコアに割り込み要求信号が送られます。

▶▶ コンペアマッチタイマ

　前述したタイマユニットは、CPUコアより現在のカウント値を見にいくことを目的としていますが、これをよりリアルタイムな制御目的にしたものに**コンペアマッチタイマ**があります。

コンペアマッチタイマの構成例

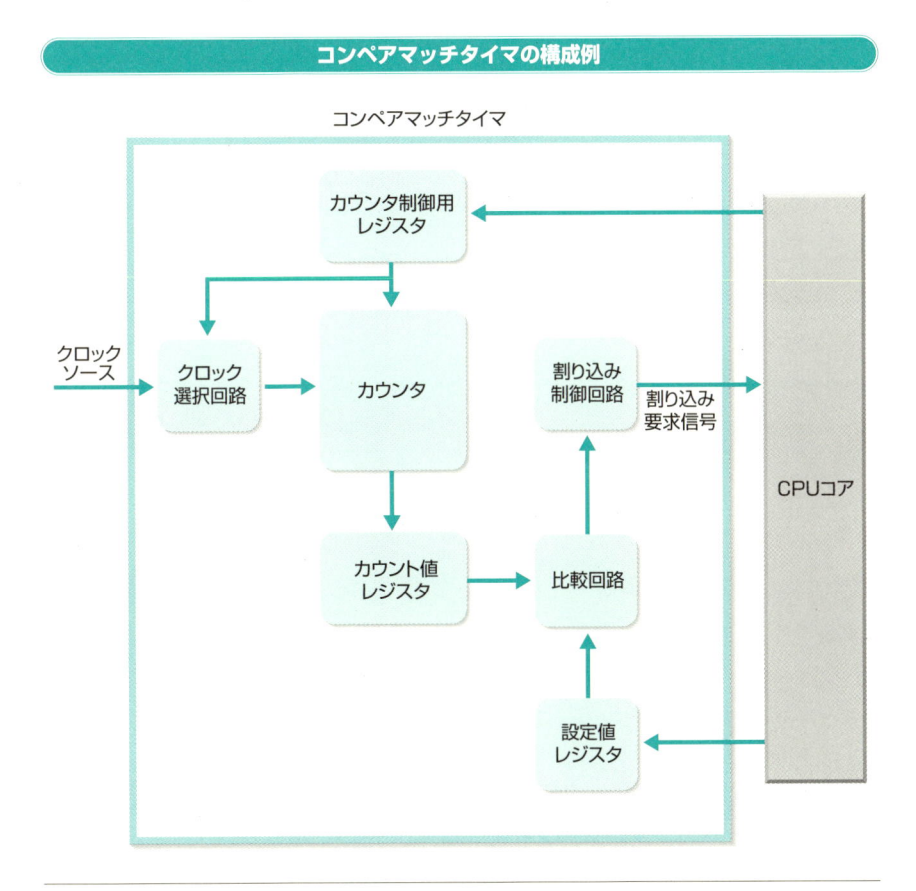

```
コンペアマッチタイマ

クロックソース → クロック選択回路 → カウンタ
                ↑                    ↓
          カウンタ制御用レジスタ ← ← ← ← ← ← ← CPUコア
                                カウント値レジスタ → 比較回路 → 割り込み制御回路 → 割り込み要求信号 → CPUコア
                                設定値レジスタ ← ← ← CPUコア
```

第4章　CPUの周辺機能

4-2 タイマ、リアルタイムクロック

コンペアマッチタイマの特徴は、CPUコアが値を書き込める設定値レジスタと比較回路を備えていることです。カウント値（カウント値レジスタ）が設定値（設定値レジスタ）と一致すると、比較回路より割り込み制御回路に信号が出力され、これを介してCPUコアに割り込み要求信号が送られます。設定した時間が経過すると、強制的に割り込み処理プログラムを実行することを目的としています。

▶▶ タイマパルスユニット

これまでのタイマはCPUコアとのやりとりを目的としたものでしたが、**タイマパルスユニット**はカウンタによって1と0の信号を生成し、これを外部に出力することを目的とします。

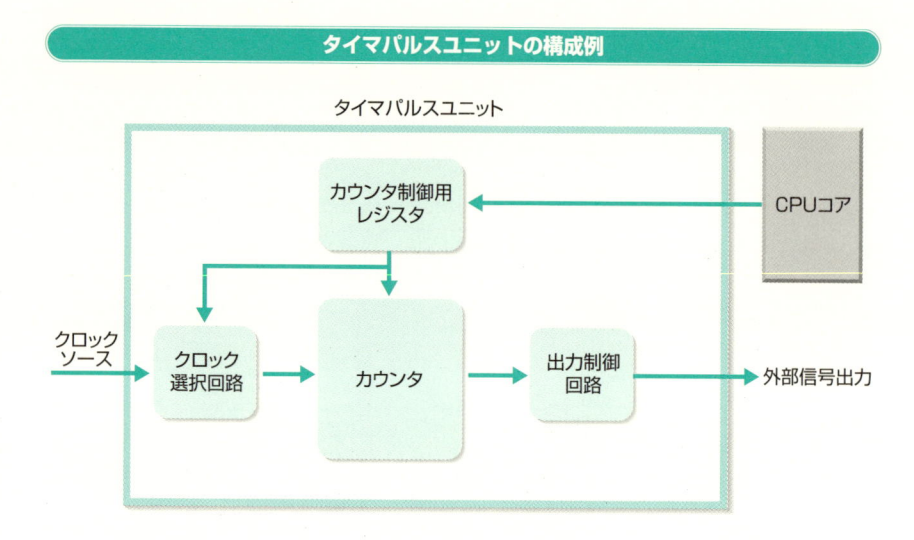

タイマパルスユニットの構成例

```
                    タイマパルスユニット
        ┌────────────────────────────────────┐
        │         ┌─────────────┐            │
        │         │カウンタ制御用│◄───────────┼──┐
        │         │  レジスタ    │            │  │ ┌──────┐
        │         └──────┬──────┘            │  └─│CPUコア│
        │            │   │                   │    └──────┘
        │            ▼   ▼                   │
 クロック│  ┌──────┐  ┌──────┐  ┌──────┐     │
 ソース ─┼─►│クロック│─►│カウンタ│─►│出力制御│─┼──► 外部信号出力
        │  │選択回路│  │       │  │ 回路  │   │
        │  └──────┘  └──────┘  └──────┘     │
        └────────────────────────────────────┘
```

この代表的なものに**PWM**（Pulse Width Modulation：パルス幅変調）**タイマ**があります。PWMタイマは外部機器を制御するためのパルス信号を作り出すもので、デューティを変化させることができます。

デューティとは、ある周期のパルス信号の1の部分と0の部分を割合のことです。次の図の例で、❶は1/2（50％）、❷は1/4（25％）、❸は3/4（75％）となります。このパルス信号は主にサーボモータの制御に用いられます。サーボモータはCDドライブ、VTRのテープ送り機構、コピー機の用紙送り機構などに採用されています。

デューティの比較例

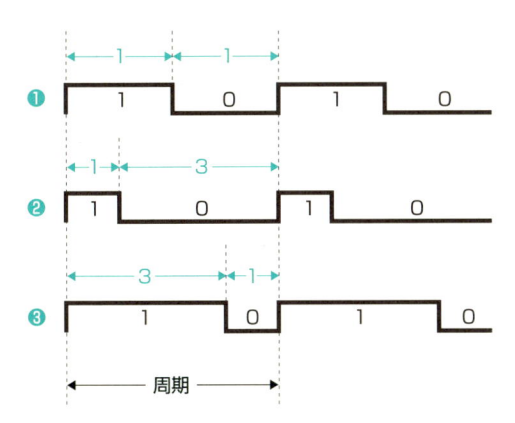

```
❶  ←1→←1→
    ‾|_|‾|_|‾|_
     1  0  1  0

❷  ←1→←—3—→
    ‾|___|‾‾‾|___
     1   0   1   0

❸  ←—3—→←1→
    ‾‾‾|___|‾|_
     1    0  1  0

    ←——周期——→
```

▶▶ ウォッチドッグタイマ

　システムの監視に用いられるタイマとしては**ウォッチドッグタイマ**（WDT：Watch Dog Timer）があります。

　ウォッチドッグタイマではCPUコアが定期的にタイマを見にいき、オーバーフローする前にカウント値を書き換える動作を前提としています。したがってCPUコアが暴走してこの動作が行えないとカウント値がオーバーフローし、強制的にCPUコアをリセットするようになっています。

▶▶ リアルタイムクロック

　リアルタイムクロック（RTC：Real Time Clock）とはいわゆる時計機能で、秒、分、時、曜日、日、月、年をカウントします。

　ビデオデッキや多機能電卓、炊飯器、エアコン、電話、FAXなど時刻やカレンダー表示を持つ製品では、この機能が有効です。またアラーム時刻を設定でき、その時刻になると割り込み信号を発生するものもあるので、時刻を基準にいろんな処理を行う機器においてはプログラム開発のうえで有効です。

4-2 タイマ、リアルタイムクロック

セイコーインスツル社のRTC：S-35390Aのブロック図

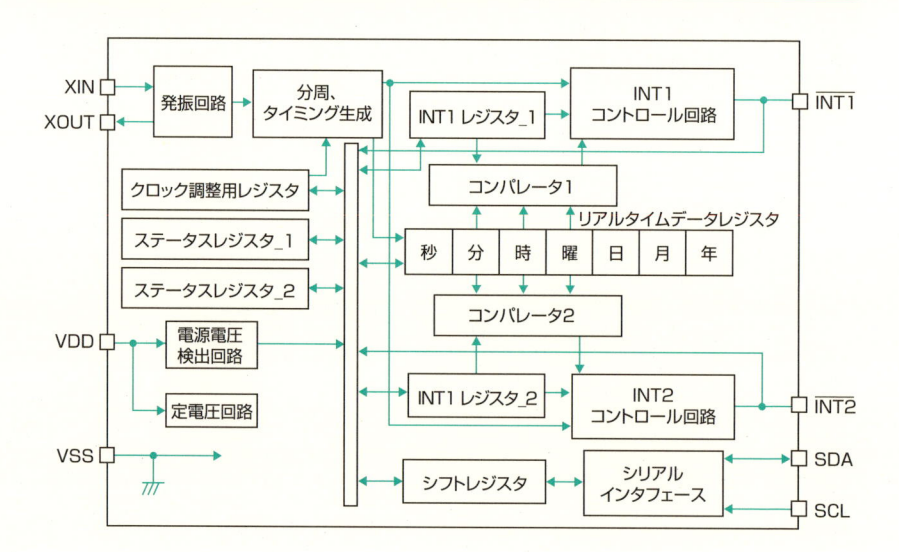

4-3
シリアルコミュニケーションインタフェースとRS-232C

外部のデバイスや機器とデータのやりとりを行う最も一般的な方法として、シリアル通信があります。シリアル通信とはデータを1ビットずつ送る方法で、これを外部機器との通信用に用意したのがシリアルコミュニケーションインタフェースです。

▶▶ シリアル通信とUART

シリアル通信は1ビットずつデータを送るものですが、CPUコア側ではデータを複数のビット幅（パラレル）により扱います。したがってシリアル通信を実現するためには、CPUコアから送るパラレルデータをシリアルデータに、外部機器から送られるシリアルデータをパラレルデータに変換する必要があります。この機能を提供する回路を**UART**（Universal Asynchronous Receiver Transmitter）と呼びます。

UARTの基本構成

（図：受信データRxD → 受信用シフトレジスタ → 受信用データレジスタ → CPUコア、CPUコア → 送信用データレジスタ → 送信用シフトレジスタ → 送信データTxD、送受信制御回路）

4-3 シリアルコミュニケーションインタフェースとRS-232C

　シリアルとパラレルの変換に必ず必要となるのは、2-4節で説明したシフトレジスタです。受信の場合は、受信用シフトレジスタにシリアルで書き込まれたデータを、受信用データレジスタを介してパラレルデータで受け取ります。送信の場合は、送信用データレジスタを介して、パラレルデータを送信用シフトレジスタに書き込みます。

　一般的なUARTは、調歩同期式とクロック同期式の２つのモードを備えています。**調歩同期式**とは、送信データの前後にスタートビットとストップビットを付けることで、データの区切りを判別して送受信を行うもので、**非同期式**とも呼ばれます。一方**クロック同期式**とは、送信側からクロック信号を送り、このクロック信号でタイミングを取り送受信を行うものです。

▶▶ RS-232C

　シリアル通信の規格の中で最もポピューラーなものとして**RS-232C**があります。RS-232Cは最大ケーブル長15ｍ、最高通信速度は115.2kbpsに対応しています。元々はモデム接続用のインタフェースのため、次のような９ピンの信号が定義されていますが、現在では調歩同期式通信が一般的なため、ケーブルおよびコネクタ側でDCD、DTR、DSRの３つとRTS、CTSの２つを結線し、RxDとTxDだけを使用するのが大半です。

RS-232Cのピン配置と信号名（９ピン）

ピン番号	信号名	内容	入出力
1	DCD	キャリア検出	入力
2	RxD	受信データ	入力
3	TxD	送信データ	出力
4	DTR	データ端末レディ	出力
5	GND	―	―
6	DSR	データセットレディ	入力
7	RTS	送信要求	出力
8	CTS	送信可	入力
9	RI	被呼表示	入力

　ただしRS-232Cを実現するにはUARTの先に専用のドライブICが必要となります。CPUコアやUARTといった回路は通常３～５Ｖで動作しますが、RS-

4-3 シリアルコミュニケーションインタフェースとRS-232C

232Cではケーブルにおける信号の劣化に対応するため、－12V～＋12Vの電圧を利用しています。そのため、MAX232A（マキシム社）のような専用のドライブICが用いられます。

UARTの先にドライブICが必要

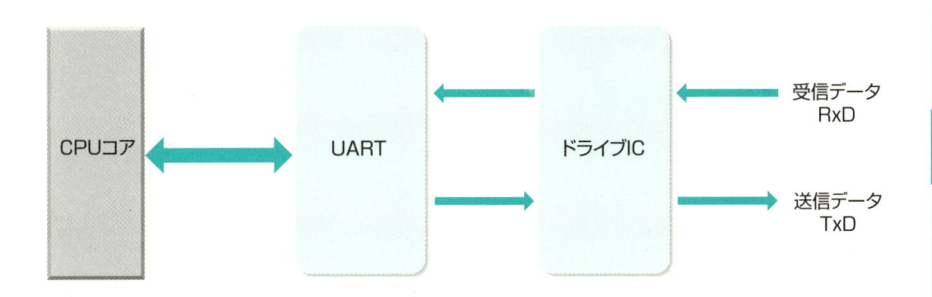

マキシム社製RS-232CドライブIC：MAX232Aの構成

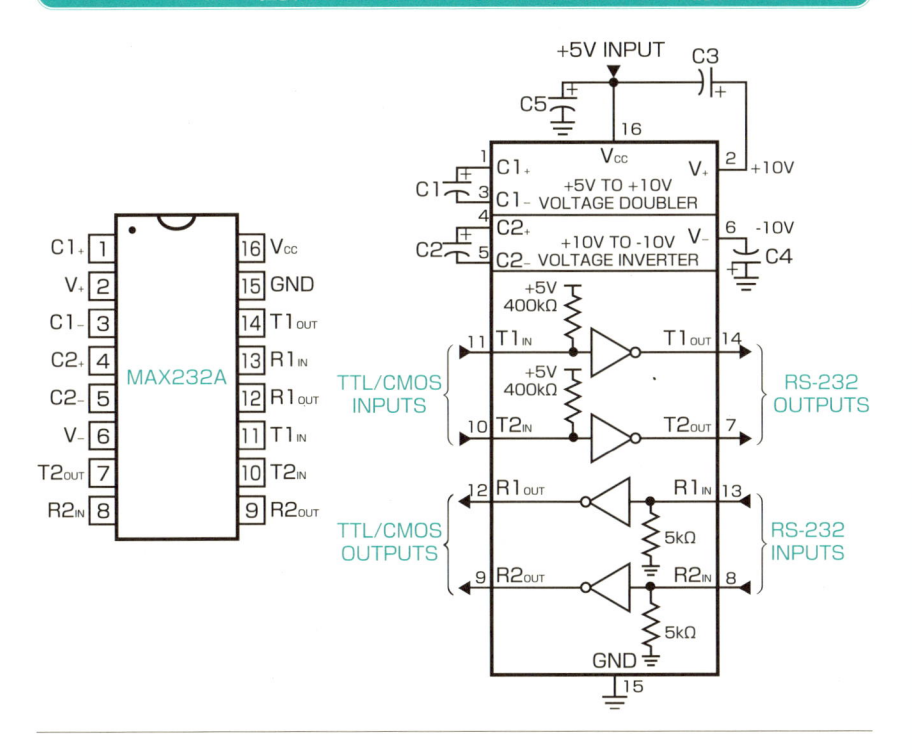

4-4 シリアルI/OとSPI、I²C

シリアルコミュニケーションインタフェースは外部機器と通信を行うためのインタフェースですが、これとは別にCPUコア周辺のICとデータのやりとりを行うことを目的としたのが、一般的にシリアルI/O＊と呼ばれるものです。

▶▶ シリアルI/Oの必要性

CPUコアは基本的に**パラレルI/O**を用いて周辺のICを制御します。ところが周辺のICが増えてくると、その分パラレルI/Oも増やさなければなりません。このことはCPUコアのピン数を増やすことであり、実装効率から考えても無駄な部分が発生してしまいます。そこでパラレルI/Oの代わりに**シリアルI/O**を採用し、少ないI/Oピンで周辺のICを制御することが一般的になってきました。シリアルI/Oの代表的なものとしては、SPIとI²Cが挙げられます。

▶▶ SPI

SPIは基本的に4線式のバスインタフェースを採用し、RxD（受信データ）とTxD（送信データ）、SCL（送受信用クロック）、CS（チップセレクト信号）で構成されます。CSとは、CPUコア側をマスタ、外部IC側をスレーブとした場合、マスタ側からどの外部ICとやりとりを行うかを指定する信号です。

マスタ側のSPIが管理するのはRxD、TxD、SCLの3つで、CSはCPUコアのパラレルI/Oにより制御します。

＊**I/O** Input/Output（入出力）の略。

4-4 シリアルI/OとSPI、I²C

SPIによる接続例

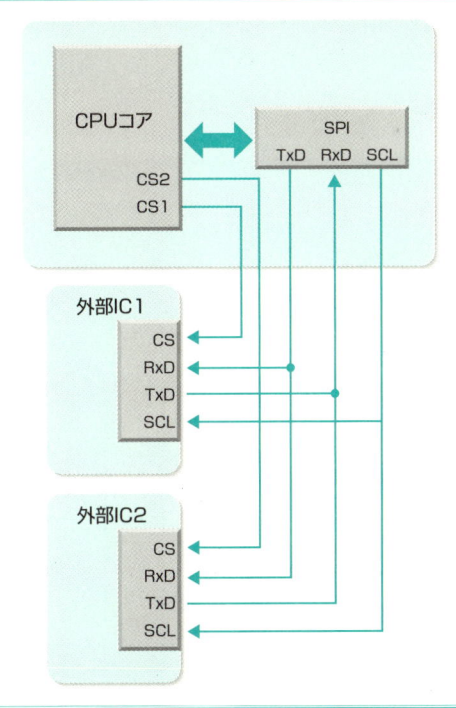

```
CPUコア  ⇔  SPI
             TxD RxD SCL
      CS2
      CS1
```

外部IC1
- CS
- RxD
- TxD
- SCL

外部IC2
- CS
- RxD
- TxD
- SCL

SPI対応のEEPROMの例（ルネサステクノロジ社）

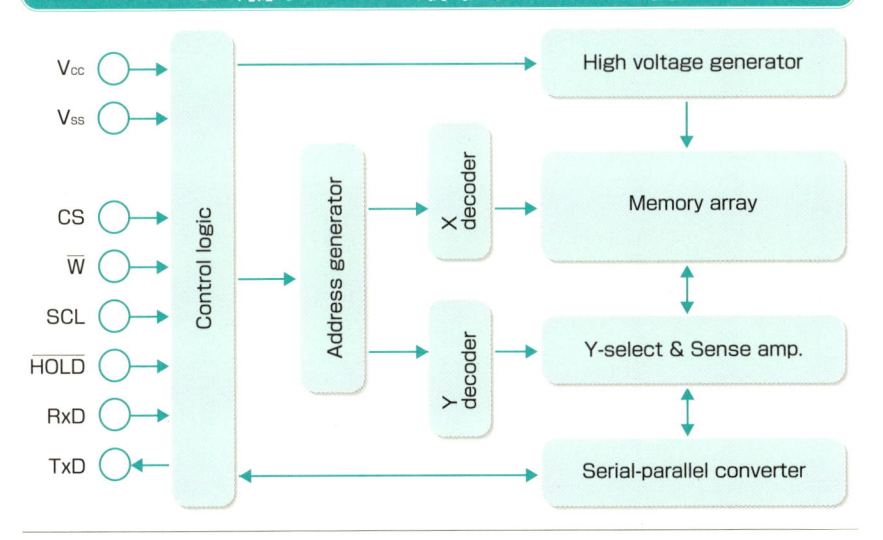

- V_{CC}
- V_{SS}
- CS
- $\overline{W}$
- SCL
- $\overline{HOLD}$
- RxD
- TxD

Control logic → Address generator → X decoder → Memory array
High voltage generator → Memory array
Y decoder → Y-select & Sense amp.
Serial-parallel converter

第4章 CPUの周辺機能

I²C

I²Cバスは、クロック信号を提供するSCLと、データを提供するSADの2本の信号線だけでデバイス間のデータのやりとりが行えます。

I²Cによる接続例

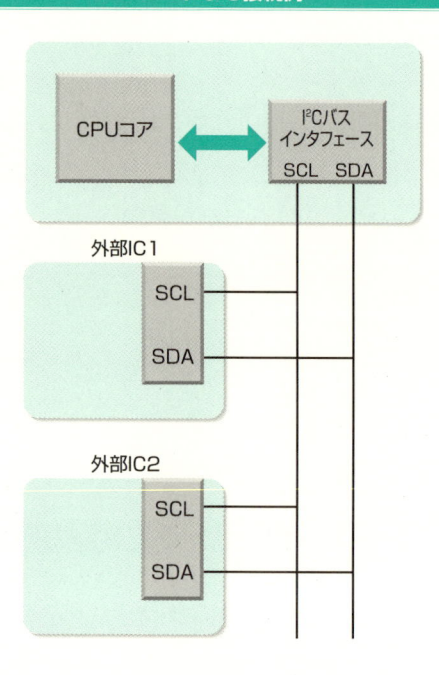

```
         ┌─────────────────────────┐
         │  ┌────────┐  ┌────────┐ │
         │  │        │  │I²Cバス  │ │
         │  │CPUコア │⇔│インタフェース│ │
         │  │        │  │SCL SDA │ │
         │  └────────┘  └────────┘ │
         └──────────────────┬──┬───┘
                            │  │
         外部IC1            │  │
         ┌──────────────────┤  │
         │  SCL─────────────┘  │
         │  SDA────────────────┤
         └─────────────────────┤
                               │
         外部IC2                │
         ┌─────────────────────┤
         │  SCL─────────────┐  │
         │  SDA─────────────┴──┘
         └─────────────────────┘
```

　通信はSCLで同期をとりながら行います。通常SCLはCPU側のマスタが出力し、送信する機器はSCLがLの期間にシリアル・データを変更し、SCLがHの期間では保持することで通信を行います。スレーブが準備できていない場合は、SCLをロウにすることで待ち合わせを行い、データの同期をとることができます。

　伝送速度は、標準モード（最大100kbps）、ファーストモード（最大400kbps）、高速モード（最大3.4Mbps）で、バスの静電容量が400pF以内であれば1つのバスラインにいくつでもデバイスを接続でき、それぞれのデバイスは固有のアドレスを持っています。SADだけで送受信データを扱うのと、SPIで必要だったCSをデータによるアドレス指定で行えるため、コンパクトなインタフェースとして普及しています。

4-4 シリアルI/OとSPI、I^2C

I^2C対応のEEPROMの例（ルネサステクノロジ社）

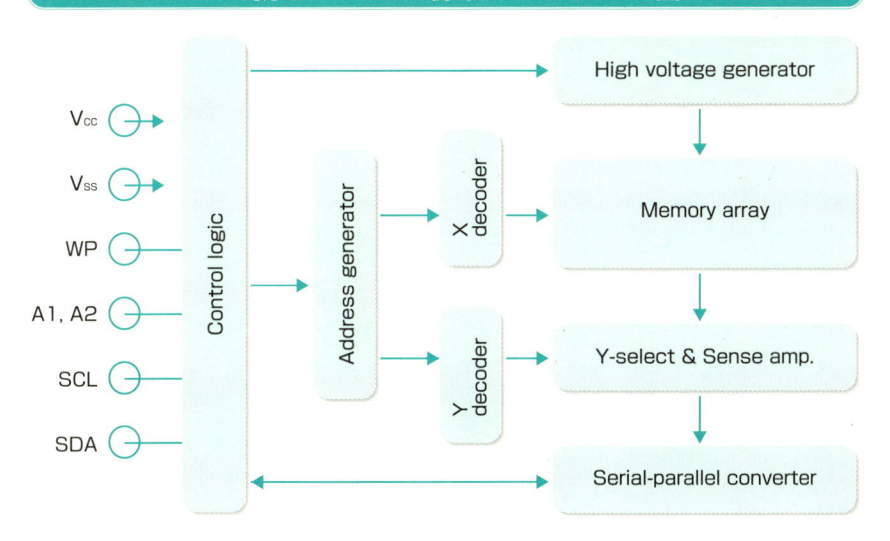

信号	→	ブロック
V_{CC}		
V_{SS}		
WP		Control logic
A1, A2		
SCL		
SDA		

Control logic → High voltage generator → Memory array
Control logic → Address generator → X decoder → Memory array
Address generator → Y decoder → Y-select & Sense amp.
Memory array → Y-select & Sense amp. → Serial-parallel converter ↔ Control logic

4-5
USB

　USB（Universal Serial Bus）は前述したRS-232Cに取って代わって、現在ほぼすべてのパソコンに装備されており、これに準じてパソコンに接続されるあらゆる周辺機器の標準インタフェースになっています。

▶▶ USBの特徴

　USBは**ハブ**と呼ばれる分配器を介すことにより、最大127個の機器を接続できます。初期の規格である**USB1.1**では最大伝送速度が12Mbps（bit/sec）でしたが、現在の**USB2.0**では最大伝送速度480Mbpsを実現しています。

　USBの大きな特徴は、従来のシリアル通信と異なり、LANと同様にパケット通信方式＊をベースにしていることです。

▶▶ ホストコントローラとファンクションコントローラ

　USBはホストマシン（例えばパソコン）を中心としたスター型のネットワーク構成をとり、複数の周辺機器との通信の管理はホストマシンで行うようになっています。このホストマシンに実装されるコントローラを**ホストコントローラ**、周辺機器に実装されるコントローラを**ファンクションコントローラ**といいます。

　すべての転送はホストコントローラから開始され、ファンクションコントローラは転送要求を行えません。ホストコントローラはバスに転送開始を伝える**トークン**と呼ばれるパケットを、接続されているすべての周辺機器のファンクションコントローラに同時発行します。ホストコントローラに接続されたファンクションコントローラは、接続時にアドレスを割り当てられるので、トークンに含まれるアドレスが自分を示していれば応答し、そうでない場合は転送を無視します。

＊**パケット通信方式**　データを小さなまとまり（パケット）に分割して送受信する通信方式。

4-5 USB

NECエレクトロニクス社のUSBホストコントローラμPD720102のブロック図

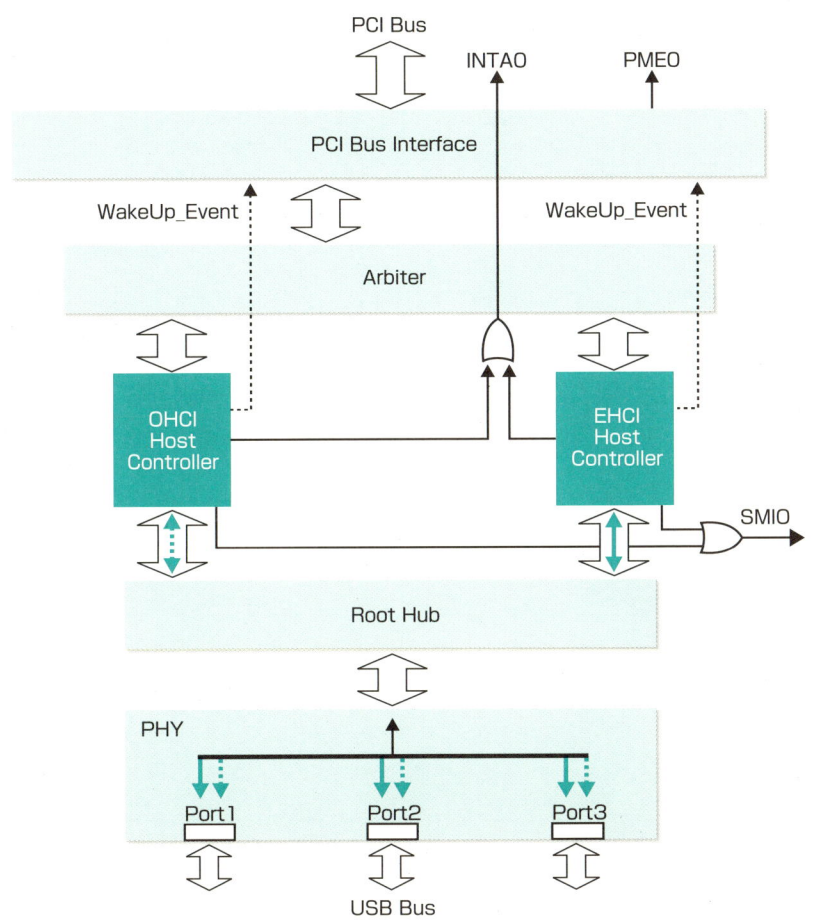

- PCI Bus
- INTA0
- PME0
- PCI Bus Interface
- WakeUp_Event
- Arbiter
- WakeUp_Event
- OHCI Host Controller
- EHCI Host Controller
- SMI0
- Root Hub
- PHY
- Port1
- Port2
- Port3
- USB Bus

▲μPD720102
(写真提供：NECエレクトロニクス株式会社)

第4章 CPUの周辺機能

4-5 USB

NECエレクトロニクス社のUSBファンクションコントローラ：μPD720122のブロック図

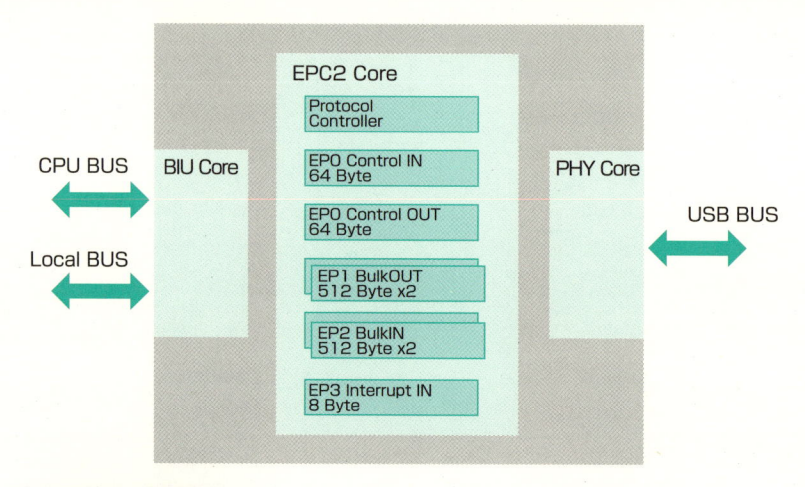

```
                    EPC2 Core
                    ┌─────────────────┐
                    │ Protocol        │
                    │ Controller      │
                    ├─────────────────┤
CPU BUS   BIU Core  │ EP0 Control IN  │  PHY Core
  ⇔         │       │ 64 Byte         │    │         USB BUS
                    ├─────────────────┤              ⇔
                    │ EP0 Control OUT │
                    │ 64 Byte         │
Local BUS           ├─────────────────┤
  ⇔                 │ EP1 BulkOUT     │
                    │ 512 Byte x2     │
                    ├─────────────────┤
                    │ EP2 BulkIN      │
                    │ 512 Byte x2     │
                    ├─────────────────┤
                    │ EP3 Interrupt IN│
                    │ 8 Byte          │
                    └─────────────────┘
```

▲μPD720122
（写真提供：NECエレクトロニクス株式会社）

4-6
イーサネットコントローラ／レシーバ

　LANの普及により、現在ではほとんどのパソコンはもちろん、OA機器や各種制御装置にもイーサネット（Ethernet）が搭載されています。組み込みシステムにおいても、イーサネットは標準的になりつつあります。

▶▶ イーサネットとは

　イーサネットは前述した送信信号（TxD）と受信信号（RxD）を、それぞれ対をなす2本の信号線により伝達する差動伝送方式がとられています。**差動伝送方式**とは、1つの信号とその逆位相をなす信号で対をなす構成をとっており、信号振幅を小さくできる分、データ伝送速度を高速にできるのが特徴です。したがってTxDはTxD(＋)とTxD(－)、RxDはRxD(＋)とRxD(－)という信号で構成されます。

　イーサネットは次の表のようにさらにいくつかの規格に分れており、伝送速度によってEthernet、Fast Ethernet、Giga Bit Ethernetとグループ化されています。最も普及しているのは、**10BASE-T** ＊ と**100BASE-TX** ＊ です。

イーサネットの規格

名称	規格	伝送速度	ケーブル	全二重対応	配線形態
Ethernet	10BASE2	10Mbps	同軸	×	バス型
Ethernet	10BASE5	10Mbps	同軸	×	バス型
Ethernet	10BASE-T	10Mbps	非シールド・ツイストペア	○	スター型
Fast Ethernet	100BASE-T4	100Mbps	非シールド・ツイストペア	×	スター型
Fast Ethernet	100BASE-TX	100Mbps	非シールド・ツイストペア	○	スター型
Fast Ethernet	100BASE-FX	100Mbps	光ファイバ	○	スター型
Giga Bit Ethernet	1000BASE-T	1Gbps	非シールド・ツイストペア	○	スター型
Giga Bit Ethernet	1000BASE-LX	1Gbps	光ファイバ	○	スター型
Giga Bit Ethernet	1000BASE-SX	1Gbps	光ファイバ	○	スター型
Giga Bit Ethernet	1000BASE-CX	1Gbps	シールド・ツイストペア	○	スター型

＊ **10BASE-T**　通信速度は10Mbps、最大伝送距離は100mまで。
＊ **100BASE-TX**　最高通信速度は100Mbps、最大伝送距離は100mまで。

SH7619に見るイーサネット機能

このようなイーサネットの普及により、次に示すSH7619のようにイーサネット機能を内蔵したワンチップマイコンも増えてきています。

イーサネット機能は、イーサネットコントローラとフィジカルレイヤトランシーバ（PHY）によって構成されます。**イーサネットコントローラ**は送受信されるデータの制御を行うもので、CPUコアはFIFOバッファメモリとイーサネット用DMACを介してこのデータを処理します。**フィジカルレイヤトランシーバ**は、前述した差動伝送に対応した処理を行います。つまりイーサネットコントローラで論理的な処理を行い、フィジカルレイヤトランシーバでネットワークに接続するための物理的な処理を行うわけです。

イーサネット機能を備えたSH7619（ルネサステクノロジ社）

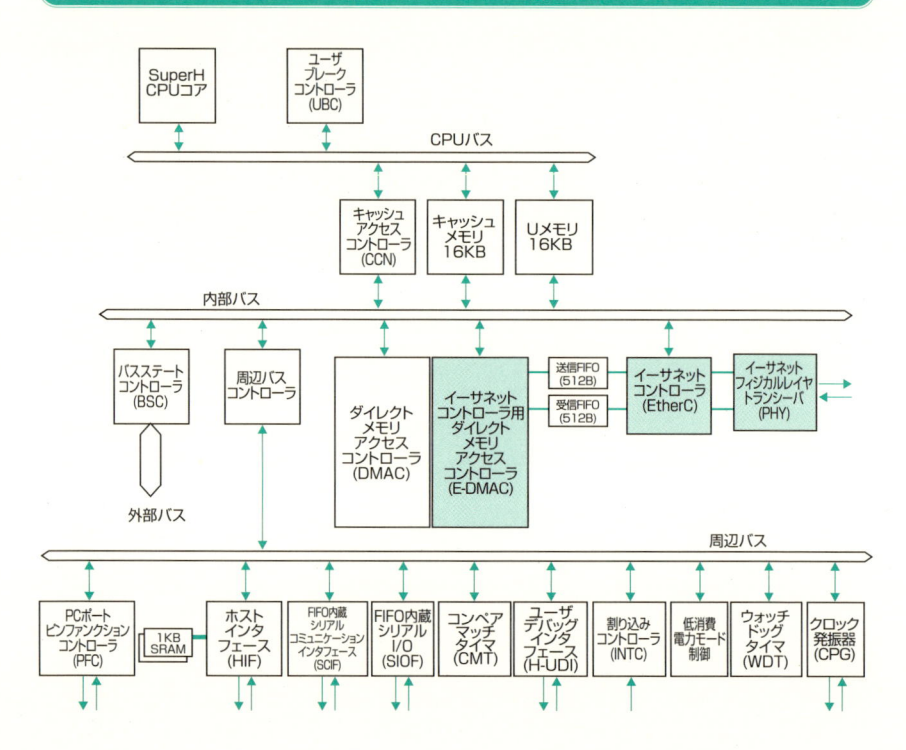

（ブロック図：SuperH CPUコア、ユーザブレークコントローラ（UBC）、CPUバス、キャッシュアクセスコントローラ（CCN）、キャッシュメモリ16KB、Uメモリ16KB、内部バス、バスステートコントローラ（BSC）、周辺バスコントローラ、ダイレクトメモリアクセスコントローラ（DMAC）、イーサネットコントローラ用ダイレクトメモリアクセスコントローラ（E-DMAC）、送信FIFO（512B）、受信FIFO（512B）、イーサネットコントローラ（EtherC）、イーサネットフィジカルレイヤトランシーバ（PHY）、外部バス、周辺バス、PCポートピンファンクションコントローラ（PFC）、1KB SRAM、ホストインタフェース（HIF）、FIFO内蔵シリアルコミュニケーションインタフェース（SCIF）、FIFO内蔵シリアルI/O（SIOF）、コンペアマッチタイマ（CMT）、ユーザデバッグインタフェース（H-UDI）、割り込みコントローラ（INTC）、低消費電力モード制御、ウォッチドッグタイマ（WDT）、クロック発振器（CPG））

4-6 イーサネットコントローラ／レシーバ

　イーサネットコントローラとフィジカルレイヤトランシーバとの間は、**MII**（Media Independent Interface）と呼ばれる伝送媒体に依存しないインタフェースが一般的に採用されており、両者ともMIIに準拠した信号を生成する回路を備えています。

SH7619に見るイーサネットコントローラの構成

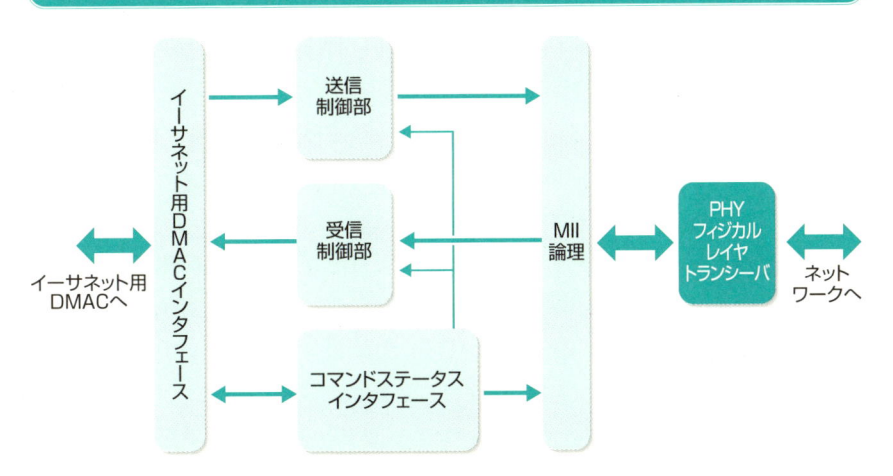

```
                    ┌─────────┐
                    │ 送信    │
                    │ 制御部  │──────→
          イ  D ┌──→└─────────┘
          ー  M │       ↑↓
          サ  A │   ┌─────────┐          ┌──────┐
イーサネット用 ネ C │   │ 受信    │  MII   │ PHY  │ ネット
  DMACへ   ←→ ッ イ←→│ 制御部  │←→論理←→│フィジカル│←→ワーク
          ト  ン │   └─────────┘        │ レイヤ │   へ
          用  タ │       ↑↓            │トランシーバ│
              フ │   ┌─────────┐        └──────┘
              ェ │   │コマンドステータス│
              ー └──→│ インタフェース │
              ス    └─────────┘
```

SH7619に見るフィジカルレイヤトランシーバの構成

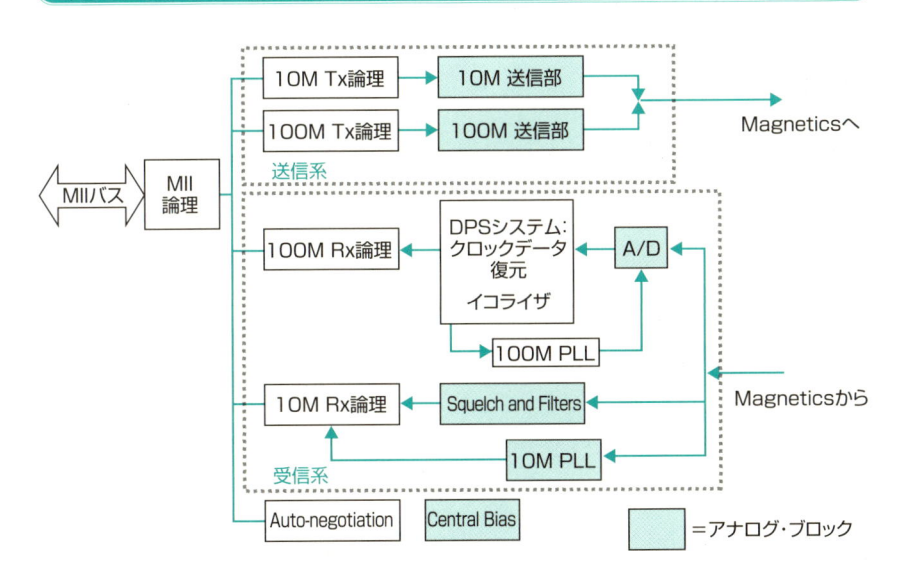

```
            ┌──────────────────────────────┐
            │  ┌─────────┐    ┌─────────┐   │
            │  │10M Tx論理│───→│10M 送信部│──┐│
            │  └─────────┘    └─────────┘  ├┼→ Magneticsへ
            │  ┌─────────┐    ┌─────────┐  ││
            │  │100M Tx論理│──→│100M 送信部│─┘│
            │  └─────────┘    └─────────┘   │
            │            送信系              │
┌────┐ ┌──┐ └──────────────────────────────┘
│MIIバス│←→│MII│ ┌──────────────────────────────┐
└────┘ │論理│ │                ┌──────┐        │
        └──┘ │  ┌─────────┐   │DPSシステム：│ ┌───┐│
             │  │100M Rx論理│←─│クロックデータ│←│A/D││
             │  └─────────┘   │  復元   │  └───┘│
             │                │ イコライザ│       │
             │                └──────┘        │
             │                    ↓↑           │
             │                ┌─────────┐       │
             │                │100M PLL │       │←─ Magneticsから
             │                └─────────┘       │
             │  ┌─────────┐  ┌──────────────┐  │
             │  │10M Rx論理│←│Squelch and Filters│←│
             │  └─────────┘  └──────────────┘  │
             │                ┌─────────┐       │
             │                │10M PLL  │←──────│
             │                └─────────┘       │
             │           受信系                │
             └──────────────────────────────┘
               ┌──────────┐ ┌─────────┐
               │Auto-negotiation│ │Central Bias│    ▨ ＝アナログ・ブロック
               └──────────┘ └─────────┘
```

4-7
LCDコントローラ

電子機器の表示装置の中で最も一般的なものはLCDです。LCDを制御するICのことをLCDコントローラまたはLCDドライバと呼びます。

▶▶ LCDコントローラの仕組み

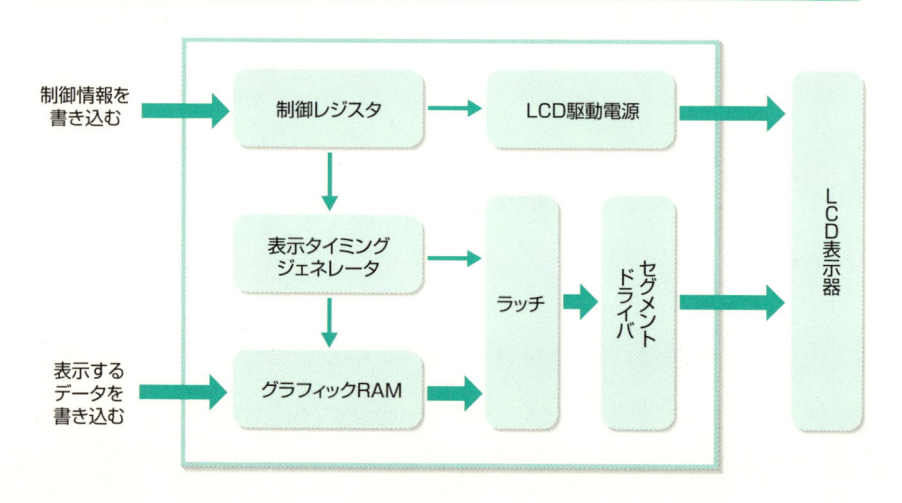

現在提供されている大半のLCDコントローラとLCDドライバはいずれも制御ロジックとドライブ回路を備えており、差異はありません*。したがって本書ではLCDコントローラと呼ぶことにします。

LCDコントローラは、CPUコアより表示する画像データと制御情報を与えられることにより、以降の表示処理をすべて行うものです。CPUコアは制御レジスタに情報を書き込むことで、LCD表示器の電源のオン／オフ、明るさやコントラストの制御、表示のオン／オフ、表示タイミングの設定などが行えます。LCD表示器に画像を表示させる場合、CPUコアは対象となる画像データを**グラフィックRAM**に書き込みます。

LCDコントローラの基本構成

制御情報を書き込む → 制御レジスタ → LCD駆動電源 → LCD表示器

制御レジスタ → 表示タイミングジェネレータ → ラッチ → セグメントドライバ → LCD表示器

表示するデータを書き込む → グラフィックRAM → ラッチ

---

*…**ありません**　メーカーによっては、LCDコントローラとLCDドライバを明確に分けている社もある。

4-7 LCDコントローラ

　次に制御レジスタに「表示オン」の情報を書き込むと、表示タイミングジェネレータからの信号に同期して、グラフィックRAMのデータがラッチに書き込まれ、これがセグメントドライバを介して表示されます。

LCDドライバ：S1D15705＊（セイコーエプソン社）のブロック図

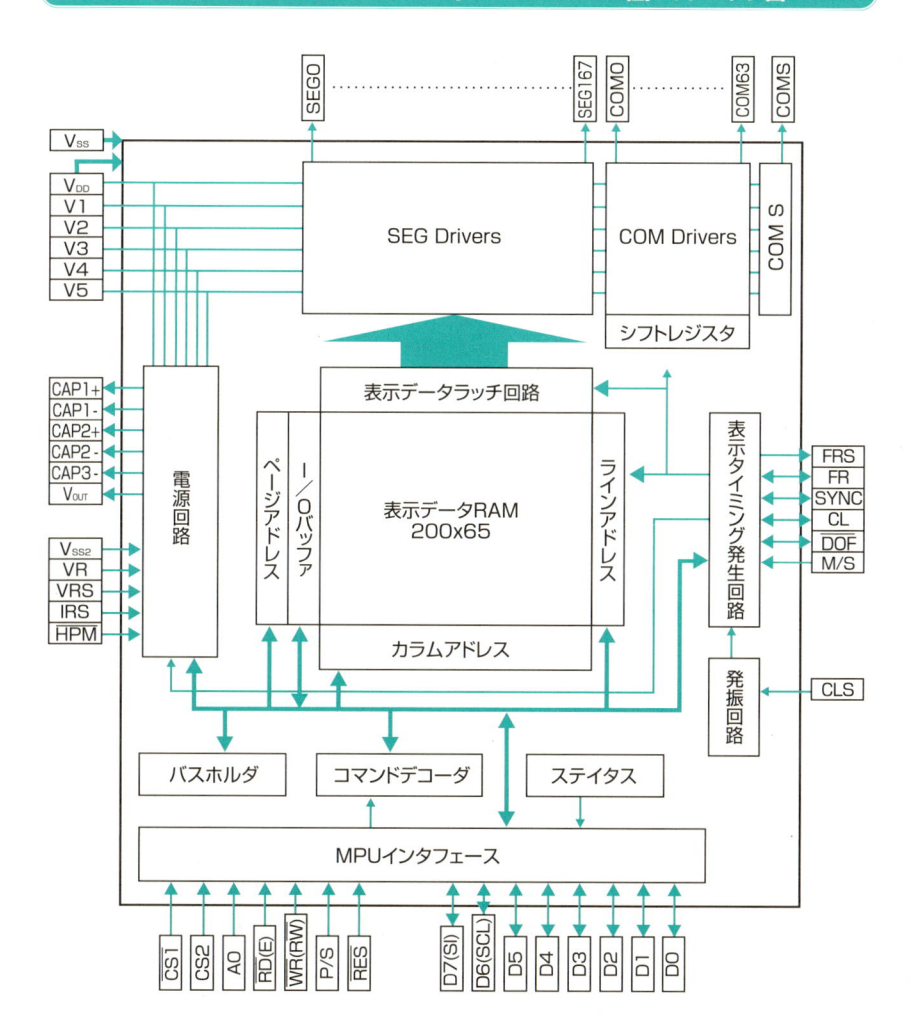

```
                    SEG0        SEG167 COM0    COM63 COMS

Vss
VDD
V1
V2          SEG Drivers        COM Drivers    COM S
V3
V4                                      シフトレジスタ
V5

                    表示データラッチ回路
CAP1+
CAP1-       ペ                  ラ        表
CAP2+       ー      表示データRAM イ        示       FRS
CAP2-  電源  ジ  I/O  200×65      ン        タ        FR
CAP3-  回路  ア  バ               ア        イ        SYNC
VOUT        ド  ッ               ド        ミ        CL
            レ  ファ              レ        ン        DOF
            ス                   ス        グ        M/S
                                           発
VSS2                カラムアドレス            生
VR                                         回
VRS                                        路
IRS                                                  CLS
HPM                                        発振
                                           回路

        バスホルダ   コマンドデコーダ  ステイタス

                    MPUインタフェース

    CS1 CS2 A0 RD(E) WR(RW) P/S RES  D7(SI) D6(SCL) D5 D4 D3 D2 D1 D0
```

＊**S1D15705**　LCDドライバ機能がメインだが、基本的なコントローラ機能も搭載している。

4-8
A/D変換器、D/A変換器

アナログデータをCPUコアで処理するためには、これをデジタルデータに変換する必要があります。逆に、デジタル音声データをスピーカで再生する場合などは、アナログデータに変換する必要があります。これを実現するのがA/D変換器とD/A変換器です。

▶▶ A/D変換器

CPUで処理を行うには扱う値がデジタルデータ（2進数）であることが前提ですが、映像や音声、またセンサやボリュームなどの信号の多くはアナログデータ（電圧値）として提供されます。このアナログデータをデジタルデータに変換するのが**A/D変換器（アナログ／デジタル変換器）**です。

A/D変換器のスペックには必ずビット数が表されていますが、これは入力されたデータを何ビットの分解能で表現するかを示すものです。10ビットA/D変換器であれば、入力されるアナログデータを0〜1023までの値で表現することを意味します。

電子体温計の例で考えてみましょう。

電子体温計の例

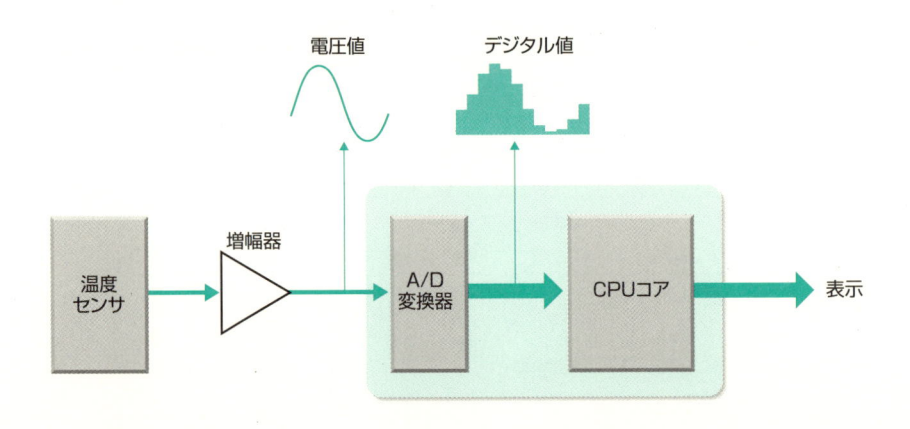

温度センサ → 増幅器 → （電圧値） → A/D変換器 → （デジタル値） → CPUコア → 表示

4-8 A/D変換器、D/A変換器

温度センサからの信号は増幅器を介して、例えば温度が高ければ大きく、低ければ小さい電圧値としてA/D変換器に入力されます。A/D変換器ではこの電圧値をデジタル値に変え、CPUはその値を元に該当する温度数値を設定し、表示させます。

オーディオ用24ビットA/D変換器：AD1871（アナログデバイセズ社）のブロック図

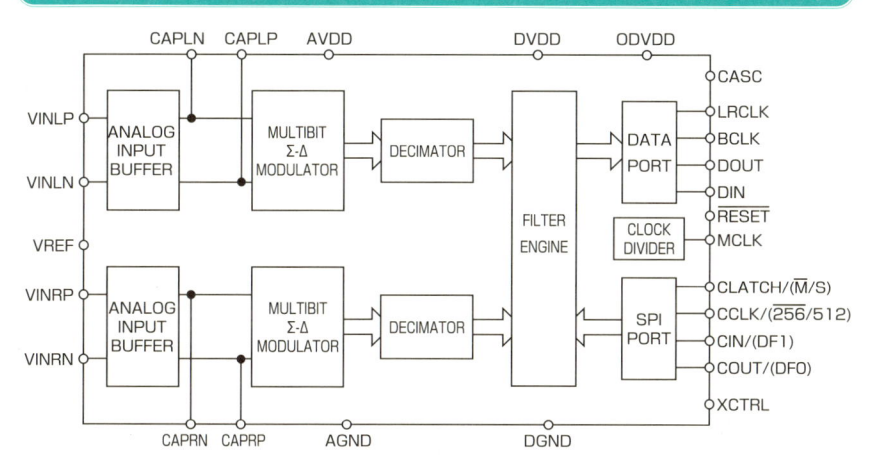

```
          CAPLN CAPLP  AVDD        DVDD    ODVDD
                                                      ○ CASC
                                                      ○ LRCLK
  VINLP ○─┐ ANALOG  ┌─MULTIBIT─┐  ┌─────────┐  ┌──DATA─┐ ○ BCLK
          │ INPUT   │   Σ-Δ    │──│DECIMATOR│──│ PORT  │ ○ DOUT
  VINLN ○─┘ BUFFER  └─MODULATOR┘  └─────────┘  └───────┘ ○ DIN
                                                          ○ RESET
                                     FILTER   ┌─CLOCK──┐ ○ MCLK
  VREF  ○                             ENGINE  │DIVIDER │
                                              └────────┘
  VINRP ○─┐ ANALOG  ┌─MULTIBIT─┐  ┌─────────┐  ┌── SPI──┐ ○ CLATCH/(M/S)
          │ INPUT   │   Σ-Δ    │──│DECIMATOR│──│ PORT  │ ○ CCLK/(256/512)
  VINRN ○─┘ BUFFER  └─MODULATOR┘  └─────────┘  └───────┘ ○ CIN/(DF1)
                                                          ○ COUT/(DF0)
                                                          ○ XCTRL
          CAPRN CAPRP  AGND        DGND
```

A/D変換器は単にアナログ信号をデジタル信号に変換するだけではなく、変換したデータをCPUコアで扱えるように、**クランプ回路***や**サンプルホールド回路***が必要となります。

▶▶ D/A変換器

一方、**D/A変換器**はその逆で、CPUで処理されたデジタルデータをアナログデータに変換します。CDやMDなどのオーディオ機器で、デジタル化されたサウンドデータをスピーカやイヤホンで音として再生する際には必ずこのD/A変換器を介してアナログデータ化が行なわれていますが、それ以外にモータなどの電圧制御系回路にも用いられます。

D/A変換器の場合も、CPUコアからのデータを保持するためのサンプルホールド回路が必要となります。A/D変換器やD/A変換器では「サンプリング周波数」という言葉がよく出てきますが、これはサンプルホールドの周期を示したものです。

---
* **クランプ回路**　　信号波形に直流分を加えて、波形の所定の部分を一定の電圧に固定する回路。
* **サンプルホールド回路**　　入力信号をデジタル化した後その値を一定に保持する回路。

4-8 A/D変換器、D/A変換器

電圧制御向け16ビットD/A変換器：MAX5631（マキシム社）のブロック図

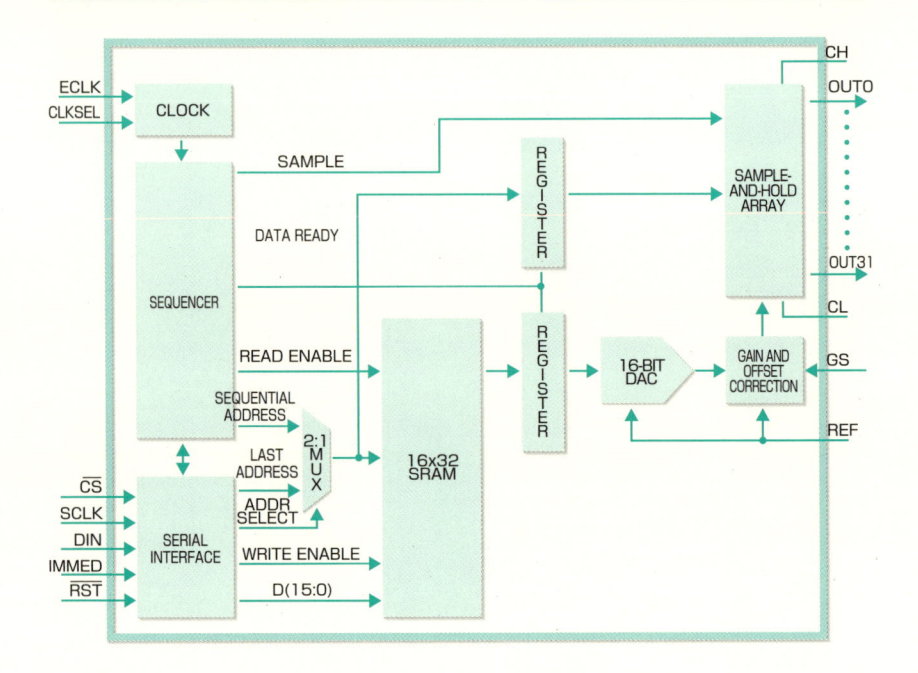

第5章

組み込みシステムに用いられる主なCPU

組み込みシステムでは、どのCPUを採用するかがシステム設計のスタートと言っても過言ではありません。本章では、現在国内で標準的に利用されている主流のCPUについて説明します。

5-1
主流のCPU

CPUにはそれぞれ個性があります。それは単に機能の違いだけでなく、そのCPUが現在にいたるまでの歴史と、それによってもたらされたソフトウエア資産も大きく影響しています。

▶▶ 近年の動向

　毎年トロン協会により発表されている「組込みシステムにおけるリアルタイムOSの利用動向に関するアンケート調査報告書」では、組み込みシステムで使用されたCPUの系列が記載されています。

　2005年度版では、最も利用されているCPUとしてSH系が挙げられており、以下ARM系、H8系といったように続いています。

　このうちSH系、H8系、M16C/32C系はいずれもルネサステクノロジ社の商品ですから、組み込み向けのCPUにおいては同社が50％近いシェアを持っていることがわかります。

組み込みシステムに用いられるCPU*

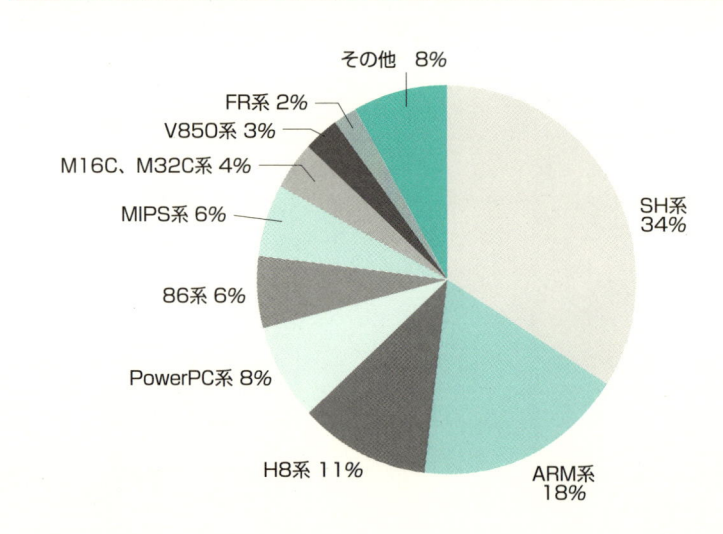

- SH系 34%
- ARM系 18%
- H8系 11%
- PowerPC系 8%
- 86系 6%
- MIPS系 6%
- M16C、M32C系 4%
- V850系 3%
- FR系 2%
- その他 8%

＊…CPU　「組み込みシステムにおけるリアルタイムOSの利用動向に関するアンケート調査報告書」（トロン協会）を元に作成。

5-1 主流のCPU

▶▶ 本章で扱うCPU

　現時点では、このグラフに記載されているCPUが主流であると言えます。では、これらのCPUはどういった特徴があり、どのように差別化が図られているのでしょうか。これは初めてCPUに接する方にとって、またすでに特定のCPUをターゲットに開発を行っている方にとっても、気になることだと思います。以降では、ここで記載されているもののうち、次のCPUについて説明します。

- SH系
- ARM系
- PowerPC系

（参考）組み込みシステムとして開発された機器の分野[*]

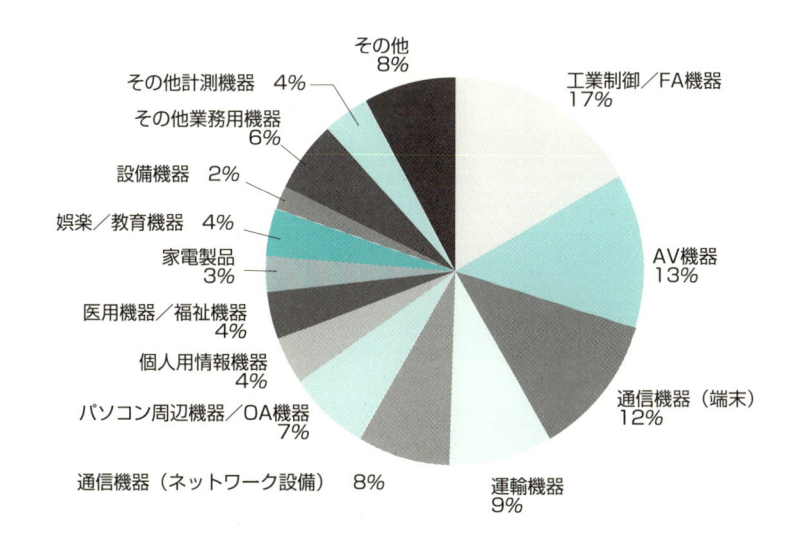

- その他　8%
- その他計測機器　4%
- その他業務用機器　6%
- 設備機器　2%
- 娯楽／教育機器　4%
- 家電製品　3%
- 医用機器／福祉機器　4%
- 個人用情報機器　4%
- パソコン周辺機器／OA機器　7%
- 通信機器（ネットワーク設備）　8%
- 運輸機器　9%
- 通信機器（端末）　12%
- AV機器　13%
- 工業制御／FA機器　17%

---

[*]…**分野**　「組み込みシステムにおけるリアルタイムOSの利用動向に関するアンケート調査報告書」（トロン協会）を元に作成。

5-2
CISCとRISC

各CPUを説明する前に、CPUの基本アーキテクチャであるCISC（Complex Instruction Set Computer）とRISC（Reduced Instruction Set Computer）について説明します。

▶▶ 2つの基本的な考え方

　CPUを基本アーキテクチャで分類する場合、CISCアーキテクチャとRISCアーキテクチャの2つに大きく分けることができます。

　CISCとは、「拡張命令セットコンピュータ」の意味で、簡単に言うと命令の種類を増やしたり高度化することで処理能力を向上させるものです。一方**RISC**とは、「縮小命令セットコンピュータ」の意味で、命令を少なく抑えることで内部回路をシンプルにし、その分一つひとつの命令を高速に実行するものです。例えが悪いかもしれませんが、力持ちが一人でいろんな道具を使って土を掘ろうというのがCISC、大勢がスコップで土を掘ろうというのがRISCです。

CISCとRISCの違い

項目	CISC	RISC
命令数	多い	少ない
命令長（ビット数）	可変	2、3種類に固定
オペランド数	基本的に2オペランド	基本的に3オペランド
命令の実行時間	命令により可変	固定
レジスタの数	少ない	多い
メモリアクセス	制限なし	基本的にはロード／ストア命令のみ

▶▶ CISCの特徴

　CISCは、CPUが出現してから現在にいたるまで幅広いCPUで採用されているアーキテクチャです。1980年代の終わりにRISCアーキテクチャが生まれたため、古いアーキテクチャと思われがちですが、決してそうではありません。CISCアーキテクチャもまた進化しています。

5-2 CISCとRISC

　CISCの特徴は、長い伝統に培われただけに、プログラム環境というものを常に意識したものになっていることです。

　例えば四則演算を考えてみると、1つの加算器があればすべての四則演算を行うことができます。A×Bというかけ算であれば「AにAをB回加える」という考えで、次の図のようなフローで演算が行えます。ところがこういった方法では、プログラムに負担がかかります。貧弱なハードウエアをカバーするためにアルゴリズムを考えてそれをプログラムしなければならないからです。それよりは、乗算器というハードウエアと「A×B」という命令を用意してやれば、プログラムが楽です。

加算器によるかけ算のフロー

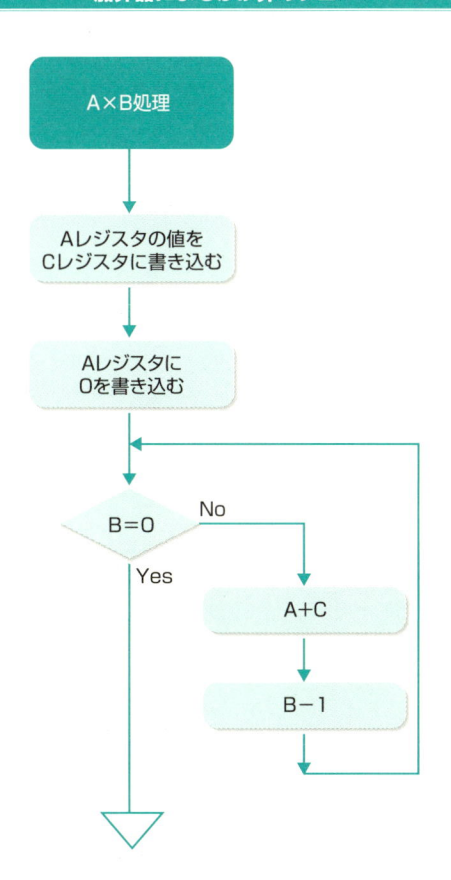

```
    ┌─────────────┐
    │   A×B処理   │
    └──────┬──────┘
           ▼
    ┌─────────────┐
    │ Aレジスタの値を │
    │ Cレジスタに書き込む │
    └──────┬──────┘
           ▼
    ┌─────────────┐
    │  Aレジスタに   │
    │  0を書き込む   │
    └──────┬──────┘
           ▼
        ◇ B=0 ◇──No──┐
           │Yes       ▼
           │      ┌───────┐
           │      │  A+C  │
           │      └───┬───┘
           │          ▼
           │      ┌───────┐
           │      │  B−1  │
           │      └───┬───┘
           │          │
           │◄─────────┘
           ▼
```

133

5-2 CISCとRISC

　また、メモリアクセスについても考えてみましょう。メモリにアクセスするためにはアドレスを指定しなければなりません。最も単純なアクセスの方法は、次のようにロード命令でフルアドレスを指定してやることです。

最も単純なメモリアクセスの方法

LD　　[転送先レジスタ]　　[転送元メモリアドレス]

LD　　[転送元メモリアドレス]　　[転送先レジスタ]

　ところがこのフルアドレスを指定する方法では、メモリが大きくなればなるほどオペランドのビット幅を増やしてやる必要があります。またプログラマにとっては、メモリアドレスを指定するために常にメモリマップを見ながらアドレスを入力しなければならないという煩わしさが発生します。そういった問題に対応するために、CISCでは分割アドレシングや間接アドレシングをベースとした複雑なアドレシング手法が採用されています。

　分割アドレシングとは、その名のとおりアドレスをいくつかに分割して扱う方法です。次の図の（a）は、アドレス16ビットを上位下位それぞれ8ビットに分割した例です。上位8ビットの値をあらかじめ所定のレジスタに保存していれば、オペランドは下位8ビットだけを指定し、命令実行時にこの2つの値をハードウエアで加算してやればアドレスを求めることができます。

　一方**間接アドレシング**とは、メモリやレジスタの内容をアドレス指定のパラメータの一つとして用いる方法です。図の（b）では、上位4ビットで基本アドレスを指定し、この基本アドレスのメモリの値（8ビット）とオペランドで指定する下位4ビットをすべて加算することでアドレスが求められます。実際のCPUではこういった方法をいろいろと組み合わせた多くのアドレシングモードが用意されています。

　このようにCISCは、プログラムにおいて便利と思われる機能を次々とハードウエアで実現してきました。これは機械語をより高級言語に近づける努力とも言えます。したがって、CISCを対象とした高級言語のコンパイルは比較的簡単です。

　ただし、難点もあります。こういった機能のハードウエア化は論理設計が難しいだけでなく、同じ回路の組み合わせが少ない回路になりがちなので、LSI実装におけ

る集積化が非常に難しいことです。つまりCISCは、ソフトウエアに優しくハードウエアに厳しいアーキテクチャと言えます。

分割アドレシングと間接アドレシングの概念

(a) アドレスを分割して管理する

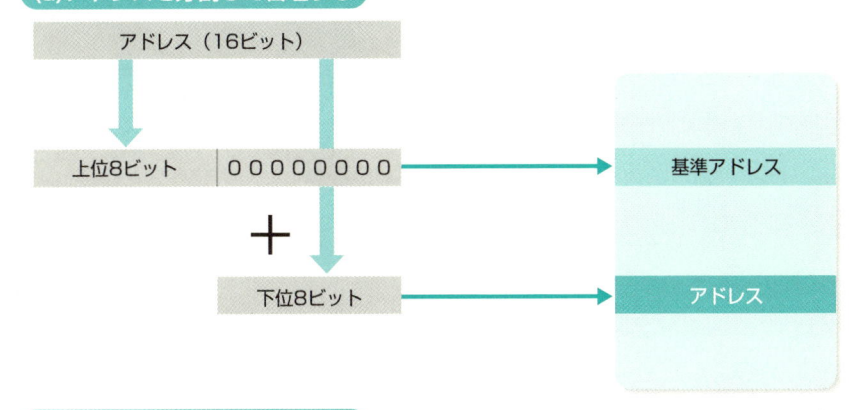

アドレス（16ビット）
　↓
上位8ビット　00000000　→　基準アドレス
　　　＋
下位8ビット　→　アドレス

(b) 間接的にアドレスを管理する

アドレス（16ビット）
　↓
上位4ビット　000000000000　→　基準アドレス
　　　＋
読み出された値 8ビット
　↓
下位4ビット　→　アドレス

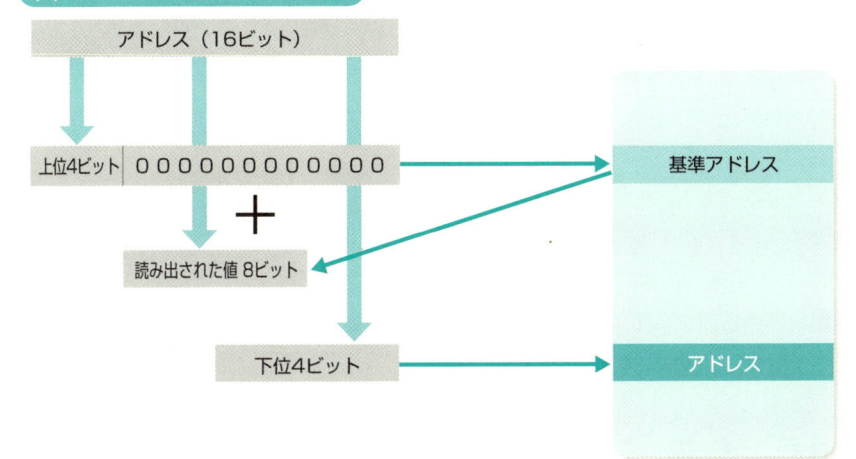

▶▶ RISCの特徴

　RISCというと、CISCとは一線を画した存在と思う人もいるかもしれませんが、CPUである以上、RISCもCISCの延長線上にあるアーキテクチャです。

5-2 CISCとRISC

　RISCの概念は1975年に米国IBMワトソン研究所のJohn Cockeにより考え出されたものです。John Cockeは当時のコンピュータにおけるプログラムの各命令の使用頻度を調査し、プログラムの8割は全命令のうち約2割の限られた命令しか使用されていないことを発見しました。この結果にもとづいて、使用頻度の高い命令だけに制限することにより命令セットの数を減らし、それにともなって削除された複雑な命令処理回路の代わりに高速に処理を行う回路を組み込んだのがRISCの始まりです。具体的には、「メモリアクセスをシンプルにする」「できる限りCPU内部で処理を行う」というテーマが元になっています。

　前述したCISCではさまざまなアドレシングモードを用意してプログラムの合理化を図っていますが、こういった仕組みは複雑なため、ハードウエアへの負担が大きくなります。RISCではこれを排除することで回路を単純化することができます。

　またCPU内部での処理と、CPUと外部との処理では、処理速度に大きな差が出ます。一つには外部配線における負荷の問題もありますが、CPUの製造プロセスと外部デバイスのプロセスは異なるので、処理速度の速いCPUは処理速度の遅い外部デバイスにやりとりのタイミングを合わせてやらなければなりません。これではCPUがいくら高速になっても、外部デバイスの処理速度に依存するため意味がありません。これに対処する手段としては、極力CPU内部で処理を行うことです。

　以上の要素から、RISCの特徴としては次のものが挙げられます。

❶ ロード／ストアアーキテクチャ

　複雑なメモリアクセス（アドレシングモード）を避けるために、メモリとレジスタ間のデータ転送は基本的にロード命令とストア命令だけで行います。

　ロード命令とはメモリからレジスタに転送する命令で、**ストア命令**とはレジスタからメモリに転送する命令です。

❷ 固定した命令長

　メモリアクセスをロード／ストアに限定することにより、オペランドのビット幅を固定することができます。

❸ 内部処理のための豊富なレジスタ

ロード／ストアによるメモリアクセスだけで、あとはすべてCPU内部で処理しようという発想のため、図のように作業メモリの代わりとしてのレジスタが数多く必要になります。ちなみにRISCでの汎用レジスタ数は32～64本なのに対し、CISCではせいぜい8本です。基本的な処理はすべてこのレジスタ間のやりとりによって行なわれます。

またレジスタが多いため、RISCでは基本的に3オペランド方式が採用されています。**3オペランド方式**とは、次のように演算値と結果を独立して扱う方式です。

[2オペランド方式]

　　A＋B　　…AにBを加えた結果をAに書き込む。

[3オペランド方式]

　　C＝A＋B　　…AにBを加えた結果をCに書き込む。

ロード／ストアと豊富なレジスタ

5-2 CISCとRISC

　このようにRISCはシンプルな構造のため、論理設計や実装における集積化が比較的容易です。ただし命令セットが少ないということは、CISCの持つ高度な命令を複数の単純な命令で実現する必要があり、その分プログラムサイズが大きくなります。また、高級言語のコンパイルも複雑になります。したがってRISCは、CISCとは逆に、ハードウエアに優しくソフトウエアに厳しいアーキテクチャと言えます。

　ちなみに主なCPUをCISCとRISCに分けると、次のようになります。

[CISC]
　H8系、8086系、M16C/M32C、Z80系

[RISC]
　SH系、ARM系、PowerPC、MIPS、V850系、PIC

5-3
SH系

　SuperHシリーズは、ルネサステクノロジ社が開発した32ビットRISCプロセッサです。当初より組み込みシステムをターゲットとして豊富な機能を提供してきたことで、現在はさまざまなシステムで利用されています。

▶▶ ラインアップ

　SuperHシリーズは、家電や民生機器、産業機器をターゲットとしたコントローラ向けのSH-1、SH-2、SH2-DSP、SH-2Aと、大容量のデータやプログラムを必要とするアプリケーションのプロセッサ向けであるSH-3、SH3-DSP、SH-4、SH-4Aの2タイプに大きく分類されます。

SuperHシリーズ（ルネサステクノロジ社）のロードマップ（2006年6月時点）

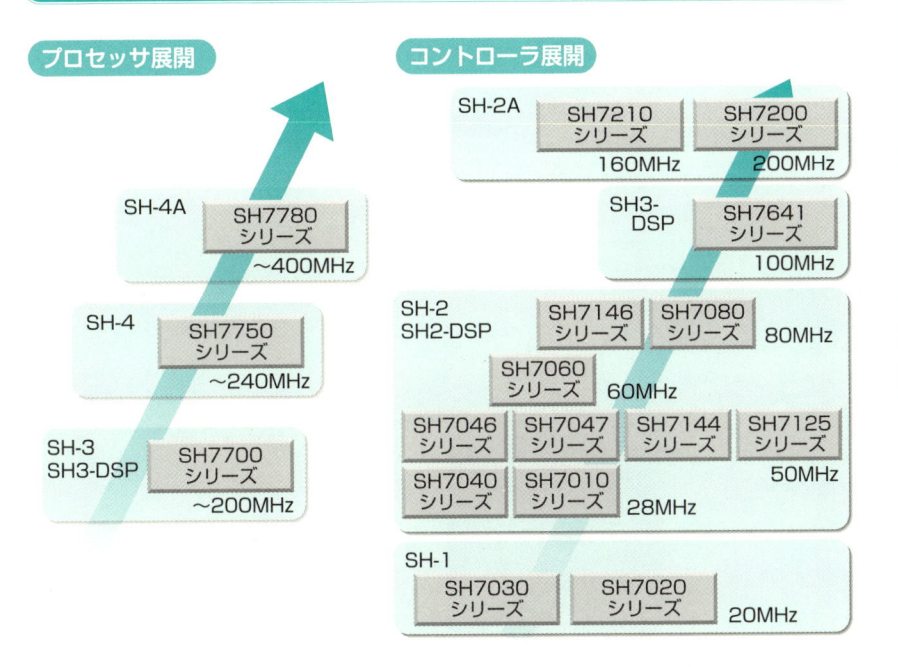

プロセッサ展開

- SH-4A：SH7780シリーズ ～400MHz
- SH-4：SH7750シリーズ ～240MHz
- SH-3 SH3-DSP：SH7700シリーズ ～200MHz

コントローラ展開

- SH-2A：SH7210シリーズ 160MHz、SH7200シリーズ 200MHz
- SH3-DSP：SH7641シリーズ 100MHz
- SH-2 SH2-DSP：SH7146シリーズ、SH7080シリーズ 80MHz、SH7060シリーズ 60MHz、SH7046シリーズ、SH7047シリーズ、SH7144シリーズ、SH7125シリーズ 50MHz、SH7040シリーズ、SH7010シリーズ 28MHz
- SH-1：SH7030シリーズ、SH7020シリーズ 20MHz

　コントローラ向け製品は、ROM、RAM、DMAC、A/D変換器、D/A変換器、

5-3 SH系

各種タイマといったさまざまな周辺機能がワンチップに内蔵されており、システムの構築を容易にしています。一方プロセッサ向け製品は、CPUコアおよびシステムコントロールロジックの機能が強化されています。

⏩ コントローラ向け製品の特徴

SH-1は、❶命令フェッチ*、❷命令デコード、❸命令実行、❹メモリアクセス、❺実行結果のレジスタへの書き込み、という5段のパイプライン構成で、命令は16ビット固定長となっています。内部バスは32ビットなので、1回の命令フェッチ動作で2つの命令をフェッチできるのが特徴です。これにより、空いたバスサイクルを利用してメモリアクセスが可能なことでパフォーマンスを向上させています。

SH-2は、SH-1の16ビット×16ビット乗算回路を32ビット×32ビット構成にするとともに、分岐命令*の強化が図られたものです。

SH2-DSPは、SH-2にDSPを追加し、さらに演算性能を高速化したものです。SH-1およびSH-2では、フェッチ用のバスとメモリアクセス用のバスが同じでしたが、SH2-DSPでは命令をフェッチ用のバスとメモリアクセス用のバスを独立させ(**ハーバードアーキテクチャ**という)、データのやりとりを行いながらも同時に命令もフェッチできる構成となっています。

また最も新しい**SH-2A**では、CPUコアのアーキテクチャに2命令同時実行可能な**スーパースカラ***を採用するとともに、32ビット命令もサポートし、命令処理性能を改善しています。

ルネサステクノロジ社のSH-2Aプロセッサ：SH7206

（写真提供：株式会社ルネサステクノロジ）

---

* **フェッチ**　　　命令を実行するために、命令をメモリから読み出し、プロセッサ内に取り込むこと。
* **分岐命令**　　　条件によって実行する命令のアドレスを変えること。
* **スーパースカラ**　143ページのコラム参照。

▶▶ プロセッサ向け製品の特徴

SH-3はSH-2の処理能力を向上させるとともに、大規模なシステムに対応できるようにMMUを内蔵しています。したがってさまざまなOSにも対応できます。このSH-3にDSPを追加したものが**SH3-DSP**です。

また**SH-4**では、前述したハーバードアーキテクチャとスーパースカラを採用することでより性能を向上させるとともに、グラフィックス処理をサポートするFPUも内蔵しています。

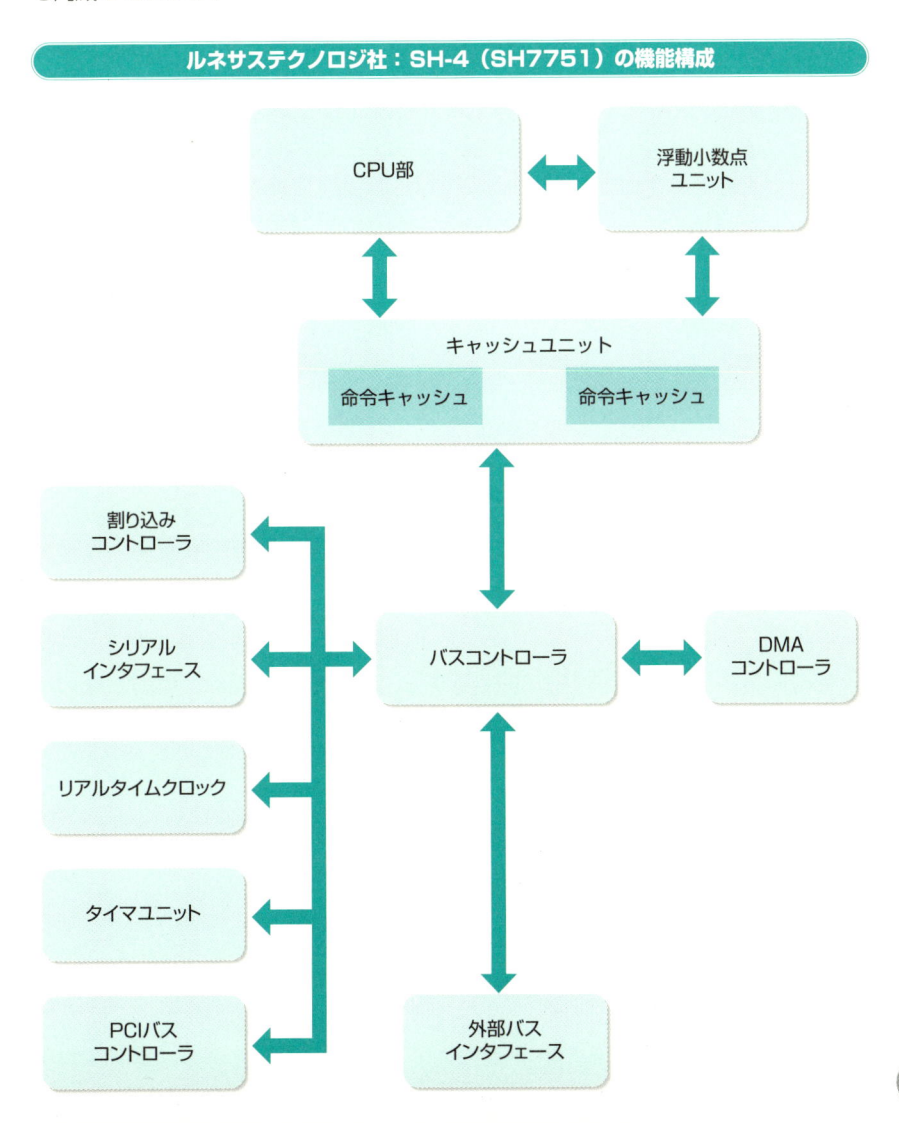

ルネサステクノロジ社：SH-4（SH7751）の機能構成

```
                    CPU部 ⇔ 浮動小数点ユニット
                      ⇕        ⇕
                    キャッシュユニット
                [命令キャッシュ] [命令キャッシュ]
                          ⇕
割り込みコントローラ ⇔
シリアルインタフェース ⇔    バスコントローラ ⇔ DMAコントローラ
リアルタイムクロック ⇔
タイマユニット ⇔
PCIバスコントローラ ⇔     外部バスインタフェース
```

5-3 SH系

　SH-4のFPUには、32ビット×32本の汎用レジスタが用意されており、32本のレジスタは16本（FPR0～15）×2バンク構成となっています。この1バンクあたり16本の浮動小数点レジスタは、次のような単精度（32ビット）浮動小数点拡張レジスタ行列（XMTRX）として扱うことができます。

SH-4の浮動小数点レジスタ

$$\text{XMTRX} = \begin{pmatrix} XF0 & XF4 & XF8 & XF12 \\ XF1 & XF5 & XF9 & XF13 \\ XF2 & XF6 & XF10 & XF14 \\ XF3 & XF7 & XF11 & XF15 \end{pmatrix}$$

[バンク0]

FPR0（バンク0）	XF0
FPR1（バンク0）	XF1
FPR2（バンク0）	XF2
FPR3（バンク0）	XF3
FPR4（バンク0）	XF4
FPR5（バンク0）	XF5
FPR6（バンク0）	XF6
FPR7（バンク0）	XF7
FPR8（バンク0）	XF8
FPR9（バンク0）	XF9
FPR10（バンク0）	XF10
FPR11（バンク0）	XF11
FPR12（バンク0）	XF12
FPR13（バンク0）	XF13
FPR14（バンク0）	XF14
FPR15（バンク0）	XF15

[バンク1]

FPR0（バンク1）	XF0
FPR1（バンク1）	XF1
FPR2（バンク1）	XF2
FPR3（バンク1）	XF3
FPR4（バンク1）	XF4
FPR5（バンク1）	XF5
FPR6（バンク1）	XF6
FPR7（バンク1）	XF7
FPR8（バンク1）	XF8
FPR9（バンク1）	XF9
FPR10（バンク1）	XF10
FPR11（バンク1）	XF11
FPR12（バンク1）	XF12
FPR13（バンク1）	XF13
FPR14（バンク1）	XF14
FPR15（バンク1）	XF15

　一般的に3次元グラフィックにおける座標は、x、y、zの各座標と制御情報tの4要素のベクトルで構成されます。また、座標変換後のベクトル（x'、y'、z'）と変換前のベクトル（x，y，z）は次の式で表されます。

5-3 SH系

座標変換後のベクトルと変換前のベクトル

変換後ベクトル　　　　係数行列　　　　　変換前ベクトル

$$\begin{pmatrix} x' \\ y' \\ z' \\ t' \end{pmatrix} = \begin{pmatrix} a11 & a12 & a13 & a14 \\ a21 & a22 & a23 & a24 \\ a31 & a32 & a33 & a34 \\ a41 & a42 & a43 & a44 \end{pmatrix} \cdot \begin{pmatrix} x \\ y \\ z \\ t \end{pmatrix}$$

[数式]
x'=a11x+a12y+a13z+a14t
y'=a21x+a22y+a23z+a24t
z'=a31x+a32y+a33z+a34t
t'=a41x+a42y+a43z+a44t

　SH-4では32ビット×32ビットの演算を4つ同時に行える128ビットの演算器を備えており、例えばバンク0の16本のレジスタをXMTRXとして前述の変数行列とし、バンク1のFPR0～3をそれぞれx、y、z、tとすることで、x'、y'、z'、t'を求めるそれぞれの演算を一度に行うことができます。

　最も新しい**SH-4A**では、これまで5段構成だったパイプラインを7段とすることでより高い周波数動作を実現するとともに、FPUは倍精度（64ビット）に対応しています。

COLUMN スーパースカラとは

　パイプラインは動作クロックを向上させては段数を増やし、1クロック1命令実行に近づけるものですが、この方法だとどうしても半導体のプロセスに依存してしまいます。そこで考え出されたのが、**スーパースカラ**という方法です。スーパースカラとは簡単に言うと、パイプラインを複数持って、時分割だけでなく、複数命令を同時に処理してしまおうというものです。

　次の図は、2つの4段パイプラインからなるスーパースカラの例です。2つの命令を処理するパイプラインを独立に備えており（パイプライン1と2）、FET部は1クロックで命令1と2の2つの命令をフェッチし、それぞれの命令をパイプライン1と2に送り込みます。したがって8つの命令を実行した場合、(b)のタイミングチャートとなります。このタイミングチャートを見ると、7クロックで8命令を処理しており、これは1クロックで1命令以上を処理したことになります。

　このようにスーパースカラは、1クロックでより多くの命令を実行することを目的としています。

5-3 SH系

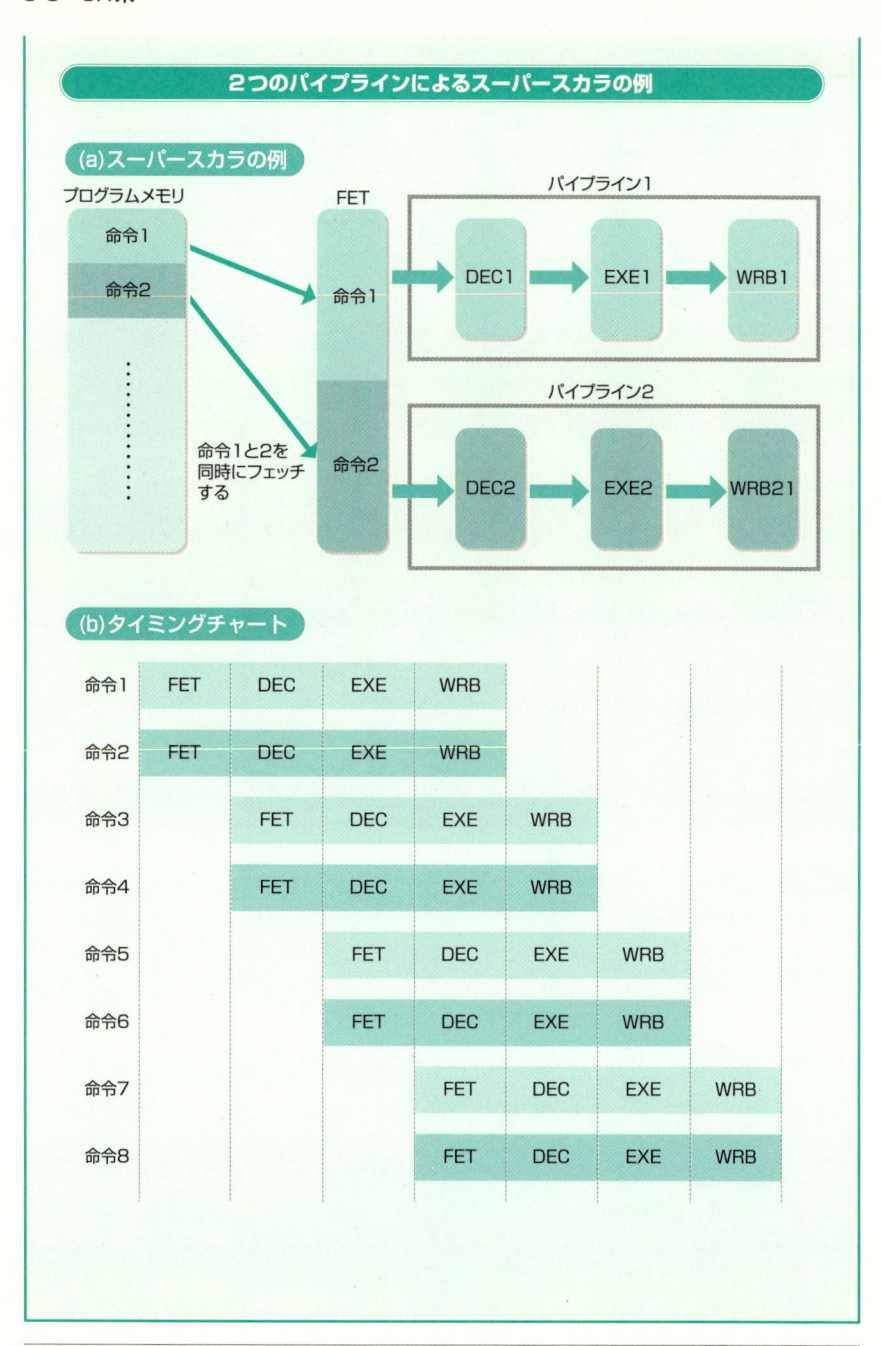

2つのパイプラインによるスーパースカラの例

(a) スーパースカラの例

プログラムメモリ: 命令1, 命令2, …

命令1と2を同時にフェッチする

FET 命令1 → パイプライン1: DEC1 → EXE1 → WRB1

FET 命令2 → パイプライン2: DEC2 → EXE2 → WRB21

(b) タイミングチャート

命令1	FET	DEC	EXE	WRB			
命令2	FET	DEC	EXE	WRB			
命令3		FET	DEC	EXE	WRB		
命令4		FET	DEC	EXE	WRB		
命令5			FET	DEC	EXE	WRB	
命令6			FET	DEC	EXE	WRB	
命令7				FET	DEC	EXE	WRB
命令8				FET	DEC	EXE	WRB

5-4
ARM系

ARMアーキテクチャは1983年～1985年にかけて英国Acorn Computers社で開発されたARM2、ARM3を受け継いで、1990年に設立したARM（Advanced RISC Machines）社が考案したRISCアーキテクチャです。

▶▶ ARMアーキテクチャの特徴

　ARMアーキテクチャはコンパクトな命令セットにより携帯型情報機器を中心に広く普及しています。ARMアキーキテクチャとしては現在、ARM7、ARM9、ARM10E、ARM11が基本となっています。

　ARM社ではCPUコアをプロセッサコアとマクロセルの2つに分類しています。**プロセッサコア**とは、命令デコーダ、制御部、レジスタ、演算ユニットで構成されるCPUの基本機能です。**マクロセル**とは、プロセッサコアにMMUやキャッシュ、コプロセッサ、バスインタフェースなどの拡張機能を加えたものです。

プロセッサコアとマクロセル（ARM7）

マクロセル：ARM720T

プロセッサコア：ARM7TDMI
- レジスタ群
- 命令デコータ
- 整数演算ユニット
- 制御部
- アドレス管理部
- 内部バスインタフェース

- MMU
- キャッシュ 8KB
- 外部バスインタフェース

コプロセッサ・インタフェース

ARM7

ARM7は以前のARM6の「5V以下では安定した動作ができない」という弱点を改良して3V動作を実現し、さらに64ビット乗算を可能としたARM7TDMIというプロセッサコアを採用しています。ARM7TDMIの命令処理は❶フェッチ、❷デコード、❸実行の3段パイプラインで構成されており、マクロセルとしてはMMUとキャッシュを実装したARM720Tがあります。

ARM9

ARM9はARM7TDMIを機能拡張したARM9TDMIというプロセッサコアをベースにしています。ARM9TDMIは、❶フェッチ、❷デコード、❸実行、❹データアクセス、❺ライトバックの5段パイプライン構造で、オンチップデバッグをサポートするためのEmbedded-ICEモジュールを備えています。マクロセルとしては、それぞれ16KBの命令キャッシュとデータキャッシュ、命令MMUとデータMMUを備えたARM920Tが代表的です。

ARM10E

ARM10はARM9TDMIをベースに処理速度の向上を図ったARM10Eプロセッサコアをベースにしています。ARM10Eは❶フェッチ、❷命令発行、❸デコード、❹実行、❺データアクセス、❻ライトバックの6段パイプライン構成で、ARM9TDMIの約2倍の処理速度を実現しています。マクロセルとしては、それぞれ64KBの命令キャッシュ／データキャッシュを備えたARM1020Eと、各キャッシュが16KBのARM1022Eがあります。

ARM11

ARM11はARM10Eをさらに高性能化するとともに、消費電力を低減したARM1136J-Sプロセッサコアをベースにしています。8段パイプライン構成により400MIPSの処理能力を実現しており、FPUを内蔵したARM1136JF-Sコアも用意されています。

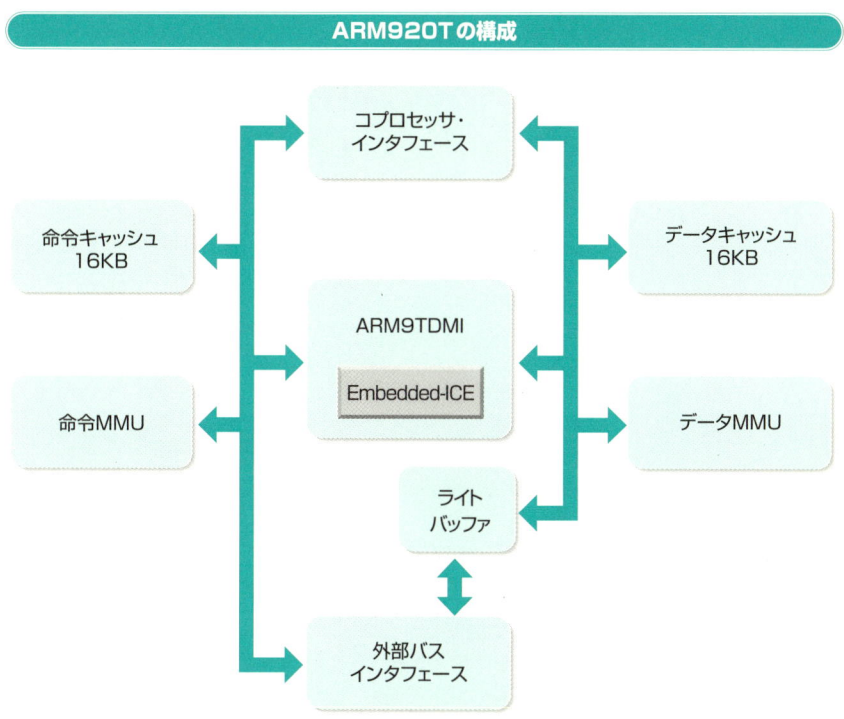

ARM920Tの構成

命令キャッシュ 16KB
コプロセッサ・インタフェース
データキャッシュ 16KB
命令MMU
ARM9TDMI
Embedded-ICE
データMMU
ライトバッファ
外部バスインタフェース

▶▶ 動作モード

　ARMのレジスタは32ビット×16本の汎用レジスタと**CPSR**（カレント・プログラム・ステータス・レジスタ：ユーザモード用）で構成されます。汎用レジスタのR15はプログラムカウンタに割り当てられます。

　ARMでは例外などの割り込みが発生すると動作モードを切り替え、各動作モードに対応して前述のレジスタを使用します。動作モードとしては通常のユーザモード以外に、次の5つの特権モードを備えています。

- **FIQモード**：高速割り込み（優先割り込み）処理
- **スーパバイザモード**：ソフトウエア割り込み処理
- **アボートモード**：メモリフォールト処理
- **IRQモード**：標準割り込み処理
- **未定義モード**：未定義の割り込みトラップ処理

5-4 ARM系

ARMのレジスタ構成

	ユーザモード	FIQモード	スーパバイザモード	アボートモード	IRQモード	未定義モード
汎用レジスタ	R0	R0	R0	R0	R0	R0
	R1	R1	R1	R1	R1	R1
	R2	R2	R2	R2	R2	R2
	R3	R3	R3	R3	R3	R3
	R4	R4	R4	R4	R4	R4
	R5	R5	R5	R5	R5	R5
	R6	R6	R6	R6	R6	R6
	R7	R7	R7	R7	R7	R7
	R8	R8_fiq	R8	R8	R8	R8
	R9	R9_fiq	R9	R9	R9	R9
	R10	R10_fiq	R10	R10	R10	R10
	R11	R11_fiq	R11	R11	R11	R11
	R12	R12_fiq	R12	R12	R12	R12
	R13	R13_fiq	R13_svc	R13_abt	R13_irq	R13_und
	R14	R14_fiq	R14_svc	R14_abt	R14_irq	R14_und
	R15(PC)	R15	R15	R15	R15	R15
ステータスレジスタ	CPRS	CPRS	CPRS	CPRS	CPRS	CPRS
		SPRS_fiq	SPRS_svc	SPRS_abt	SPRS_irq	SPRS_und

:使用しない部分

▶▶ Thumb命令

またARMでは、メモリを節約するために通常のARM命令セット以外にThumb（サム）と呼ばれる命令セットが提供されています。**Thumb命令セット**は、32ビット固定長のARM命令のサブセットを16ビット幅のオペコードに圧縮したもので、内部でARM命令に変換し実行されます。

▶▶ 多くの企業にライセンス提供されるARM

ARM社はLSIとしてのCPUを製造し提供するのではなく、CPUコア（CPUの基本機能）を半導体メーカーにライセンス提供する企業です。ARMアーキテクチャによりCPUを製造する主なメーカーとしては、次のものが挙げられます。

5-4 ARM系

[主なARM採用メーカー]

Altera、AMI Semiconductor、Analog Devices、Atmel、Cirrus、セイコーエプソン、富士通、IBM、インテル、LSI Logic、三菱電気、モトローラ、National Semiconductor、日本電気、沖電気、松下電器、フィリップス、ローム、三洋電機、シャープ、ソニー、Texas Instruments、東芝、ヤマハ

ARM7TDMIコアを採用したML671000（沖電気）

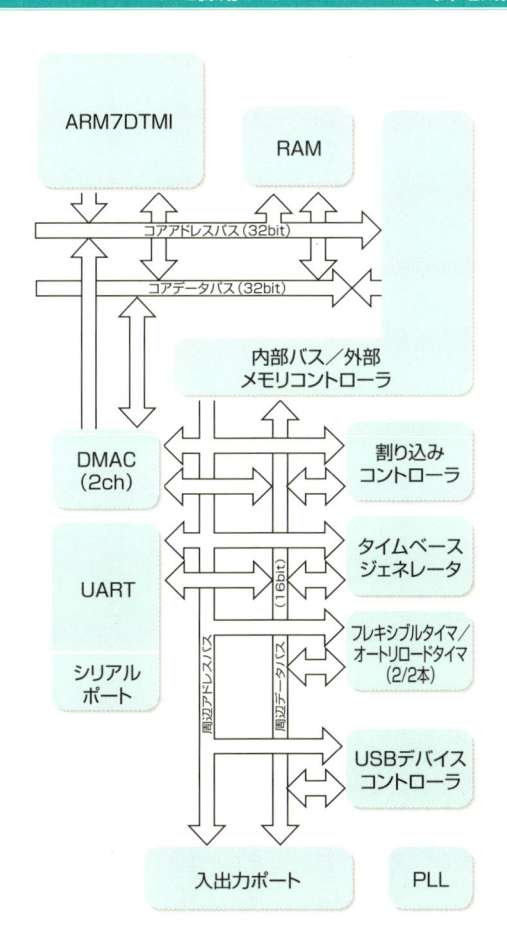

ブロック図:
- ARM7DTMI
- RAM
- コアアドレスバス（32bit）
- コアデータバス（32bit）
- 内部バス／外部メモリコントローラ
- DMAC（2ch）
- 割り込みコントローラ
- UART
- タイムベースジェネレータ
- シリアルポート
- フレキシブルタイマ／オートリロードタイマ（2/2本）
- 周辺アドレスバス／周辺データバス（16bit）
- USBデバイスコントローラ
- 入出力ポート
- PLL

第5章　組み込みシステムに用いられる主なCPU

5-5
PowerPC

PowerPCは1991年にアップル、モトローラ、IBMの提携により開発されたRISCプロセッサです。

▶▶ PowerPCの特徴

PowerPCはIBMのワークステーションRS/6000のCPU（7～9チップ構成）に採用されていたPOWER（Performance Optimized With Enhanced RISC）アーキテクチャを1チップで実現できるようにしたものです。PowerPCアーキテクチャでは高速処理を実現するために、次のような命令実行の概念を定義しています。

整数と浮動小数点のロード／ストア命令を個別に用意し、演算命令に関してもそれぞれに用意された豊富な汎用レジスタで処理します。命令フェッチユニットと密接に結合された分岐処理は、分岐予測にもとづく分岐命令処理や命令を整数処理と浮動小数点処理に振り分けます。

PowerPCの命令実行の概念

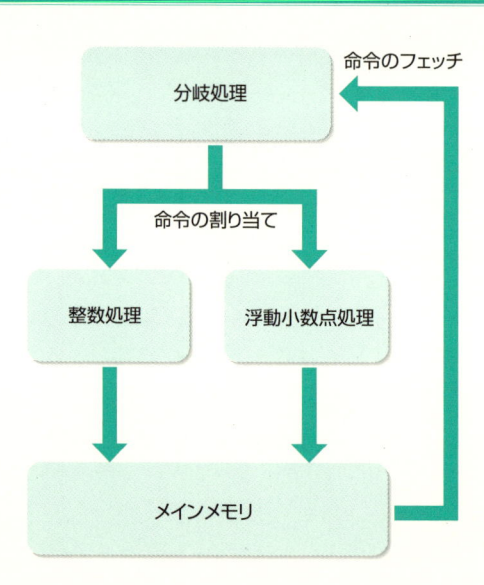

```
          ┌──────────┐  ←── 命令のフェッチ
          │  分岐処理  │
          └──────────┘
                │ 命令の割り当て
         ┌──────┴──────┐
         ▼              ▼
    ┌────────┐    ┌──────────────┐
    │ 整数処理 │    │ 浮動小数点処理 │
    └────────┘    └──────────────┘
         │              │
         ▼              ▼
         ┌──────────────┐
         │  メインメモリ  │──┘
         └──────────────┘
```

5-5　PowerPC

　整数処理と浮動小数点処理の各ユニットは、スーパースカラ構造により並列に処理を実行します。
　またPowerPCアーキテクチャでは、プログラミング環境に対応する次の３つのレベルを定義しています。

●ユーザ命令セットアーキテクチャ
　MC68Ｋシリーズから引き継がれるユーザモードに対応するプログラミングモデルで、命令セットとレジスタを定義します。

●仮想環境アーキテクチャ
　PowerPCで追加されたもので、キャッシュモデルをベースにマルチプロセッサ環境のメモリモデルやユーザ側からの時間管理機能を定義します。

●動作環境アーキテクチャ
　MMUモデル、例外モデル、MC68Ｋシリーズから引き継がれるスーパバイザモードに対応するプログラミングモデルなどを定義します。

　レジスタとしては次のものが定義されています。

●ユーザモード
整数演算用：GPR0～31（汎用）
　　　　　　XER（例外処理）
浮動小数点演算用：FPR0～31（64ビット汎用）、
　　　　　　　　　FPSCR（ステータス／制御）
分岐命令用：CR（条件レジスタ）
　　　　　　LR（リンクレジスタ）
　　　　　　CTR（カウントレジスタ）

5-5 PowerPC

●スーパバイザモード

　スータス用：MSR
　例外処理用：SRR0、1（ステータス保存／復元）
　　　　　　　DSISR（命令指示）
　　　　　　　DAR（データアドレス）
　メモリ管理用：SR0～15（セグメントレジスタ）
　　　　　　　 SDR1（テーブル検索）
　　　　　　　 ASR（アドレス空間：64ビット）
　　　　　　　 IBAT（命令ブロックアドレス変換）
　　　　　　　 DBAT（データブロックアドレス変換）
　時間管理用：TB（タイムベース：上位TBU、下位TBLの計64ビット）
　　　　　　　DEC（デクリメント）
　その他：SPRG0～3（OS用汎用レジスタ）
　　　　　EAR（外部アクセス）
　　　　　PVR（バージョン情報）

　PowerPCではさらに、仮想アドレス空間を256MBの**セグメント**、または128KB～8MB（可変）の**ブロック**と呼ばれる領域に分割することができ、さらにセグメントは4KB単位の**ページ**と呼ばれる領域に分割することができます。

⏩ ラインアップ

　PowerPCアーキテクチャにもとづいて最初に開発されたのが、1993年に発売された**PowerPC601**です。

　PowerPC601は分岐処理ユニット、整数処理ユニット、浮動小数点処理ユニットの3つをそれぞれパイプライン構造とし、プリフェッチと命令発行ロジックの強化により読み込む命令の順番に依存しないスーパースカラを実現しています。アドレスバスは32ビット、データバスは64ビットを備えています。

　第2世代として登場した**PowerPC603**ではロード／ストアユニットが追加され、それに続く**PowerPC604**では4命令同時実行機能や命令予測機能が搭載されました。

5-5 PowerPC

　第3世代の**PowerPC750**シリーズでは、キャッシュメモリの増強、2次キャッシュ、2つの整数演算ユニットの採用といった強化が図られています。

　1999年に発売された第4世代の**MPC7400**シリーズでは、SIMD＊であるAltiVecアーキテクチャ（154ページのコラム参照）が採用されています。

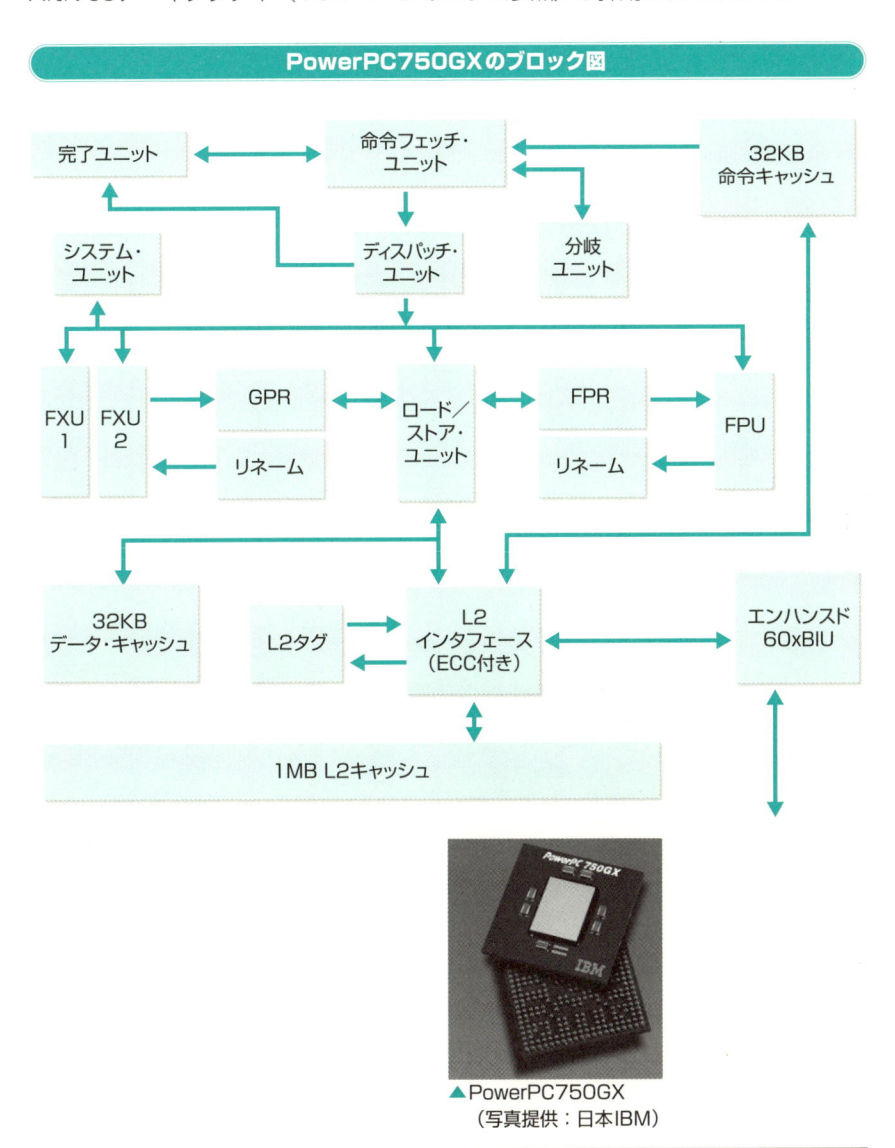

PowerPC750GXのブロック図

```
完了ユニット ⇔ 命令フェッチ・ユニット ⇔ 32KB命令キャッシュ
              ↓
システム・   ディスパッチ・  分岐
ユニット      ユニット       ユニット
  ↓↓          ↓             ↓
FXU1 FXU2 → GPR ⇔ ロード/ストア・ユニット ⇔ FPR → FPU
            リネーム                        リネーム
  ↓           ↓
32KBデータ・キャッシュ   L2タグ → L2インタフェース（ECC付き） ⇔ エンハンスド60xBIU
                                    ↕
                           1MB L2キャッシュ
```

▲PowerPC750GX
（写真提供：日本IBM）

＊**SIMD**　Single Instruction Multiple Dataの略。1つの命令で複数のデータを並列処理する方法。

5-5 PowerPC

また最も新しい第5世代の **PowerPC 970** シリーズでは64ビット構成となり、このCPUコアはソニー・コンピュータエンタテイメント社のプレイステーション3に採用されています。

COLUMN   AltiVecとは

　AltiVecとは従来の32ビット整数演算機構と64ビット浮動小数点演算機構に加え、新たに専用の128ビットベクタ演算機構を設けたものです。この3つの演算機構は、スーパースカラ構造により同時に動作します。128ビットのベクタ演算機構は、1つの命令で32ビット×4、16ビット×8、8ビット×16の整数データと、32ビット×4の浮動小数点データの同時処理が行えます。

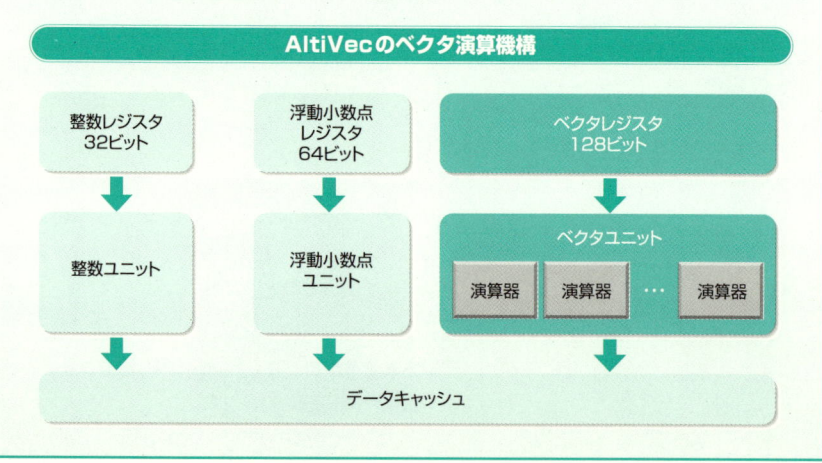

AltiVecのベクタ演算機構

- 整数レジスタ 32ビット → 整数ユニット → データキャッシュ
- 浮動小数点レジスタ 64ビット → 浮動小数点ユニット → データキャッシュ
- ベクタレジスタ 128ビット → ベクタユニット（演算器　演算器　…　演算器）→ データキャッシュ

第6章

ROMとRAM

　コンピュータシステムにおいてメモリは不可欠です。プログラムそのものを記憶しておくのはメモリですし、データの加工も基本的にはメモリで行われます。
　本章では、メモリの基本であるROMとRAM、そして近年利用が進む進化型不揮発性メモリについて解説します。

6-1

半導体メモリの種類

半導体メモリとはその名のとおり、半導体素子（MOSFETやキャパシタ）によって構成されるメモリのことです。半導体メモリは大きく分類するとROMとRAMに分かれますが、これに加えて昨今では進化型不揮発性メモリというものも存在しています。

▶▶ ROMとRAMの使い方

コンピュータシステムで一般的にROM（Read Only Memory）と呼ばれるものは、データ読み出し専用メモリで、この中に記憶された情報はシステム実行中には書き換えることができません。したがってROMにはプログラムと、そのプログラムが扱う固定的なデータが記憶されています。

一方のRAM（Random Access Memory）は、システム実行中でもデータの書き込みや書き換えが自由に行えるメモリで、主にプログラムの途中の処理結果を一時的に保存するのに用いられます。

▶▶ 半導体メモリの分類

半導体メモリの分類における定義では、ROMとは「電源を切っても記憶が残る不揮発性メモリ」であり、RAMとは「電源を切ると記憶が失われる揮発性メモリ」といえます。

このうちROMはまず、マスクROMとPROMに分けられます。**マスクROM**とは、半導体メーカーが工場出荷時にデータをあらかじめ回路として作成しておくもので、データの書き換えや消去は一切行えません。それに対して**PROM**（Programmable ROM）とは、データの書き込みをユーザー側で行えるものです。PROMはさらに次のように分類できます。

- **One Time PROM**：1回だけ書き込みが行えるもの。
- **EPROM**（または**UV EPROM**）：再書き込みと紫外線による消去が行えるもの。
- **EEPROM**、**フラッシュメモリ**：再書き込みと電気的消去が行えるもの。

6-1 半導体メモリの種類

　一方RAMは、SRAMとDRAMに分けられます。詳しくは後述しますが、**SRAM**（Static RAM）とは順序回路を用いてデータを記憶するものであり、**DRAM**（Dynamic RAM）とはキャパシタに電荷を蓄えることでデータを記憶するものです。

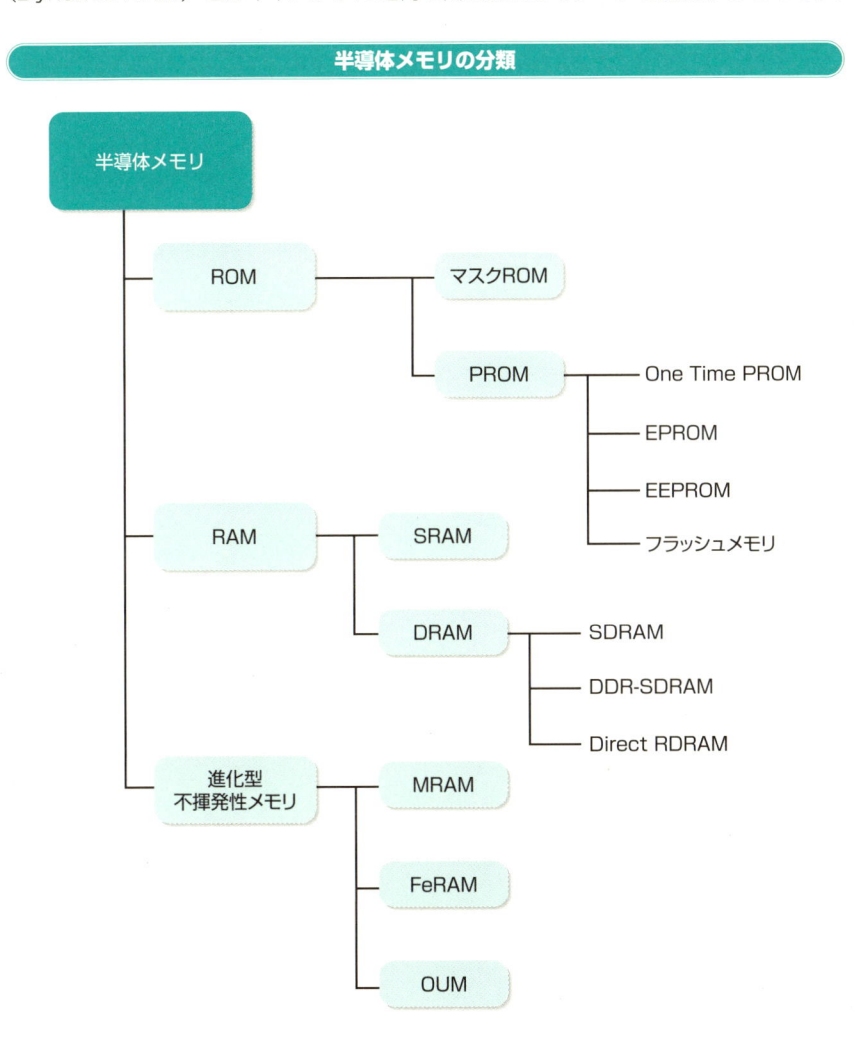

半導体メモリの分類

- 半導体メモリ
  - ROM
    - マスクROM
    - PROM
      - One Time PROM
      - EPROM
      - EEPROM
      - フラッシュメモリ
  - RAM
    - SRAM
    - DRAM
      - SDRAM
      - DDR-SDRAM
      - Direct RDRAM
  - 進化型不揮発性メモリ
    - MRAM
    - FeRAM
    - OUM

6-2
EPROMとOne Time PROM

EPROMとOne Time PROMは、フラッシュメモリが登場する以前によく用いられたPROMです。紫外線照射用の窓を備えたものがEPROMで、窓のないものがOne Time PROMです。

▶▶ EPROMの構造

2-1節でMOSFETについて説明しましたが、EPROMのメモリセル構造はこのMOSFETとよく似ています。異なるのは、ゲートとドレイン－ソース間に**フローティングゲート**と呼ばれるものが存在している点で、このフローティングゲートがデータの記憶に重要な役割を果たしています。

このメモリセル構造は、後述するフラッシュメモリとEEPROMでも同じです。

EPROMのメモリセル構造

紫外線照射窓

ゲート(G)
コントロールゲート
絶縁膜
ソース(S)　　　フローティングゲート　　　ドレイン(D)
酸化膜
N　　　P　　　N

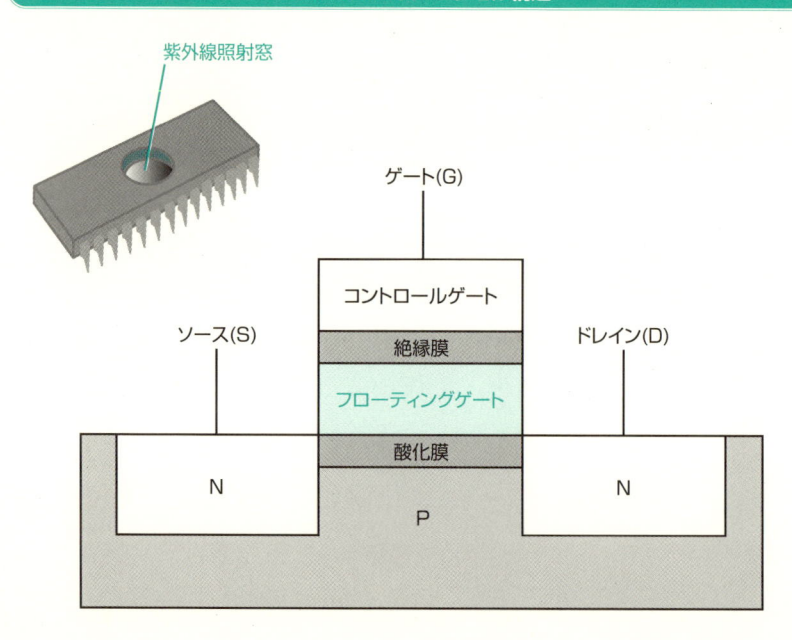

▶▶ データの書き込みと読み出し

　データというのは0（Lレベル）または1（Hレベル）の2つしかないので、もし初期のEPROMでデータがすべて0であれば、指定したメモリセルに1だけを書き込んでやればよいわけです。

　データの書き込みは、コントロールゲートとドレインにVccより高い12Vといった電圧を印加することで行えます。初期段階においてフローティングゲートは空なので、コントロールゲートに電圧をかけると、MOSFETのときと同様にソースからドレインに電子が移動します。このとき高い電圧により電子はドレイン近傍で高い運動エネルギーを獲得して酸化膜を通過し、フローティングゲートに移動します。コントロールゲートへの高い電圧印加を止めて、通常のVccレベルの電圧を印加しても、フローティングゲートに蓄えられた電子は酸化膜を通過するだけのエネルギーを持たないため、そこに保持されます。このことはMOSFETの特性が変わったのと同じことです。

データの書き込み

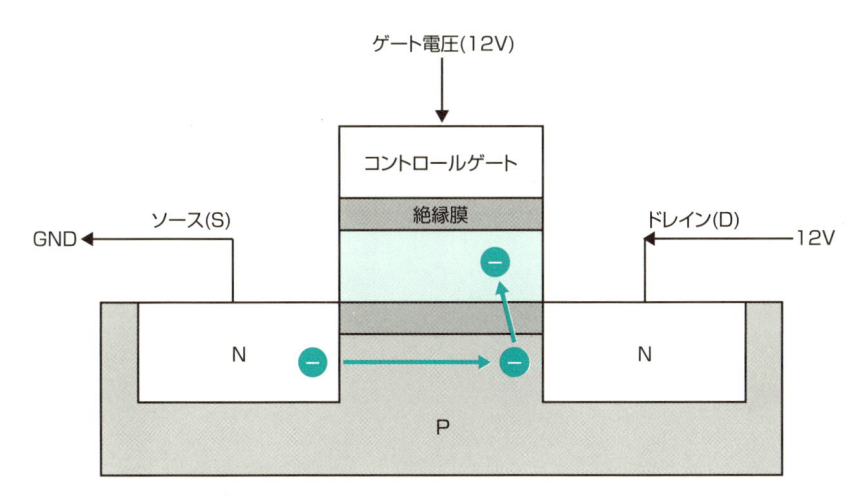

6-2　EPROMとOne Time PROM

　2-1節で説明したように、MOSFETはゲートにVccを印加するとドレイン―ソース間に電流が流れます。この状態はメモリセルにおいてはフローティングゲートに電子が存在しない（データが0）ことと同じです。したがってゲートにメモリセルを指定するワード線を接続しHが入力されれば、ドレインに接続されたデータ線はLを出力します。

　けれどもフローティングゲートに電子が存在する場合（データが1）は、ワード線をHにしてもその電圧がフローティングゲートの電子に取られるため、ドレイン―ソース間に電流が流れません。よってデータ線にはHが出力されます。

データの読み出し

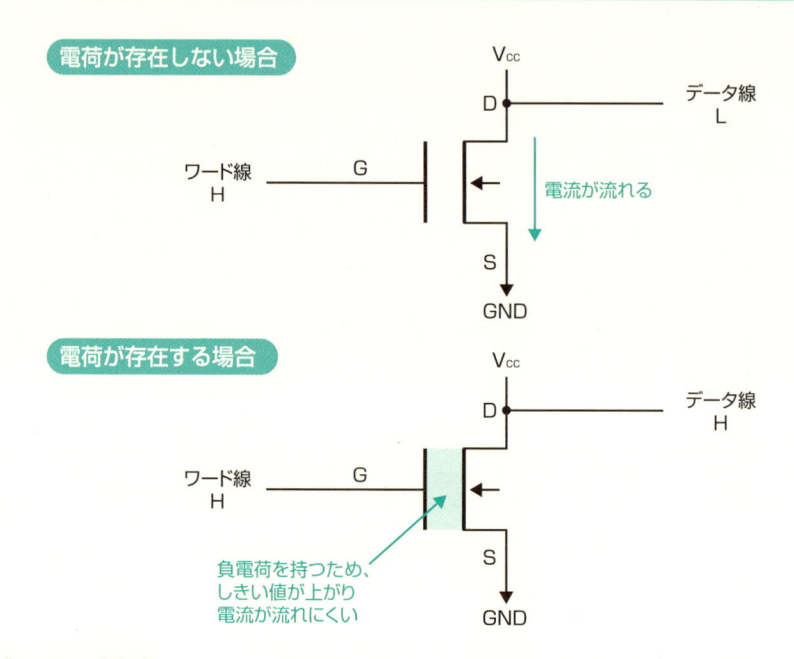

電荷が存在しない場合

ワード線 H　G　D　データ線 L
電流が流れる
S　GND

電荷が存在する場合

ワード線 H　G　D　データ線 H
負電荷を持つため、しきい値が上がり電流が流れにくい
S　GND

▶▶ データの消去

　データの消去はフローティングゲートに紫外線を照射することで行われます。

　フローティングゲートの電子は紫外線の光エネルギを受け取ることで高い運動エネルギを獲得して酸化膜を通過し、ソースやP形基盤に放出されます。なおOne Time PROMは、このEPROMの消去構造を削除したものです。

6-2 EPROMとOne Time PROM

EPROMのデータの消去

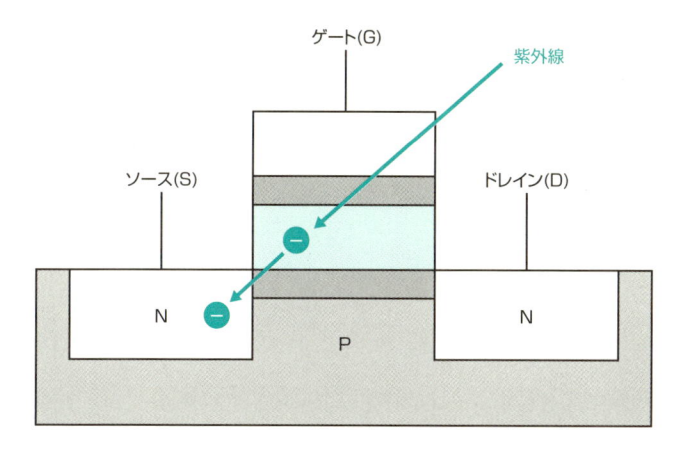

ゲート(G)
紫外線
ソース(S)
ドレイン(D)
N
N
P

EPROM：Am27C010（AMD社）のブロック図

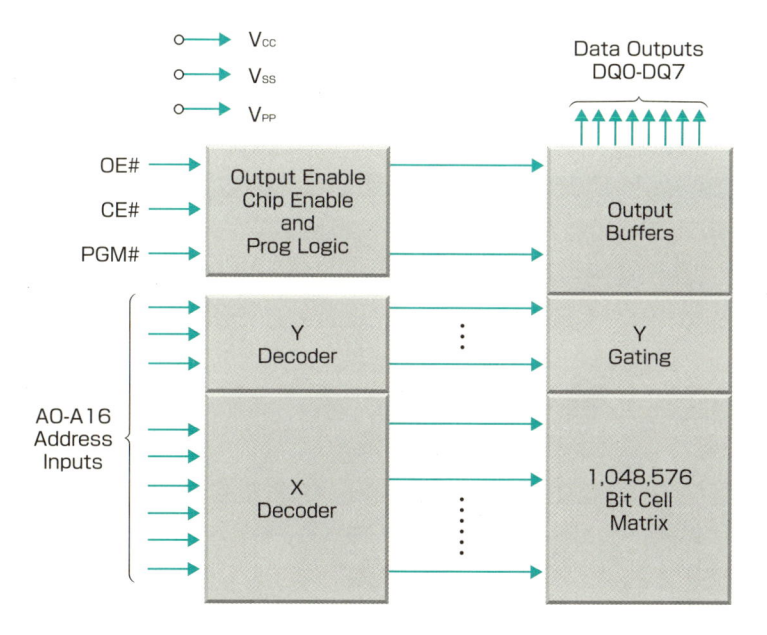

- V_{CC}
- V_{SS}
- V_{PP}

Data Outputs DQ0-DQ7

OE# → Output Enable Chip Enable and Prog Logic
CE# →
PGM# →

Output Buffers

A0-A16 Address Inputs

Y Decoder → Y Gating

X Decoder → 1,048,576 Bit Cell Matrix

6-3
フラッシュメモリとEEPROM

フラッシュメモリとEEPROMも、EPROMと同じメモリセル構造を持ちます。ただし紫外線を用いずに電気的にデータを消去できることから、広く普及しています。

▶▶ データの消去

　フラッシュメモリとEEPROMでは、データ消去時にソースに12Vといった高い電圧を印加し、ゲートをGNDといった低い電位に設定するのが特徴です。これによりソースからゲートに電流が流れることとなり、フローティングゲートに蓄えられた電子は酸化膜を通過してソースやP形基盤に放出されます。つまり高電圧を印加するパターンを変化させるだけで、データの書き込みと消去の両方を実現しているのです。

　フラッシュメモリとEEPROMの違いは、メモリセルの構成です。EEPROMでは1byte単位で消去と書き込みが行えますが、フラッシュメモリでは消去を8Kbyteまたは4Kbyteといったブロック単位で行うようにして内部構造を簡略化し、そのぶん大容量化とともに高速な書き込み速度を実現しています。

フラッシュメモリとEEPROMのデータの消去

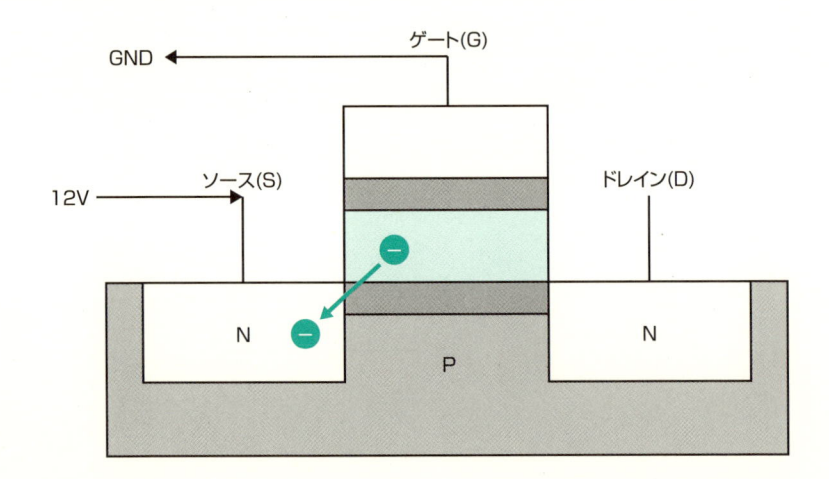

▶▶ しきい値

　前述したようにフローティングゲートに電子が存在するメモリセルは、ゲートに電圧を与えてもドレイン―ソース間に電流が流れにくくなります。これはメモリセルのトランジスタ（メモリトランジスタ）のしきい値が変化するからです。

　しきい値とは、ドレイン―ソース間に電流を流すために必要とされる、ゲートへの印加電圧のことです。Vccが5Vの場合、フローティングゲートに電子が存在しないメモリトランジスタのしきい値を2Vとします。この場合はゲートに5Vを印加するとしきい値以上なので、ドレイン―ソース間に電流が流れます。また0Vを与えると、しきい値以下なので、電流は流れません。

　一方、フローティングゲートに電子が存在するメモリトランジスタはしきい値が5V以上の例えば6Vといった値になります。この場合はゲートに5Vを与えても0Vを与えても、ドレイン―ソース間に電流は流れません。

　つまりフラッシュメモリやEEPROMでは、この2つのしきい値を0（L）と1（H）に対応させることで論理を形成しているわけです。

しきい値の変化

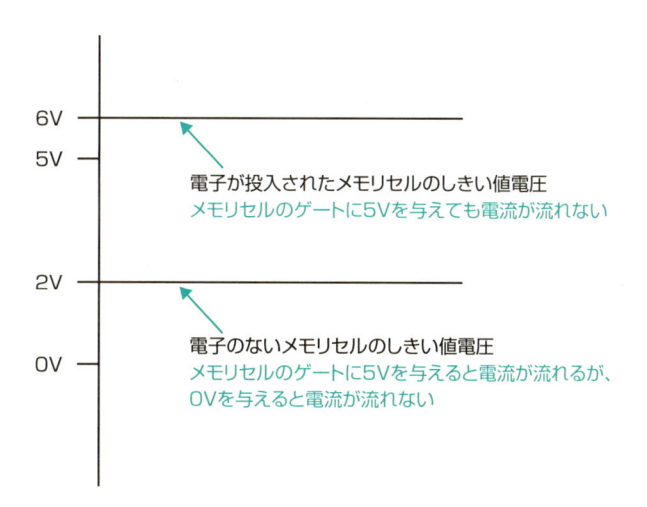

6V ―
5V ―
　　電子が投入されたメモリセルのしきい値電圧
　　メモリセルのゲートに5Vを与えても電流が流れない

2V ―
　　電子のないメモリセルのしきい値電圧
　　メモリセルのゲートに5Vを与えると電流が流れるが、
　　0Vを与えると電流が流れない
0V ―

6-3 フラッシュメモリとEEPROM

▶▶ NOR型フラッシュとNAND型フラッシュ

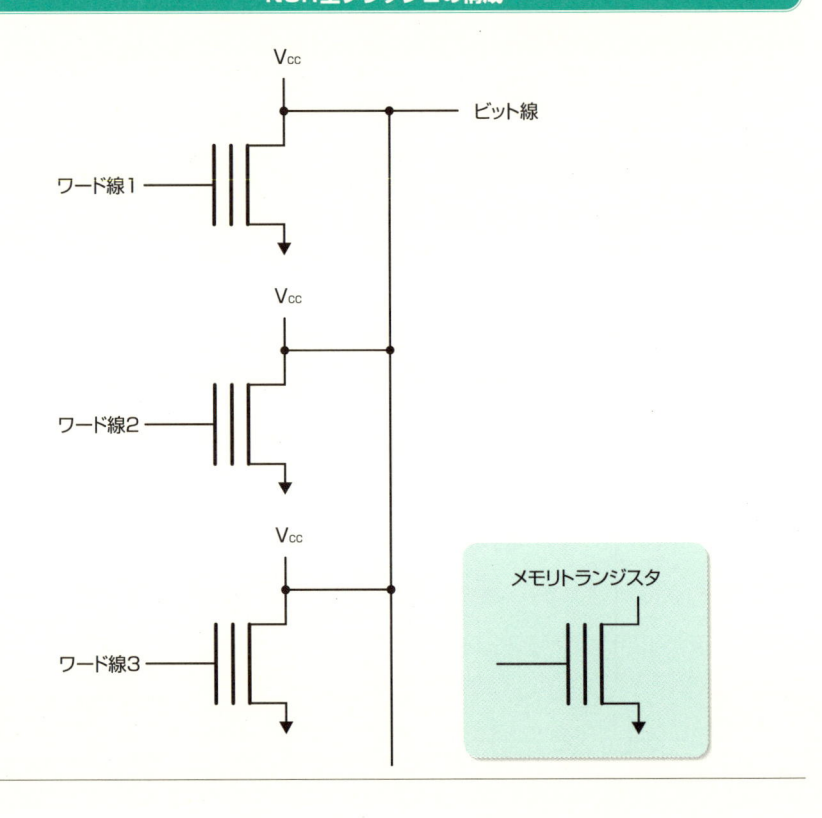

フラッシュメモリにはNOR型フラッシュとNAND型フラッシュの2つがあります。

NOR型フラッシュとNAND型フラッシュの特徴

	NOR型フラッシュ	NAND型フラッシュ
書き込み速度	遅い	速い
消去速度	遅い	速い
ランダムアクセス	速い	遅い
バイト単位の書き込み	可能	不可能
用途	コンピュータシステム用メモリ	カードメモリなど ハードディスクの置き換え

NOR型フラッシュの構成

6-3 フラッシュメモリとEEPROM

　NOR型フラッシュは、2-2節の「基本論理回路」の項で説明したNOR回路と同じように、メモリトランジスタを並列に接続した構成をとっています。アドレスにより指定されたワード線に5Vを印加した場合、メモリトランジスタのフローティングゲートに電子がない場合は電流が流れるためビット線は0（L）となりますが、電子がある場合はしきい値が上がり電流が流れないためビット線は1（H）となります。

　このようにNOR型フラッシュはメモリトランジスタ（メモリセル）ごとに状態が管理できるためランダムアクセスが速く、コンピュータシステムメモリとして用いられます。

128Mbit-NOR型フラッシュ：TC58FVM7（東芝）のブロック図

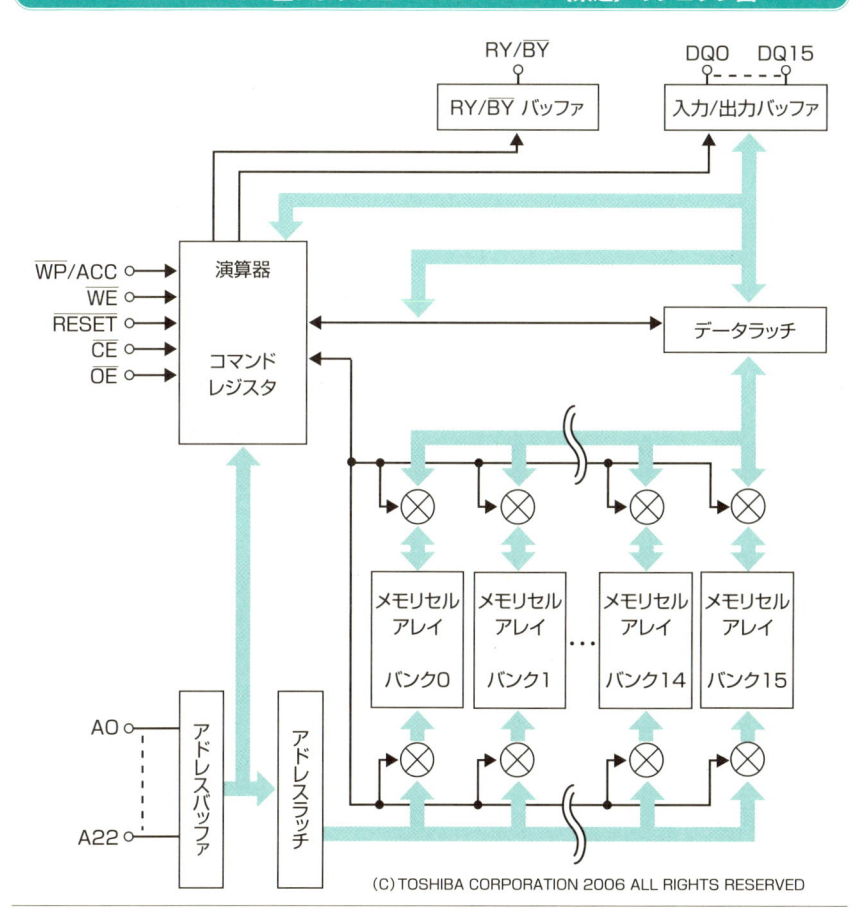

(C) TOSHIBA CORPORATION 2006 ALL RIGHTS RESERVED

6-3 フラッシュメモリとEEPROM

　一方**NAND型フラッシュ**は、メモリトランジスタを直列に接続した構成をとっており、メモリトランジスタごとの状態を個別に管理できない分、実装密度を大幅に向上させることができます。

　NAND型フラッシュでは1バイト以上の**ページ**と呼ばれる複数ビットのメモリトランジスタが直列に接続され、これを単位として読み出しが行われます。ページの指定は**選択ゲート**により行われます。また消去は、複数のページで構成される**ブロック**と呼ばれる単位で一括して行われます。

　メモリトランジスタの状態を個別に管理できないということは、データとパラレルにやりとりできないということです。そのため、NAND型フラッシュではシリアルでデータの書き込み／読み出しを行います。また、それを実現するためにしきい値に特徴を持たせています。

NAND型フラッシュの構成

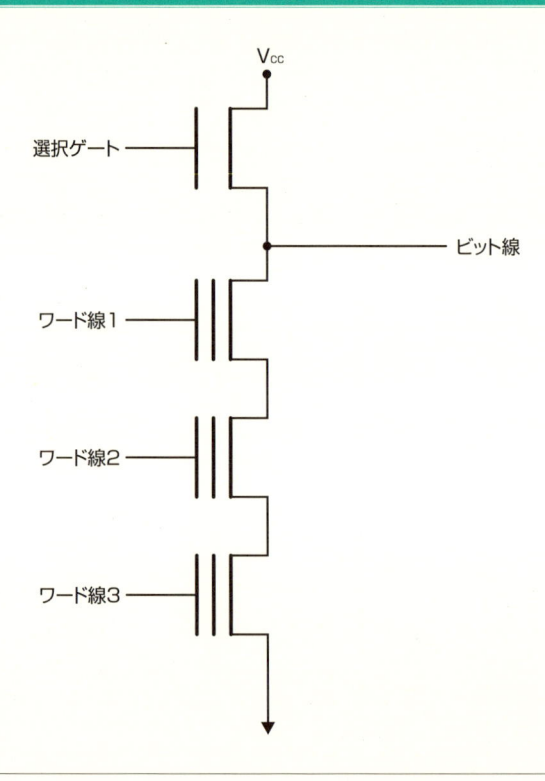

6-3 フラッシュメモリとEEPROM

　直列に接続されたメモリトランジスタでは、そのすべてのドレイン―ソース間に電流が流れたときのみ、ビット線は0（L）になります。これを先ほどのしきい値（電子がない場合は2V、電子がある場合は6V）にあてはめても、ゲートへの印加電圧が5Vと0Vでは各メモリトランジスタのデータを取り出すことはできません。

　そこでNAND型フラッシュでは、ゲート電圧が0Vでもドレイン―ソース間に電流を流せる特殊なしきい値を実現しています。簡単に説明すると、次の図のように、フローティングゲートに電子が存在しないメモリトランジスタのしきい値を－1Vとし、電子が存在するメモリトランジスタはしきい値が3Vとします。

　この場合、ワード線に5Vを印加すると、すべてのメモリトランジスタのドレイン―ソース間に電流が流れ、また0Vを印加するとフローティングゲートに電子がない場合のみ電流が流れます。したがって対象となるワード線に0Vを、それ以外のワード線のゲートに5Vを印加し、電流が流れれば対象となるメモリセルは電子を持たず、電流が流れなければ電子を持つという判断が行えます。

NAND型フラッシュのしきい値

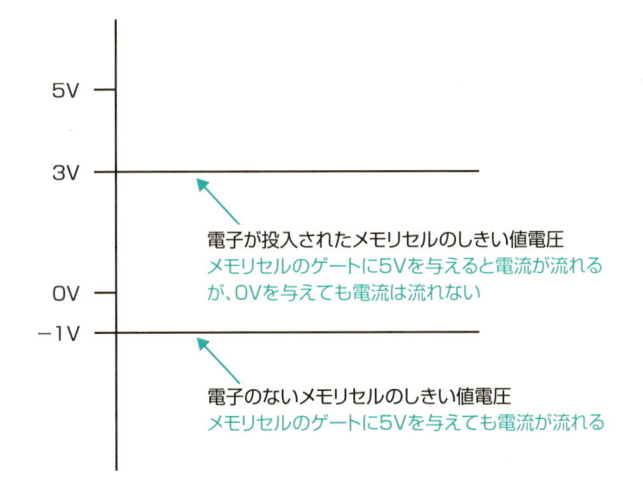

5V

3V ← 電子が投入されたメモリセルのしきい値電圧
　　　メモリセルのゲートに5Vを与えると電流が流れるが、0Vを与えても電流は流れない

0V

－1V ← 電子のないメモリセルのしきい値電圧
　　　　メモリセルのゲートに5Vを与えても電流が流れる

6-4

SRAMとDRAM

RAMはSRAM（Static RAM）とDRAM（Dynamic RAM）に大きく分けられますが、両者の違いはデータの記憶方法にあります。

▶▶ SRAM

SRAMはトランジスタによる順序回路（フリップフロップ回路）で構成され、この回路に"1""0"という論理値レベルでデータが記憶されます。

次の図を見るとわかるように、SRAMは1つのセルを構成するのに4つ（またはそれ以上）のトランジスタが必要となり、配線数も多いため、「消費電力が大きい」「実装密度を上げにくい（大容量化が難しい）」といった問題はありますが、トランジスタによるスイッチ回路ですべてを構成するため高速動作が可能です。

したがって、パソコンのメモリモジュールのように大容量を要求されるものには不向きですが、組み込みシステムにおける作業メモリや高速性が要求されるキャッシュメモリとして利用されます。

SRAMのセル構造

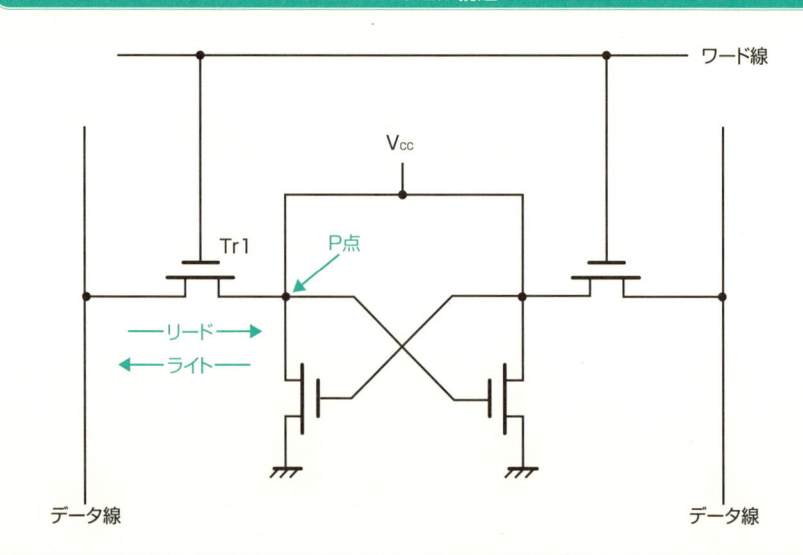

（図：SRAMのセル構造。ワード線、V_{CC}、Tr1、P点、リード、ライト、データ線を含む回路図）

6-4 SRAMとDRAM

　またSRAMは、読み出し／書き込みのやりとりが非常にシンプルです。書き込むデータをデータ線に出力しワード線に電圧を与えると、トランジスタ（Tr1）のソースとドレインが導通し、データが図のP点に出力され、P点に出力されたデータはフリップフロップ回路により保持されます。

　読み出しはデータ線を開放して（電位がない状態）再びワード線に電圧を与えてやると、Tr1のソースとドレインが導通し、保持されているP点のデータがデータ線に出力されます。

サイプレス社の非同期SRAM：CY7C1009のブロック図

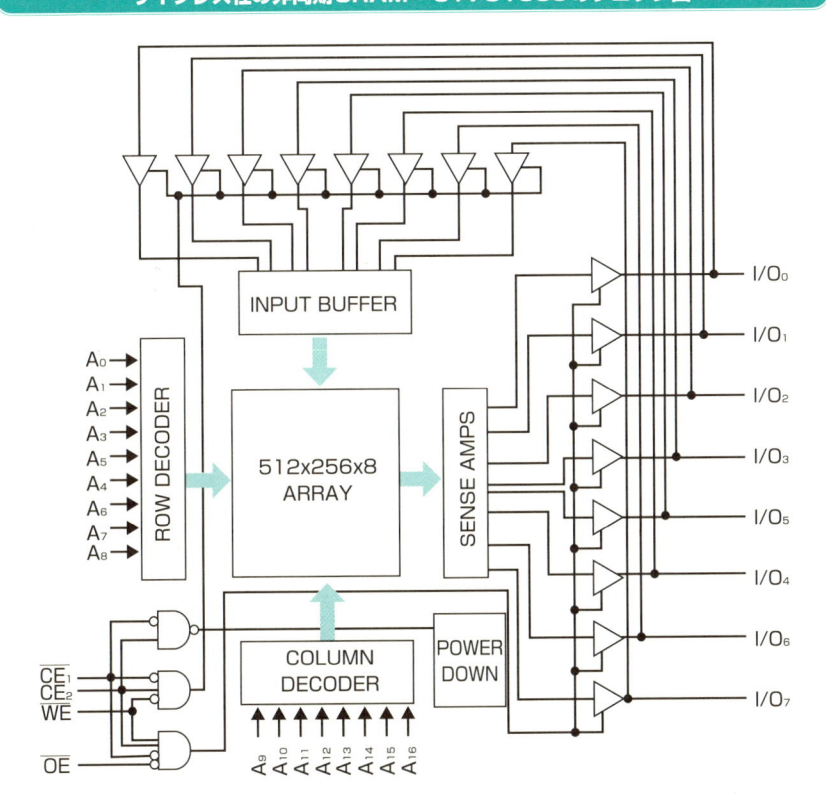

（図：入力アドレス$A_0 \sim A_8$がROW DECODERへ、$A_9 \sim A_{16}$がCOLUMN DECODERへ入力され、512×256×8 ARRAYとSENSE AMPSを経由して$I/O_0 \sim I/O_7$に出力される。制御信号$\overline{CE_1}$、$\overline{CE_2}$、$\overline{WE}$、$\overline{OE}$、およびINPUT BUFFER、POWER DOWNを含むブロック図）

　一般的な非同期SRAMは次のインタフェースで構成され、アドレスを指定してCE、OEをアクティブにすることでデータの読み出しが、アドレスを指定してCE、WEをアクティブにしてやれば書き込みが行えます。

6-4 SRAMとDRAM

●**非同期SRAMのインタフェース（128k×8ビット＝1Mビットの場合）**

- A_0〜A_{16}：アドレス指定ライン
- I/O_0〜I/O_7：リード／ライト用のデータ入出力ライン
- CE（チップ・イネーブル）：デバイス選択信号で、アクティブのときに入出力が有効になる。
- OE（アウトプット・イネーブル）：出力開放信号で、アクティブのときに出力バッファがON状態となりデータがI/O_0〜I/O_7に出力される。
- WE（ライト・イネーブル）：ライトモード信号で、アクティブ時の信号のエッジタイミングでセルにデータが書き込まれる。

サイプレス社の同期SRAM：CY7C1031/1032のブロック図

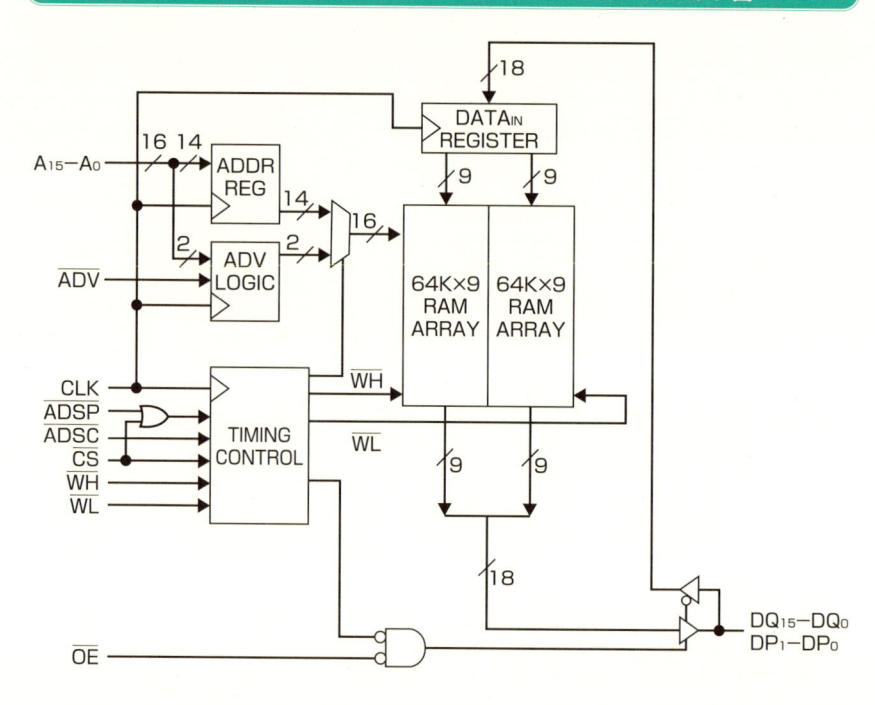

またキャッシュメモリなどに用いられるSynchronous SRAM（**同期SRAM**）はCLK（クロック入力信号）を備え、前述の各インタフェースがこのクロックに同期し

6-4 SRAMとDRAM

て動作し、**バースト転送***のためのアドレスカウンタなど制御回路も内蔵しています。

▶▶ DRAM

　一方、**DRAM**のメモリセルはトランジスタ1個とキャパシタ1個からなり、このセルをマトリクス配置し、カラム選択スイッチ、センスアンプ、プリチャージスイッチなどで構成されます。DRAMの場合はこのキャパシタに電荷を蓄えるか否かで"1""0"を記憶します。

　DRAMはSRAMと違いキャパシタに蓄えられた微小な電荷でデータを記憶（保持）するためリード動作も複雑で、また記憶を維持するためにリフレッシュという作業を行う必要があります。

　またDRAMのアドレシングはSRAMのようにダイレクトにフルアドレスを指定

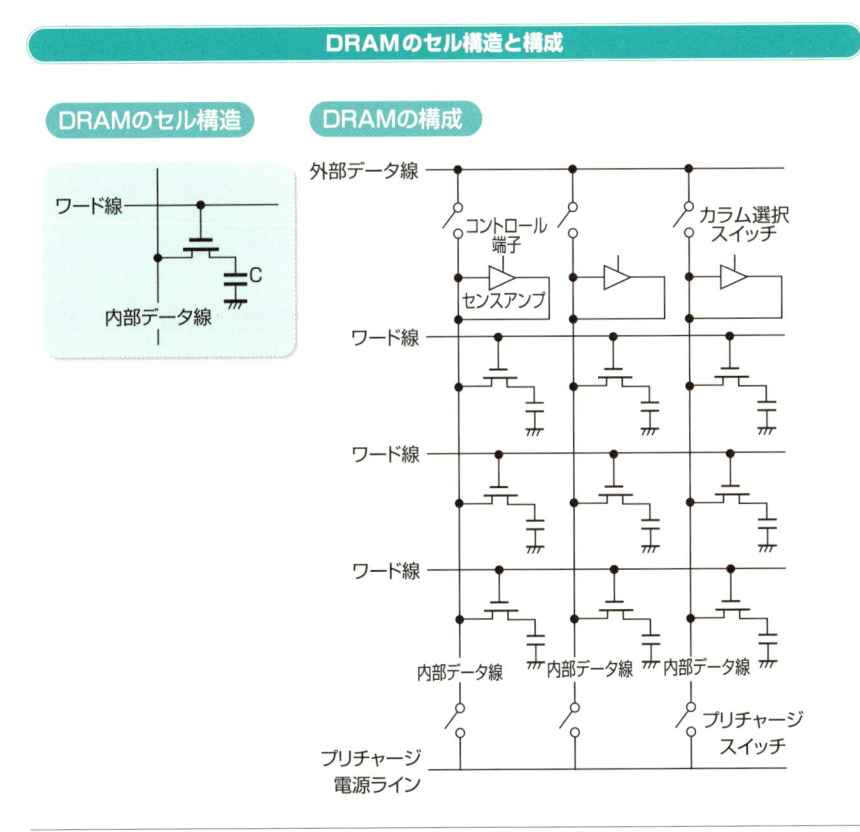

DRAMのセル構造と構成

DRAMのセル構造

DRAMの構成

***バースト転送**　1つのアドレスを指定するだけでその前後のアドレスのデータを連続して出力すること。

6-4 SRAMとDRAM

するのではなく、Row（**ロウ**：行）とColumn（**カラム**：列）に分けて行います。

　セルへのデータの書き込みは、外部データ線にデータを開放し、まず行（ワード線）を選択して電圧を与えます。次にカラム選択スイッチをONにすることで該当する列の内部データ線にデータが開放され、行の選択でMOSTETのゲートに電圧が与えられソース－ドレイン間が導通しているセルのキャパシタに情報が記憶されます（データが"1"のときに電荷が蓄えられる）。

　次にデータの読み出しですが、DRAMの場合はこの動作が多少やっかいです。前述の書き込み動作を見ると、ワード線を指定してFETのドレイン－ソース間を導通させ、キャパシタの情報を内部データ線に開放し、最後にカラム選択スイッチをONして外部データ線にデータを開放すればよいように思えますが、そうはいきません。なぜならばセルのキャパシタの容量は非常に小さなもので、そのまま外部データ線に開放するとすべての電荷が流出してしまい、データ線をドライブできないだけでなくセルの記憶情報が紛失してしまうからです。このためDRAMでは、次の手順で読み出し動作を行います。

●DRAMの読み出し動作

❶プリチャージスイッチをONして内部データ線をプリチャージ電源ラインと同じ電圧にする。プリチャージ電源ラインの電圧はセンスアンプのしきい値電圧に設定する。

❷プリチャージスイッチをOFFする。信号線には**浮遊容量**（**寄生容量**）と呼ばれるキャパシタが存在するため、内部データ線にプリチャージされた電圧はしばらくの間保持される。

❸ワード線を選択して電圧を与える。これによりFETのドレイン－ソース間が導通し、キャパシタの情報が内部データ線に開放される。内部データ線にはプリチャージ電圧が存在しているので、キャパシタに電荷がある場合（データが"1"の場合）にはしきい値電圧を超える電圧値に、電荷がない場合（データが"0"の場合）にはしきい値電圧を下回る電圧値になる。

❹センスアンプのコントロール端子に電圧を加える。これによりセンスアンプが働き、内部データ線の電圧値をしきい値電圧を基準に"1"と"0"に該当する電圧に変える。このときセルのキャパシタには同じデータが再度記憶される。

❺カラム選択スイッチをONして、内部データ線の情報を外部データ線に開放する。

次に記憶の保持ですが、DRAMはその構造上、キャパシタに蓄えた電荷が自然に消滅してしまうという弱点があります。

DRAMにおける電荷のリーク

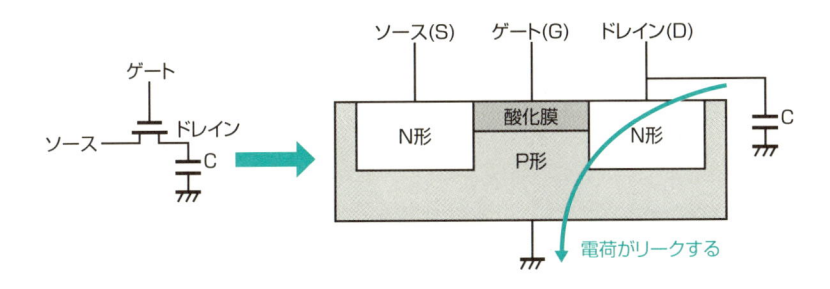

MOSFETはGNDに接続されたP形半導体をベースにソース、ドレインにあたるN形半導体、ゲートにあたる酸化膜により構成されていますが、N形半導体に存在する電荷はP形半導体に接続されたGNDに微小ながら流れ出してしまう（放電する）という特性があり、キャパシタの端子間電圧は徐々に低下してしまいます。

そのためDRAMでは記憶を保持するために**リフレッシュ**というキャパシタの端子間電圧を復帰させる作業を定期的に行ってやる必要があります。リフレッシュは前述の「読み出し動作」の❶〜❹と同じ処理で行われます。

非同期DRAMは、次のインタフェースで構成されます。

●非同期DRAMのインタフェース（2M×8ビット＝16Mビットの場合）

- A_0〜A_{10}：アドレス指定ライン。ロウ（行）とカラム（列）別々に指定する。
- I/O_0〜I/O_7：リード／ライト用のデータ入出力ライン
- **RAS（Row Address Strobe）**：アクティブのとき、指定するアドレスが行を意味する。
- **CAS（Column Address Strobe）**：アクティブのとき、指定するアドレスが列を意味する。
- **OE**：出力開放信号で、アクティブのときに出力バッファがON状態となりデータ

6-4 SRAMとDRAM

がI/O_0〜I/O_7に出力される。
- **WE**：リード／ライト指定信号で、アクティブ時にライトモードになる。

次の図のようにまずA_0〜A_{10}で行アドレスを指定してRASをアクティブにし、次にA_0〜A_{10}で列アドレスを指定してCASとOEをアクティブにすることで、データを読み出します。また書き込みは読み出しと同様にA_0〜A_{10}とRAS、CASでアドレスを指定するとともに、WEをアクティブにしてI/O_0〜I/O_7に書き込むデータを入力することで行えます。

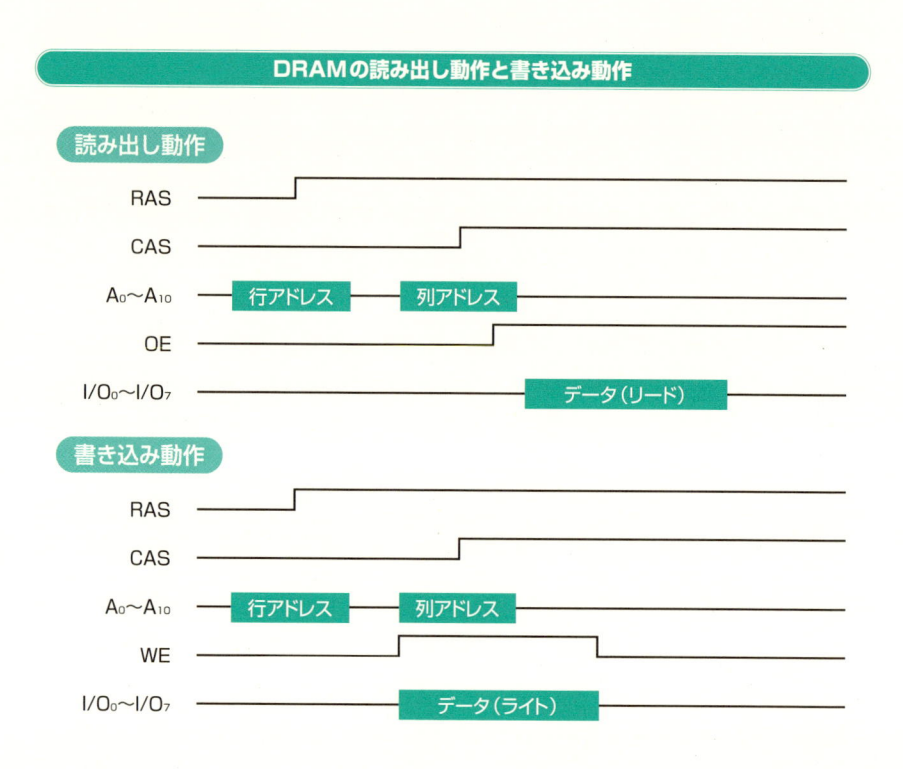

DRAMの読み出し動作と書き込み動作

読み出し動作

信号	タイミング
RAS	アクティブ期間（行アドレス指定時）
CAS	アクティブ期間（列アドレス指定時）
A_0〜A_{10}	行アドレス → 列アドレス
OE	アクティブ（列アドレス時）
I/O_0〜I/O_7	データ（リード）

書き込み動作

信号	タイミング
RAS	アクティブ期間（行アドレス指定時）
CAS	アクティブ期間（列アドレス指定時）
A_0〜A_{10}	行アドレス → 列アドレス
WE	アクティブ
I/O_0〜I/O_7	データ（ライト）

6-5 高機能化したDRAM…SDRAM、DDR-SDRAM、Direct RDRAM

非同期DRAMは読み出しと書き込みのタイミングが管理しにくいという問題がありました。これを改善したのが、同期DRAMであるSDRAM（Synchronous DRAM）です。

▶▶ SDRAM

外部インタフェースをすべてクロックに同期させることで、読み出し／書き込みのアクセス時間を固定化し高速動作を実現したのが**SDRAM**です。

SDRAMのブロック図

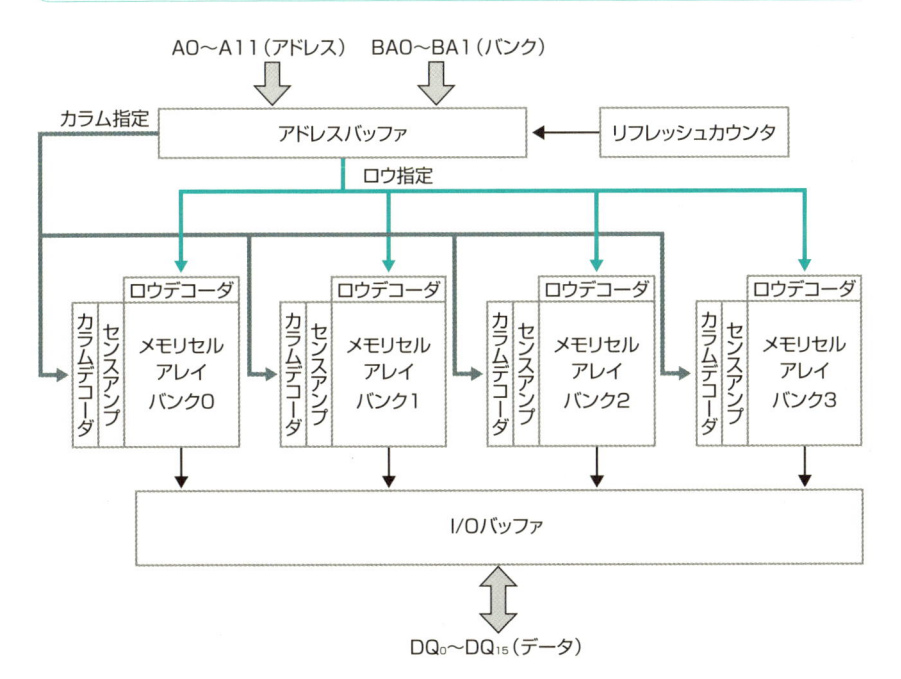

A0〜A11（アドレス）　BA0〜BA1（バンク）

カラム指定 → アドレスバッファ ← リフレッシュカウンタ

ロウ指定

- ロウデコーダ／カラムデコーダ／センスアンプ／メモリセルアレイ バンク0
- ロウデコーダ／カラムデコーダ／センスアンプ／メモリセルアレイ バンク1
- ロウデコーダ／カラムデコーダ／センスアンプ／メモリセルアレイ バンク2
- ロウデコーダ／カラムデコーダ／センスアンプ／メモリセルアレイ バンク3

I/Oバッファ

DQ_0〜DQ_{15}（データ）

上の図は128Mビット（2Mワード×16ビット×4バンク）のSDRAMのブ

6-5 高機能化したDRAM…SDRAM、DDR-SDRAM、Direct RDRAM

ロック図ですが、SDRAMの特徴の一つとして、メモリセルを独立して動作可能なブロック（**バンク**）に分けていることが挙げられます（**マルチ・バンク・オペレーション**）。バンクは多いほど1つのセルアレイにおけるドライブ能力が向上し高速アクセスが可能となりますが、センスアンプの数とドライブ性能、消費電力、集積度などが考慮された結果、通常は4バンク構成が標準とされています。

SDRAMは次のインタフェースで構成されます。

●SDRAMのインタフェース（前ページの図の128Mビットの場合）

- **CLK**：クロック入力
- **CKE（クロック・イネーブル）**：パワーダウン時やリフレッシュ時に、クロックを無効にする場合に使用する。
- $A_0 \sim A_{11}$：アドレス指定ライン
- BA_0、BA_1：バンク指定ライン
- $DQ_0 \sim DQ_{15}$：リード／ライト用のデータ入出力ライン
- **RAS**
- **CAS**
- **CS（チップ・セレクト）**：アクティブのときに入力信号を有効にする。
- **WE**
- **UDMQ/LDMQ**：データ入出力ラインのマスク。アクティブのときUDMQは$DQ_8 \sim DQ_{15}$、LDMQは$DQ_0 \sim DQ_7$の入出力を無効にする

SDRAMのもう一つの特徴としては、コマンド方式のインタフェースが挙げられます。非同期DRAMではRAS、CAS、WEといった信号線をタイミングでコントロールしていましたが、SDRAMではRAS、CAS、WE、CSの4信号をコマンドとして扱い、次のような動作を選択できるようになっています。

- **MRS**：モードレジスタセット
- **REF**：オートリフレッシュ
- **SELF**：セルフリフレッシュ開始
- **SELX**：セルフリフレッシュ終了

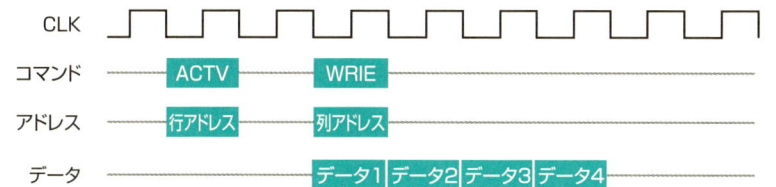

6-5 高機能化したDRAM…SDRAM、DDR-SDRAM、Direct RDRAM

- **ACTV**：ロウアドレスラッチ
- **READ**：データリード
- **WRITE**：データライト
- **PRE**：指定バンクプリチャージ
- **PALL**：全バンクプリチャージ

　またSDRAMは、バースト転送機能＊を持っています。プログラムのように基本的に連続した命令を取り出して実行する場合は、マイクロプロセッサ側でのアドレシングが省略できるため、高速にデータを取り出すことができます。一般的なSDRAMでは1/2/4/8回連続のバースト転送をサポートしています。

　次の図は、4回のバースト転送におけるSDRAMのリード／ライトのタイミングチャートです。

SDRAMの読み出し／書き込みタイミング

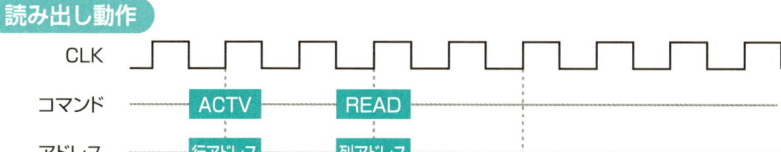

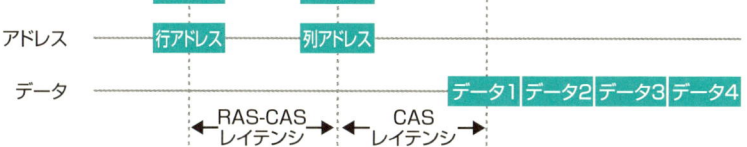

読み出し動作

CLK	コマンド	アドレス	データ
	ACTV → READ	行アドレス → 列アドレス	データ1 データ2 データ3 データ4

RAS-CASレイテンシ　CASレイテンシ

書き込み動作

CLK	コマンド	アドレス	データ
	ACTV → WRIE	行アドレス → 列アドレス	データ1 データ2 データ3 データ4

＊バースト転送機能　171ページ参照。

6-5 高機能化したDRAM…SDRAM、DDR-SDRAM、Direct RDRAM

　各入出力信号はすべてCLKに同期しています。行アドレスを指定してから列アドレスを指定するまでに必要とされる時間を**RAS-CASレイテンシ**、列アドレスを指定してからデータが確定するまでの時間を**CASレイテンシ（CL）**と呼びます。

　このRAS-CASレイテンシとCASレイテンシはメモリ内部の処理速度を意味するもので、徐々に高速化されています。通常はクロック数で表現するので、同一プロセスでも値が異なり、例えば100MHz動作のものはCL＝2、133MHz動作のものはCL＝3が一般的です。前の図では、RAS-CASレイテンシ、CASレイテンシともに2です。

マイクロン社製8M×8bit構成のSDRAM：MT48LC8M8A2のブロック図

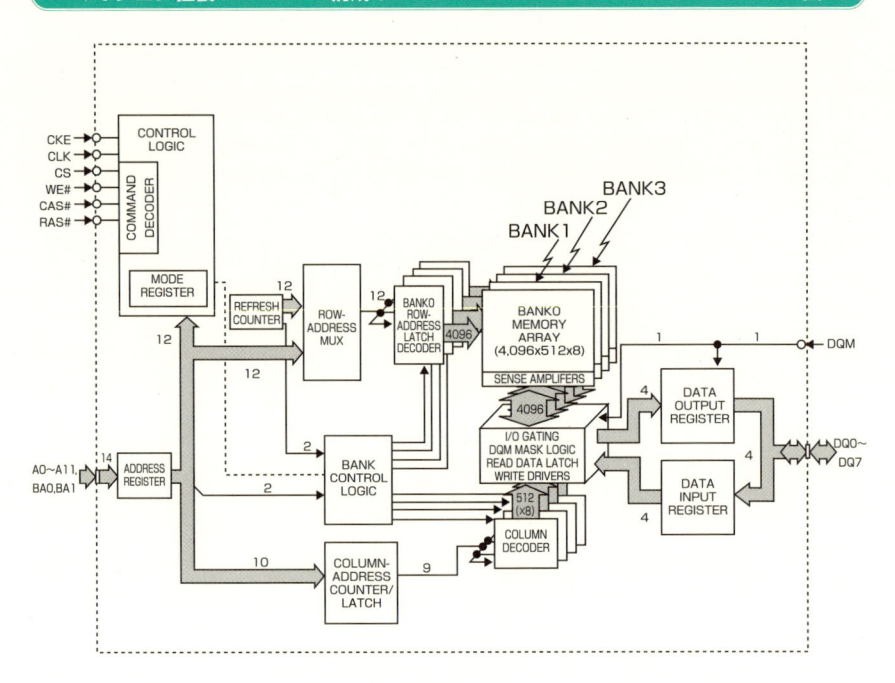

6-5 高機能化したDRAM…SDRAM、DDR-SDRAM、Direct RDRAM

▶▶ DDR-SDRAM

　SDRAMは内部動作クロックにインタフェースの動作クロックを合わせたものですが、データのやりとりを行うインタフェース部分はラッチとバッファで構成されるだけなので高速動作が可能です。

　DDR-SDRAM（Double Data Rate SDRAM）はこの考えをもとに、内部速度はそのままでインタフェースの動作クロックを向上させたもので、第1世代のDDR Ⅰ と第2世代のDDR Ⅱ があります。

● DDR Ⅰ

　DDR-SDRAMの大きな特徴として挙げられるのは、バースト転送を前提に、メモリセルとのデータのやりとりをパラレルに行う仕組みになっていることです。DDR Ⅰ では2つのパラレルラインによりやりとりが行われます。

　次の図はDDR Ⅰ のリード動作を示すブロック図です（ライト時は逆）。

DDR Ⅰ の2ワードプリフェッチ構成

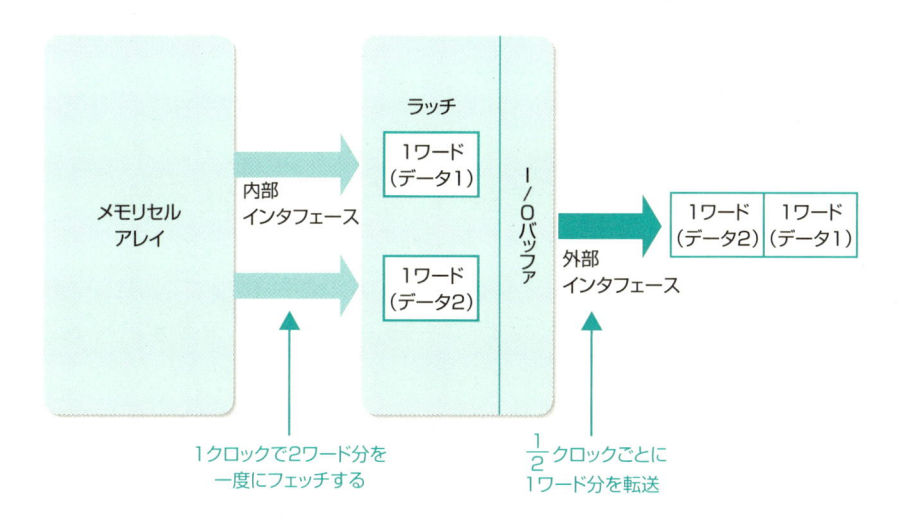

メモリセル
アレイ

内部
インタフェース

ラッチ
1ワード
（データ1）
1ワード
（データ2）

I/Oバッファ

外部
インタフェース

1ワード
（データ2）
1ワード
（データ1）

1クロックで2ワード分を
一度にフェッチする

$\frac{1}{2}$ クロックごとに
1ワード分を転送

　SDRAMの内部インタフェースは1本ですが、DDR Ⅰ ではこれを2本とし、1ク

6-5 高機能化したDRAM…SDRAM、DDR-SDRAM、Direct RDRAM

ロックサイクルでデータ1、2の2ワード分をラッチに取り込みます。取り込まれた2つのデータは1本のインタフェースで転送されるため、内部インタフェースの倍の速度で出力される必要があります。

通常であればこのような場合、外部インタフェースのクロックを基準クロックとして、内部インタフェースにはそれを2分周したクロックを用いた方が良いように思えますが、DDR Iでは1つのクロックの立ち上がりと立ち下がりに同期した1/2クロック周期（**ディファレンシャル・クロック**）でのデータ転送を採用しています。これによりクロックを上げることによる消費電力アップ、分周回路による遅延、メモリセルのドライブ性能の低下といった問題を解決しています。

ちなみにSDRAMの電源電圧は3.3Vなのに対し、DDR Iでは2.5Vを実現しています。なお、2ワードプリフェッチ構成なので、バースト長は2/4/8の3つです。

インタフェースはSDRAMとほぼ同等ですが、次のものが追加されています。

・/CLK

CLK（クロック信号）の反転信号。DDR Iでは外部インタフェースに必要なディファレンシャル・クロックを実現するため、CLKと/CLKの2つのクロック入力を備え、双方の信号の交点を基準にタイミングを生成します。

・DQS（データ・ストローブ信号）

DDR Iではメモリコントローラとの間で高速なデータ転送を実現するため、DQSという信号を採用しています。データを送る側はデータとともにDQSを出力し、受け取る側はその信号を受けてデータを取り込むタイミングを調整します。ノーマル時はハイインピーダンスで、データ転送が行われている間は1ワードごとにH/Lのトグル動作を繰り返します。

次の図はバースト長4のときのDDR Iのリード／ライトにおけるタイミングチャートです。ここでのCL（CASレイテンシ）は2.5で、DDR Iの場合のCLは2または2.5です。ライト時の各ワードデータはDQSのトグルエッジタイミングより前に転送されていますが、これは、DDR IではクロックではなくDQSのエッジでデ

6-5 高機能化したDRAM…SDRAM、DDR-SDRAM、Direct RDRAM

ータをラッチしてメモリに書き込むためです。

DDR Ⅰ の読み出し／書き込みタイミング

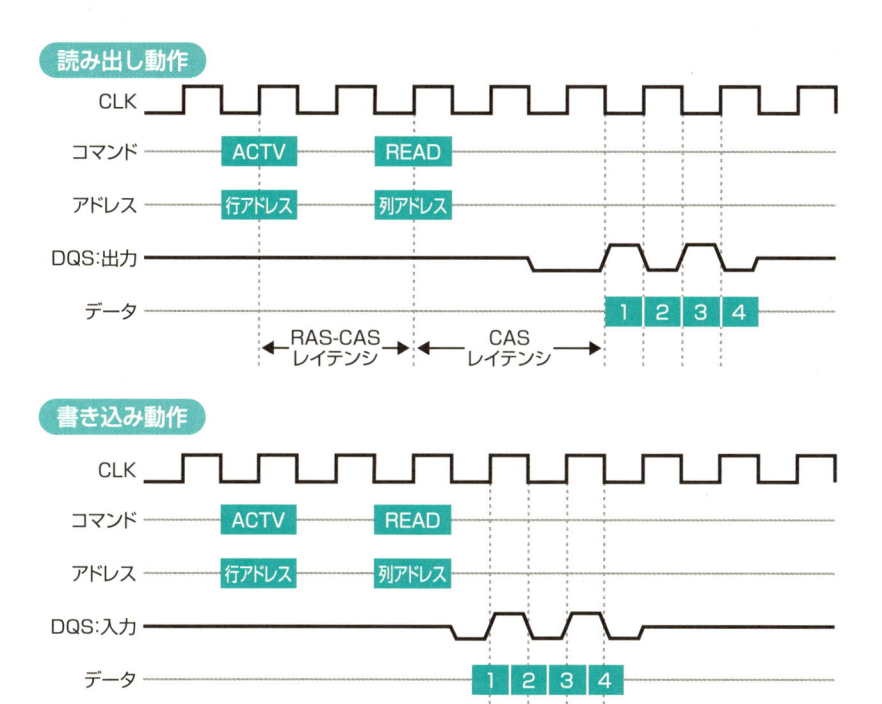

読み出し動作

- CLK
- コマンド：ACTV、READ
- アドレス：行アドレス、列アドレス
- DQS：出力
- データ：1 2 3 4
- RAS-CASレイテンシ、CASレイテンシ

書き込み動作

- CLK
- コマンド：ACTV、READ
- アドレス：行アドレス、列アドレス
- DQS：入力
- データ：1 2 3 4

　DDR ⅠではDQSと入出力ライン（DQ）が高速動作を実現するために非常に重要であり、そのため内部にDLL（Delay Locked Loop）回路が採用されています。**DLL回路**とは配線負荷などにより発生する外部インタフェースの遅延時間を制御し、内部クロックとの同期を調整する回路です。

6-5 高機能化したDRAM…SDRAM、DDR-SDRAM、Direct RDRAM

●DDR Ⅱ

　DDR Ⅱの大きな特徴はプリフェッチで、DDR Ⅰで2ライン用意された内部インタフェースが倍の4本に拡張された4ワードプリフェッチ構造となっています。そのためDDR Ⅱの外部インタフェースは、内部インタフェースの4倍の速度でデータ転送を行う必要があります。しかしDDR Ⅰのディファレンシャル・クロックだけでは2倍の速度しか実現できないため、DDR Ⅱでは2倍の周波数のクロックを採用し、内部に分周回路を設けています。つまり、DDR Ⅰの2倍の周波数をクロック入力として外部インタフェースに用い、内部インタフェースにはこれを2分周したクロックを用いるという方法です。

DDR Ⅱの4ワードプリフェッチ構成

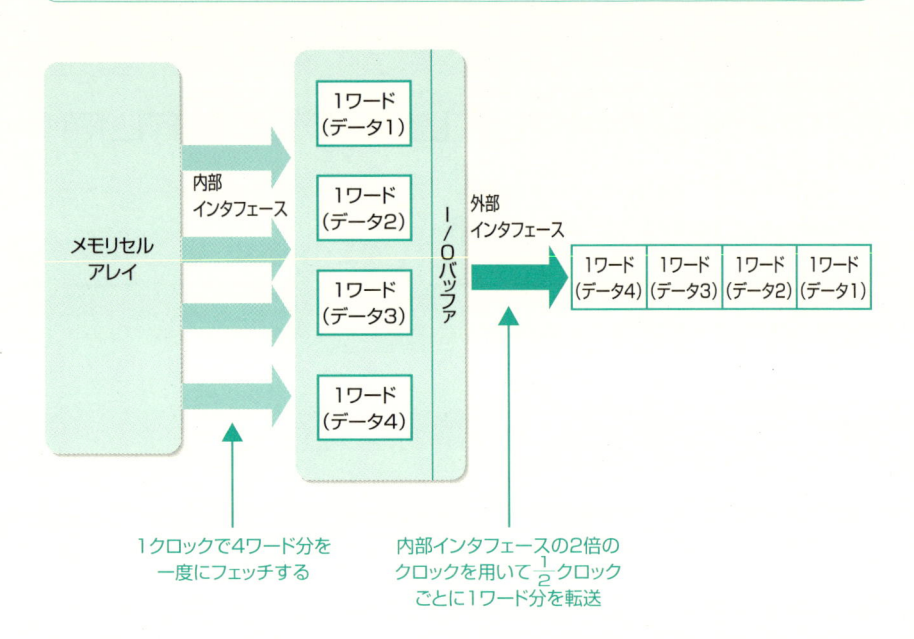

1クロックで4ワード分を一度にフェッチする

内部インタフェースの2倍のクロックを用いて$\frac{1}{2}$クロックごとに1ワード分を転送

6-5 高機能化したDRAM…SDRAM、DDR-SDRAM、Direct RDRAM

DDR Ⅱの読み出し／書き込みタイミング

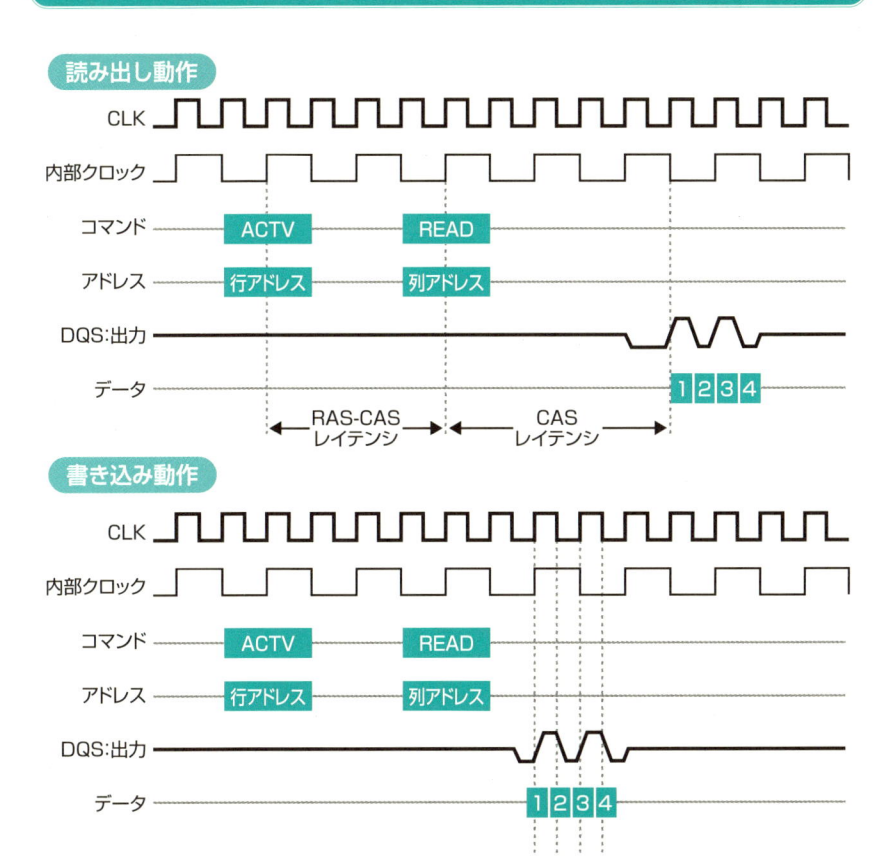

読み出し動作

CLK
内部クロック
コマンド ── ACTV ── READ
アドレス ── 行アドレス ── 列アドレス
DQS:出力
データ ── 1 2 3 4

←─ RAS-CAS レイテンシ ─→←─ CAS レイテンシ ─→

書き込み動作

CLK
内部クロック
コマンド ── ACTV ── READ
アドレス ── 行アドレス ── 列アドレス
DQS:出力
データ ── 1 2 3 4

6-5 高機能化したDRAM…SDRAM、DDR-SDRAM、Direct RDRAM

▶▶ Direct RDRAM

　Direct RDRAMは、Direct Rambusと呼ばれるパケット方式の外部インタフェースを採用したDRAMです。SDRAMでは基本的にRAS、CAS、データラインの3つの信号を制御することでアドレッシングが行われますが、Direct RDRAMではこの3つをロウパケット、カラムパケット、データパケットとしてコマンドおよびデータのやりとりを実現しています。このパケット化は、少ないポートでデータ幅を拡張できるというメリットがあります。

　SDRAMでは次の図のようにデータ幅が固定されているため、1つのメモリモジュールであるDIMM上のチップごとにデータラインが存在し、これを合わせて64ビットまたは128ビットのデータバスを構成しています。またコントローラ側から見ると、制御ラインもDIMMごとに用意する必要があります。

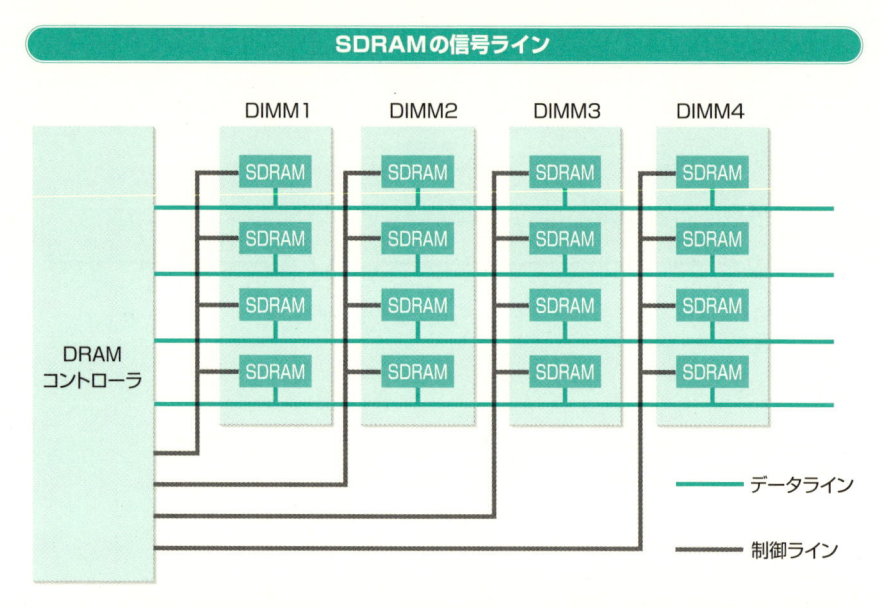

SDRAMの信号ライン

　一方Direct RDRAMではパケット方式のラインを採用しているため、1本のデータラインと制御ラインに複数のDirect RDRAMを接続するだけでモジュール*を構成できます。これはモジュールの配線をシンプルにするだけでなく、ラインノイズの影響も受けにくいため安定した高速データ転送を可能とします。

*モジュール　Direct RDRAMを用いたメモリメジュールを**RIMM**と呼ぶ。

6-5 高機能化したDRAM…SDRAM、DDR-SDRAM、Direct RDRAM

Direct RDRAMの信号ライン

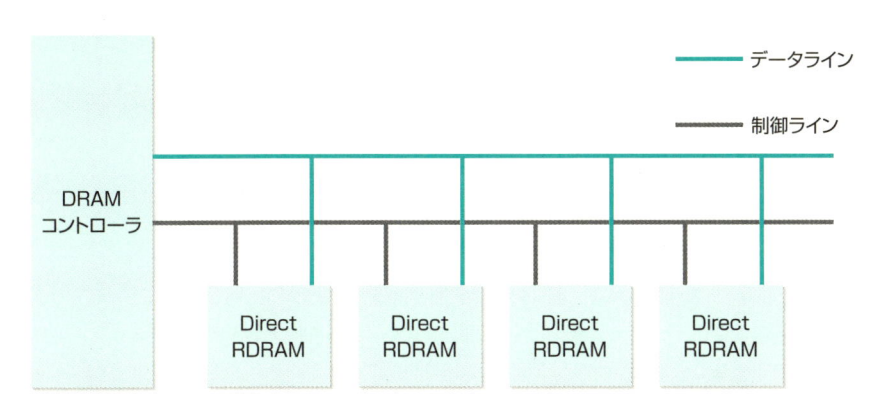

　次に標準的な32バンク構成のDirect RDRAMのブロック図を示します。外部インタフェースは、コントロールブロックとアクセスブロックに分けられます。**コントロールブロック**とはコントロールレジスタとやりとりを行うもので、次の信号で構成されています。

・**SCK**：コントロールレジスタとやりとりを行なうための制御クロック
・**CMD**：コマンド・パケットライン
・**SIO0，SIO1**：データ・パケットライン

　コントロールブロックではDRAMのイニシャライズのほか、ロウ／カラムのタイミング、リフレッシュサイクル、アドレスビットなどの設定を行います。
　アクセスブロックは前述したロウパケット、カラムパケット、データパケットの3つで、次の信号で構成されます。

・**ROW0～ROW2**：ロウ・アクセスコントロール
・**COL0～COL4**：カラム・アクセスコントロール
・**CTM**：データ送信用クロック
・**CFM**：データ受信用クロック
・**DQA0～DQA8、DQB0～DQB8**：データライン（DQA8とDQB8はパリ

6-5 高機能化したDRAM…SDRAM、DDR-SDRAM、Direct RDRAM

ティチェックビットとして使用）

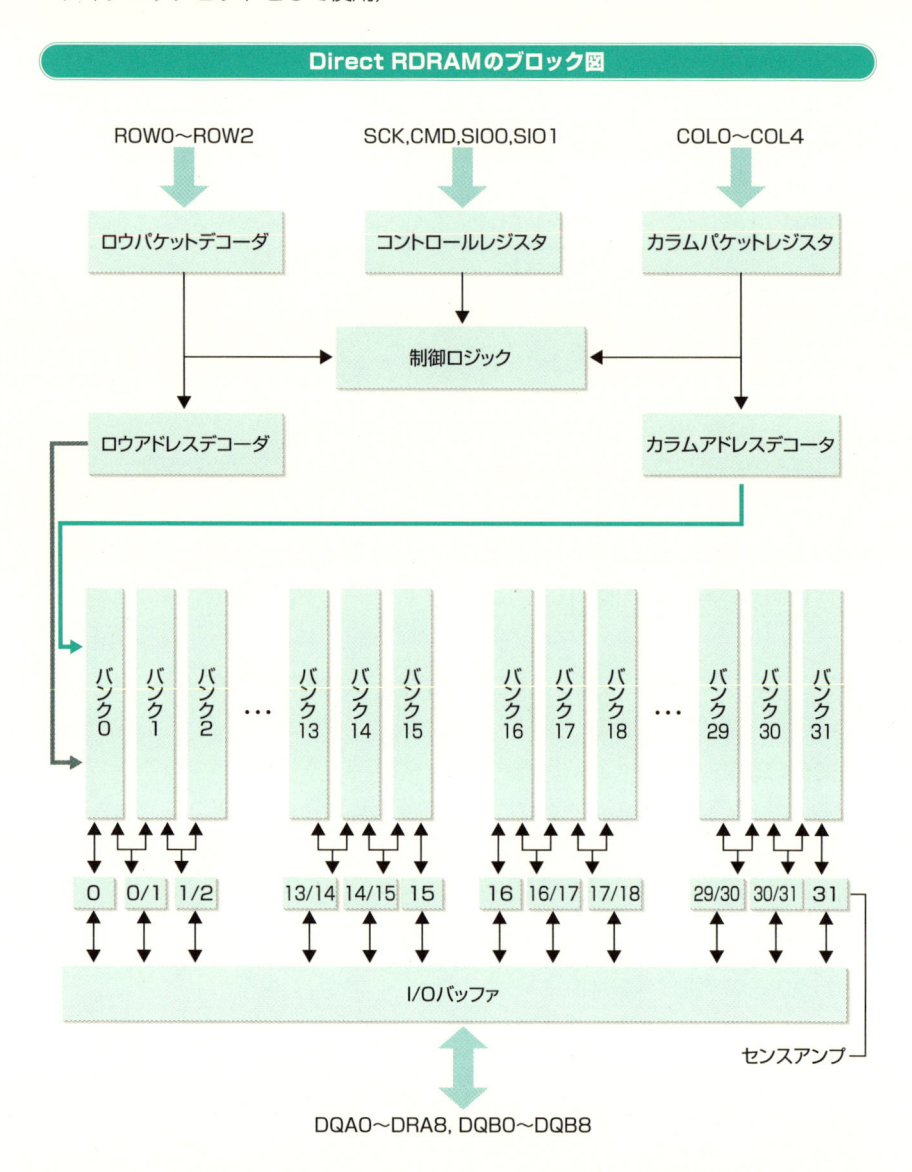

Direct RDRAMのブロック図

ROW0～ROW2 → ロウパケットデコーダ
SCK,CMD,SIO0,SIO1 → コントロールレジスタ
COL0～COL4 → カラムパケットレジスタ

→ 制御ロジック ←

ロウアドレスデコーダ　　　カラムアドレスデコーダ

バンク0, バンク1, バンク2, … バンク13, バンク14, バンク15, バンク16, バンク17, バンク18, … バンク29, バンク30, バンク31

0, 0/1, 1/2, 13/14, 14/15, 15, 16, 16/17, 17/18, 29/30, 30/31, 31

I/Oバッファ

DQA0～DRA8, DQB0～DQB8

センスアンプ

　各パケット転送はCTMまたはCFMの立ち上がりと立ち下がりに同期した**ディファレンシャル・クロック方式**で、4クロック（8パケットサイクル）で1つのコマン

6-5 高機能化したDRAM…SDRAM、DDR-SDRAM、Direct RDRAM

ドを転送します。

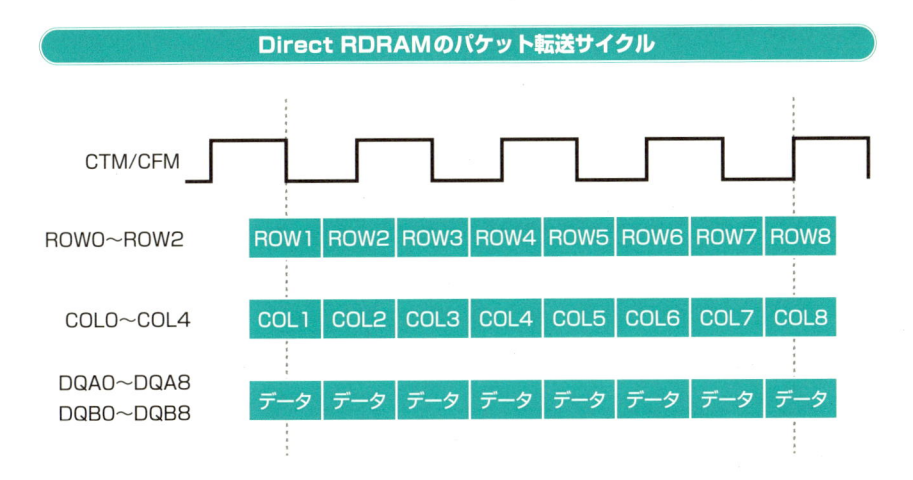

Direct RDRAMのパケット転送サイクル

CTM/CFM	(クロック波形)
ROW0～ROW2	ROW1 ROW2 ROW3 ROW4 ROW5 ROW6 ROW7 ROW8
COL0～COL4	COL1 COL2 COL3 COL4 COL5 COL6 COL7 COL8
DQA0～DQA8 DQB0～DQB8	データ データ データ データ データ データ データ データ

　Direct RDRAMのもう一つの特徴として、32バンクのメモリセルアレイが挙げられます。各バンクは完全に独立ではなく、2つのバンクが2つのセンスアンプを共有して切り替える構造となっています。したがって、例えばバンク0にアクセスしているときは、バンク1にはアクセスできません。しかし、バンクとセンスアンプを増やして1つのセンスアンプがドライブするメモリセルを減らすという構造は、内部処理速度を向上できるというメリットもあります。

6-6
進化型不揮発性メモリ

最近ではROMとRAMといった境界線を越え、SRAM、DRAM、フラッシュメモリのそれぞれの利点を合わせ持つユニバーサルメモリが注目されています。

▶▶ ユニバーサルメモリに要求される要素

ユニバーサルメモリに要求されるものとしては、次のものが挙げられます。

- SRAM並みの高速アクセス（書き込み／読み出し）
- DRAM並みの高集積化（大容量化）
- フラッシュメモリと同様の不揮発性
- 小型の電池駆動に耐えうる低消費電力

　このユニバーサルメモリは、携帯電話や各種電子機器の小型高機能化が図れるだけでなく、パソコンもOSを一度メモリにロードしさえすれば、以降電源ONとともに即アプリケーションを実行できる環境が提供されるようになります。ユニバーサルメモリと呼ばれる次世代の不揮発性メモリの代表的なものとしては、MRAM、FeRAM、OUMが挙げられます。

▶▶ MRAM（Magnetic Random Access Memory）

　MRAMはフロッピディスクやハードディスクと同様に磁気によってデータを記憶するメモリで、スピン依存電気伝導により生じる**強磁性トンネル磁気抵抗効果**（**TMR**：Tunnel Magneto Resistance）**素子**を用いたものです。
　TMR素子は図のように2つの強磁性層が非磁性層を挟んだ3層構造です。強磁性層には遷移金属磁性元素（Fe、Co、Ni）およびそれらの合金（CoFe、NiFeなど）が用いられます。
　図の（a）はこの上下2つの強磁性層のそばに2つの電線を配し、上部の電線には奥から手前に、下部の電線には手前から奥に電流を流した状態を示したもので、この場合は両方の強磁性層とも右向きの磁界が発生します。一方（b）は2つの電線が

ともに手前から奥に電流を流した状態を示したもので、この場合は上部の強磁性層には左向きの、下部の強磁性層には右向きの磁界が発生します。

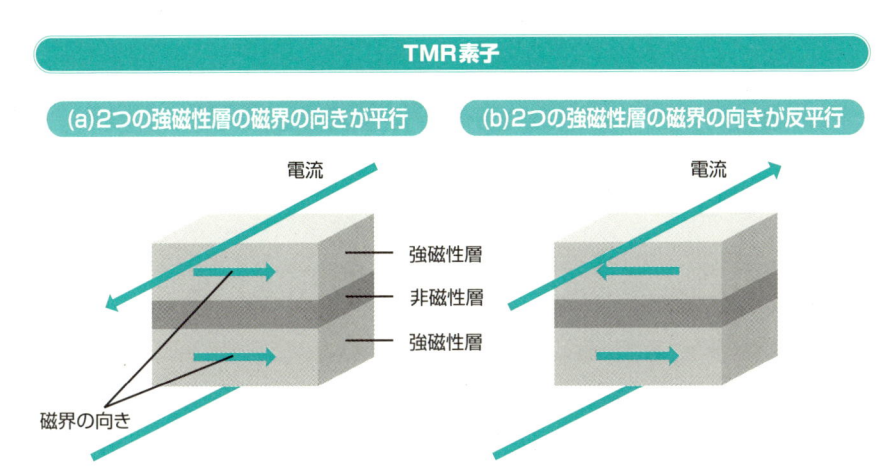

TMR素子

(a)2つの強磁性層の磁界の向きが平行
(b)2つの強磁性層の磁界の向きが反平行

　TMR素子はこの磁性体層の磁界の向きによって電気抵抗が変化するのが特徴で、1つの抵抗として考えることができます。(a)のように2つの強磁性層の磁界が同じ向きの場合は抵抗値が小さく、(b)のように強磁性層の磁界が反対方向の場合は抵抗値が大きくなります。

　MRAMはこの抵抗値の変化を記憶素子として利用したもので、例えば抵抗値が大きい場合は"1"、小さい場合は"0"といったように論理定義します。したがって次の図に示すように、MRAMのセルは書き込み時にアドレスを指定する**ワードライン(WL)**、データを指定する**ビットライン(BL)**、読み出し時にTMR素子を指定する**TMR選択信号**でコントロールされます。

　WLとBLは、TMR素子の図の上下2本の電線に該当します。磁界の向きを変化させる場合は、WLの電流方向は一定にし、BLの電流方向を正逆反転させます。したがって下部の強磁性層は常に磁界の向きが一定なので**固定層**、上部の強磁性層は磁界の向きが変化するので**自由層**と呼ばれます。

　書き込みの場合はWLに一定方向の電流を流し、BLは片側を例えば1/2Vccといった電圧レベルに接続し、もう片方にVcc―GNDレベルのパルス電圧を与えてやります。パルス電圧のレベルがVccの場合は図の(a)の右方向に電流が流れ、GNDレベルの場合は左方向に電流が流れ、これにより自由層の磁界の向きを変化させます。

6-6 進化型不揮発性メモリ

MRAMのセル

(a) 書き込み時

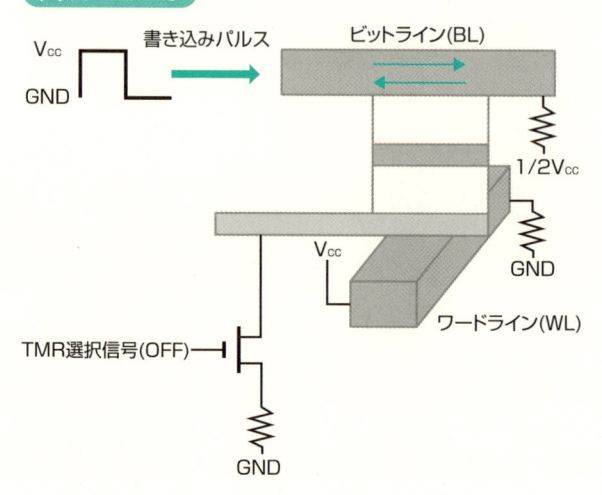

- V_{CC}
- GND
- 書き込みパルス
- ビットライン(BL)
- $1/2V_{CC}$
- GND
- V_{CC}
- ワードライン(WL)
- TMR選択信号(OFF)
- GND

(b) 読み出し時

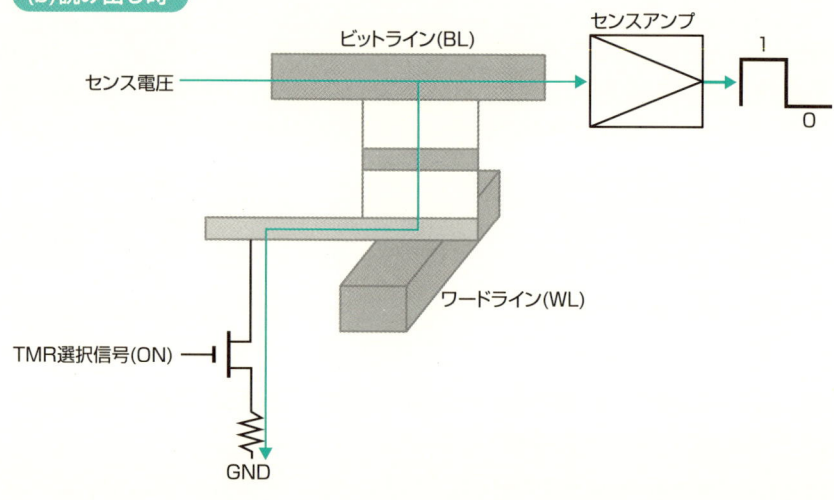

- ビットライン(BL)
- センスアンプ
- センス電圧
- 1
- 0
- ワードライン(WL)
- TMR選択信号(ON)
- GND

6-6 進化型不揮発性メモリ

　読み出しの場合はWLをオープンにします。BLの片側（出力側）をセンスアンプに接続し、もう一方（入力側）にセンス電圧を流してやり、TMR選択信号をONにしてFETをアクティブにすることで、センス電圧信号の一部がTMR素子経由でGNDに流れます。したがって、自由層と固定層の磁界の向きが同じで抵抗値が小さい場合はセンスアンプに入力される電圧は高く、自由層と固定層の磁界の向きが反対で抵抗値が大きい場合は入力される電圧は小さくなります。センスアンプはこの電圧の差を、しきい値を基準に"1"または"0"に分けて出力します。

▶▶ FeRAM（Ferroelectric Random Access Memory）

　FeRAMはDRAMの延長線上に存在するメモリアーキテクチャで、DRAMセルにおいて電荷を保持している誘電体キャパシタを強誘電体とすることで不揮発性を強化しています。

　強誘電体材料としてはPZT（ジルコン酸チタン酸鉛）などのペロブスカイト化合物や、SBZ（チタン酸バリウム・ストロンチウム）などの層状ペロブスカイト化合物が用いられています。

　キャパシタに分極情報を記憶させるため、読み出し時には**プレートライン（PL）**から電圧を印加して分極を反転させて電荷を取り出す必要があります。

　FeRAMのセルとしては現状、3タイプのものがあります。**2T2C**（2トランジスタ2キャパシタ）**セル**は、一方のキャパシタに例えば"1"というデータを記憶させた場合、もう一方のキャパシタには逆の"0"を記憶させ、読み出す場合にはBLと/BLの2つの電圧差をセンスアンプで判断し、電圧差がプラスであれば"1"、マイナスであれば"0"といったように出力します。

　1T1Cセルは、集積度を上げるために各1つずつのトランジスタとキャパシタで構成するものです。読み出し時にはBLに"1"と"0"の中間レベルに当たるリファレンス電圧を与え、そのリファレンス電圧をしきい値として"1"と"0"を判断します。

　1Trセルは1T1Cセルのキャパシタを取り除き、さらに集積度を向上させるもので、これまでのMOSFETのゲート絶縁体膜を強誘電体膜に置き換えることで、MOSFET自体にキャパシタの役割を持たせています。

　1T1Cセルを参考にすると、書き込みは、該当するセルのWLをアクティブにしてFETをON状態にし、BLとPLの間に電圧を印加することで実行されます。BL

6-6 進化型不揮発性メモリ

をVcc、PLをGND（0V）とすると、キャパシタの上部が＋（プラス）、下部が－（マイナス）の分極となって"1"が書き込まれたことになります。BLをGND、PLをVccとすると、キャパシタの上部が－（マイナス）、下部が＋（プラス）となって"0"が書き込まれたことになります。

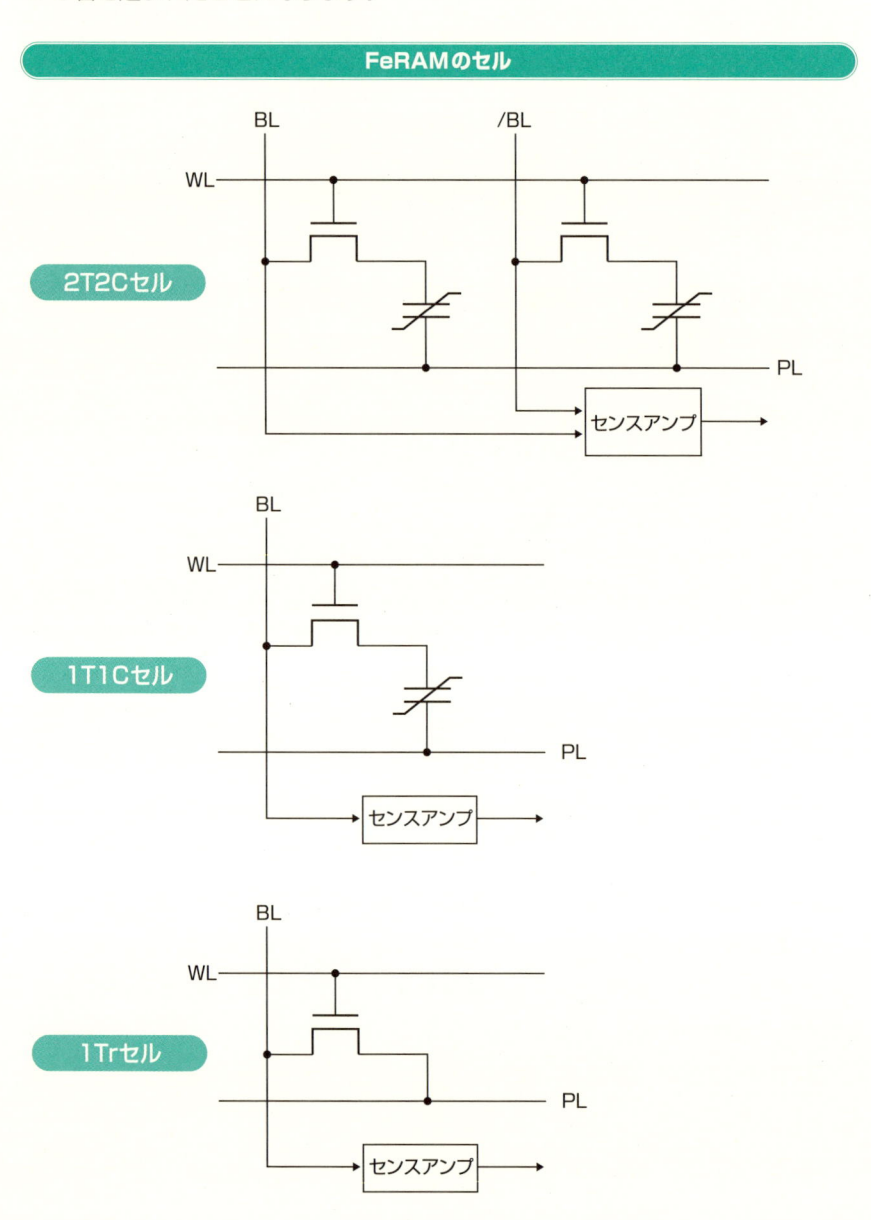

FeRAMのセル

2T2Cセル

1T1Cセル

1Trセル

6-6 進化型不揮発性メモリ

　読み出しはBLをオープン状態（ハイインピーダンス）にし、WLをアクティブ、PLにVccを印加します。セルが"1"を保持している場合は、分極が反転し（キャパシタ上部が−、下部が＋）大きな電荷がBLに流れ、BLの電圧は大きく上昇します。セルが"0"を保持している場合は、分極は反転せず、浮遊容量による微小な電荷のみがBLに流れるためBLの電圧は微小に上昇するだけです。センスアンプで、この電圧を前者をVcc、後者をGNDレベルに増幅します。

富士通の1Mbit-FeRAM：MB85R1001のブロック図（写真はMB85R1002）

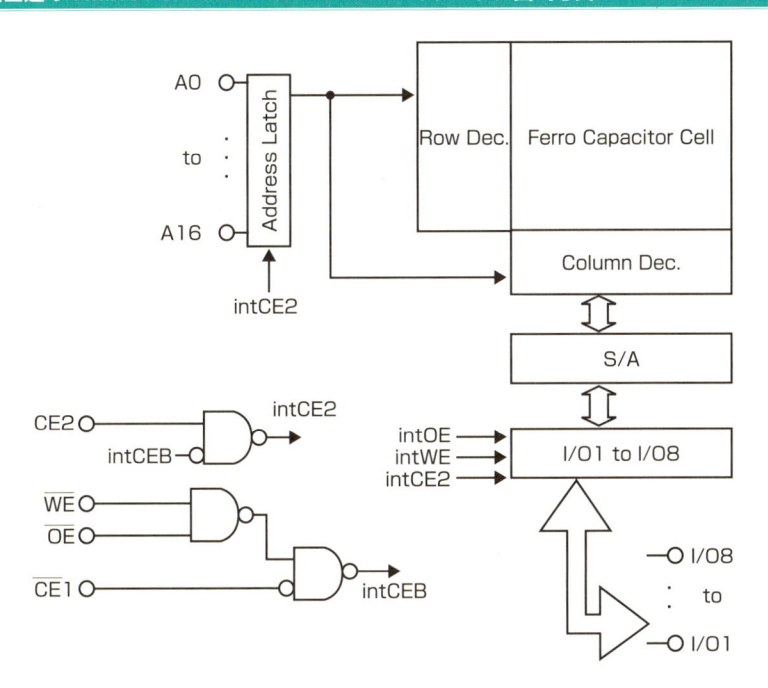

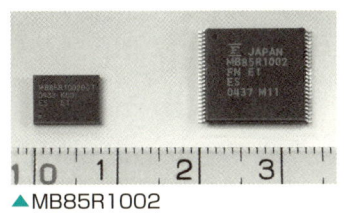

▲MB85R1002
（写真提供：富士通株式会社）

このようにFeRAMは、"1"が保持されているときにキャパシタの電荷を取り出して読み出すというデータ破壊読み出し型のメモリです。そのため、読み出した"1"というデータをさらに保持するためには、DRAMのリフレッシュ動作と同様に、セルに対して再度"1"を書き込んでやる必要があります。"1"を読み出したとき、BLはセンスアンプによりVccレベルとなるので、ここでPLをGNDにしてやればキャパシタに対して再書き込みが行われます。

▶▶ OUM（Ovonic Unified Memory）

OUMは米Ovonyx社が開発したメモリ技術で、CD-ROMやDVD-RAMと同様に**カルコゲニド合金**という特殊な薄膜素材を使用しています。カルコゲニド合金はアモルファス（非結晶）状態では抵抗値が高くなり、結晶状態では抵抗値が低くなるという特性を持ち、この2つの状態を制御して切り替えることで、"1"と"0"の論理を記憶保持します。

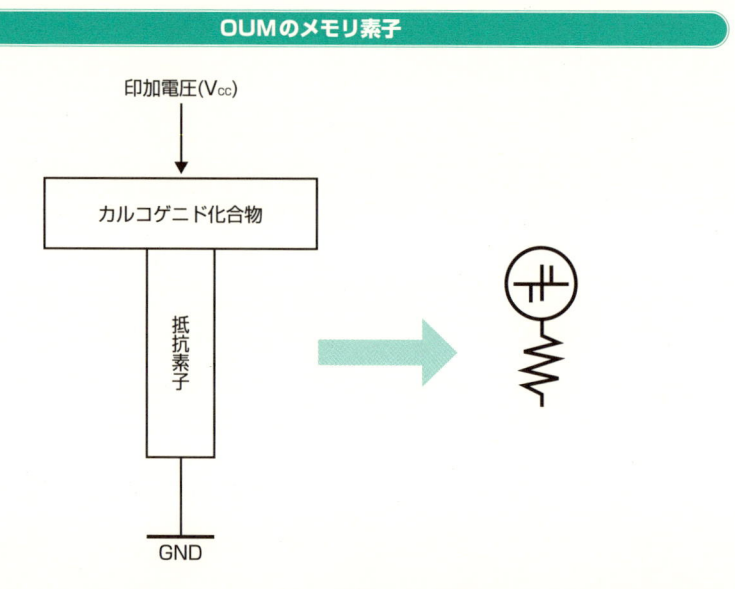

OUMのメモリ素子

印加電圧(V_cc) → カルコゲニド化合物 → 抵抗素子 → GND

MRAMが加える電流の向きによって生じる磁界方向の組み合わせで抵抗値が変わるのに対し、OUMでは熱によりアモルファス状態と結晶状態を切り替え抵抗値を変化させます。上の図はOUMのメモリ素子の構造を示したもので（右側は簡略記号）、

メモリ素子はカルコゲニド化合物と抵抗素子で構成されます。アモルファス状態と結晶状態の切り替えは印加電圧を加えることで行われます。

アモルファス状態から結晶状態に変化させるためには、一定時間この印加電圧を加えます。これによりカルコゲニド化合物と抵抗素子の間に電流パスが形成され、さらに電流を流し続けると抵抗素子にジュール熱が発生し、これにより原子の組み換えが起こって結晶状態に変化します。

一方、結晶状態からアモルファス状態への変化は、高温からの急冷により行われます。そのためには短い時間印加電圧を与え、ジュール熱が発生した時点ですぐに印加電圧をGNDレベルに下げてやります。つまりアモルファス状態と結晶状態の相互切り替えは、印加するパルス電圧のディーティ（時間幅）で制御することができるわけです。この特徴によりOUMは、WLとBLの2つのラインだけで書き込みと読み出しが行え、実装密度を向上させることができます。

次の図のようにOUMのメモリセルは、前述のメモリ素子とダイオードにより構成されます。

OUMのセル

6-6 進化型不揮発性メモリ

　書き込みは、WLをアクティブにしてダイオードスイッチをON状態にし、BLに変化させたい状態に対応した印加電圧を与えます。読み出しは、WLをアクティブにして、BLに状態変位が起きない程度の電圧を印加します。MRAMと同様に素子の抵抗値が大きければ、GNDに流れ出す電流が少ないためBLの電圧はわずかしか低下せず、逆に抵抗値が小さくなればBLの電圧は大きく低下します。これをセンスアンプで"1""0"に置き換えることで論理を形成できます。

第7章

表示装置

　ユーザインタフェースは、組み込みシステムが利用者に対して提供する「顔」だと言えます。そして、ユーザインタフェースの基本となるのは表示装置です。ここまで説明してきたCPUを中心としたコンピュータシステムに、表示装置を付加することにより、具体的な商品イメージができあがります。

7-1
LCDモジュール

表示装置の中で最も標準的に用いられるのが、LCD（Liquid Crystal Display：液晶ディスプレイ）です。電卓、携帯電話、FAX、家電機器など、LCDはあらゆるところで用いられています。

▶▶ LCDの仕組み

LCDの大きな特徴は、低電圧制御が可能で消費電力が小さいこと、そして薄型・軽量であることです。そのためロジック回路から直接制御でき、携帯電話などバッテリ駆動型の製品にも容易に実装することができます。

LCDの液晶パネルは、液晶とそれをはさむ電極で構成されており、この電極間に電圧を与えることで透過率が変化します。バックライトはこの液晶パネルを通って表示面に出力されますが、このとき電極に与える電圧が大きいほど透過率は下がり、表示面に届く光が弱くなります。

液晶パネルの構造

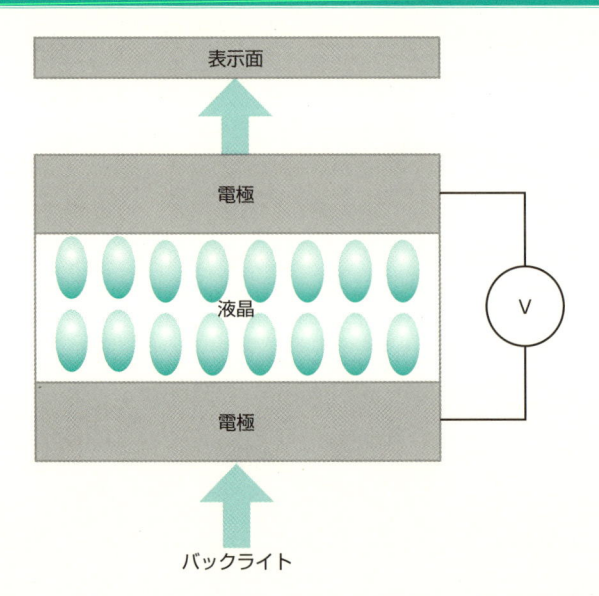

7-1 LCDモジュール

　LCDはこの仕組みを利用したもので、画面上の1画素をRGB＊の3色の帯で表します。具体的には次の図に示すように、まずRGB3色のカラーフィルタを用意し、これにバックライトを照射することでRGB3色の光を作り出します。

　RGBそれぞれに電極と液晶のセットが用意されており、各電極にはRGBの値に比例した電圧が印加され、これによってRGB各成分の透過率を制御しています。この液晶と電極のセットそれぞれに該当する色の光を当てることで、濃淡処理された3色の光が表示面に照射され、画面が表示されます。

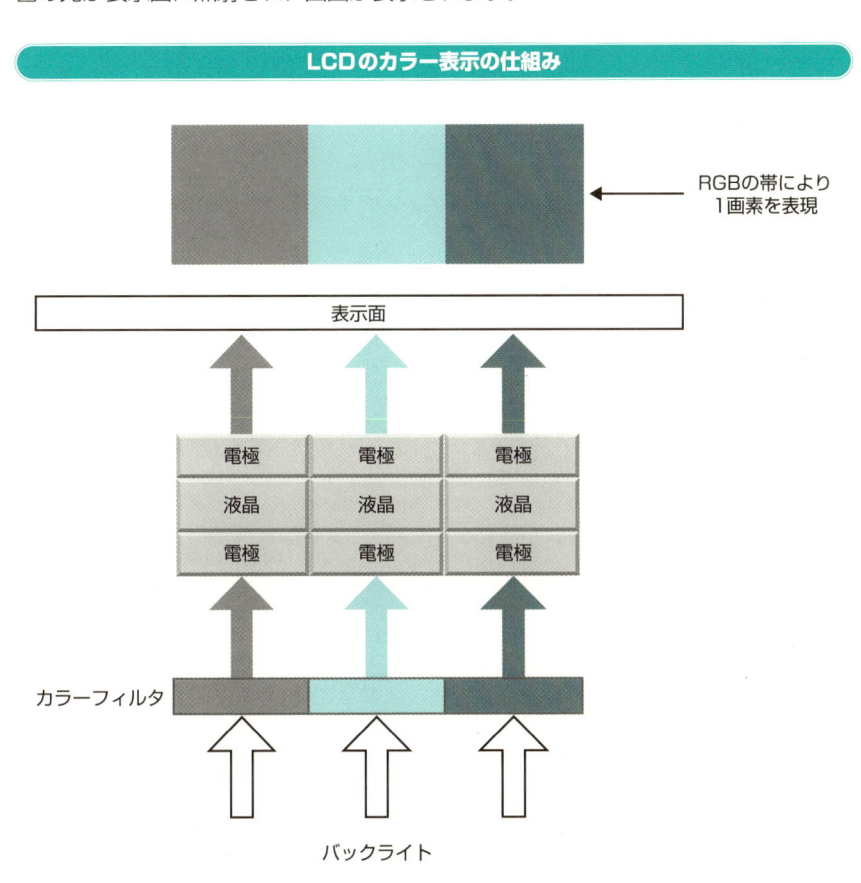

LCDのカラー表示の仕組み

RGBの帯により1画素を表現

表示面

電極
液晶
電極

カラーフィルタ

バックライト

＊**RGB**　赤（Red）、緑（Green）、青（Blue）。

7-1 LCDモジュール

▶▶ LCDモジュールの種類

　LCDに表示を行うためには、前述したように画素ごとに電極を制御する必要があります。しかし膨大な画素ごとの制御を、LCDコントローラを持たないCPUに負担させるのは基本的に困難なので、この制御を行う回路（コントローラ／ドライバ）とLCDを一体化した**LCDモジュール**が提供されています。

　またLCDは、電卓のようにそのままで表示を行うこともできますが、輝度を上げて画像を鮮明に表示させるにはバックライトが不可欠です。したがって多くのLCDモジュールにはバックライトも付属しています。

　LCDモジュールには1画素単位の表現が可能な**グラフィックタイプ**と、1文字を基準に行と列単位で表現する**キャラクタタイプ**があります。グラフィックタイプは、カラー表示とモノクロ表示がありますが、キャラクタタイプは文字表示だけなので基本的にモノクロ表示です。

さまざまなLCDモジュール

▲NECの4.3インチTFTカラーLCDモジュール：
NL4827HC19-01B
（写真提供：NEC液晶テクノロジー株式会社）

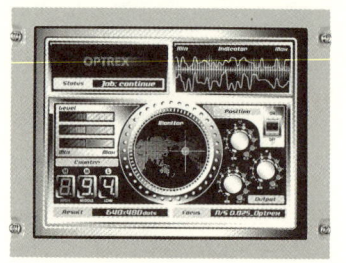

▲6.5インチTFTカラーLCDモジュール：
T-51750GD065J
（写真提供：オプトレックス株式会社）

▲20行×4文字キャラクタLCDモジュール：
C-51847NFQJ-LW-AAN
（写真提供：オプトレックス株式会社）

7-1 LCDモジュール

▶▶ グラフィックタイプのLCDモジュールの構成

次図に示すように、LCDモジュールは**LCDコントローラ**と**LCDパネル**の2つが基本構成となります。

LCDモジュールの基本構成

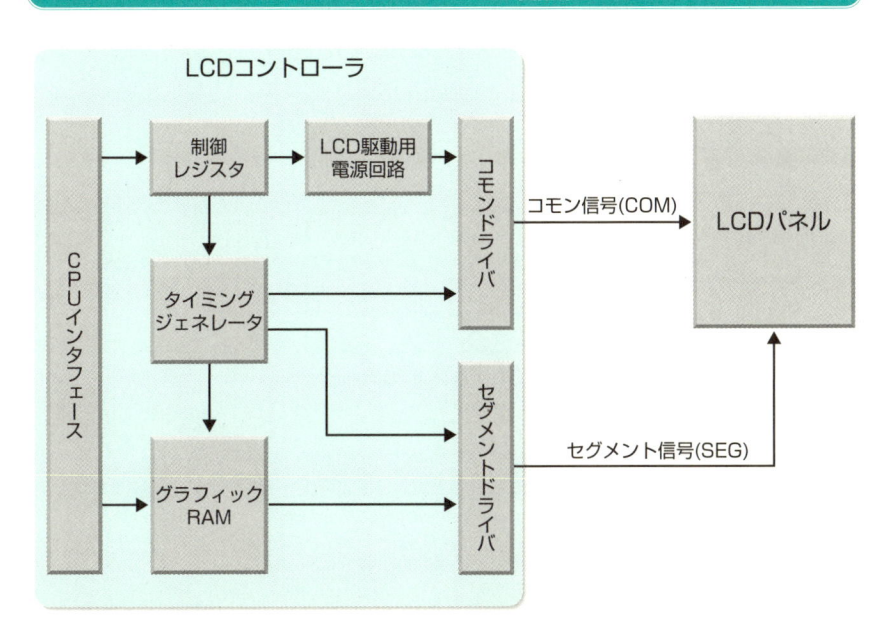

```
LCDコントローラ
  ┌─ 制御レジスタ ─ LCD駆動用電源回路 ─┐
CPU                                    コモンドライバ ── コモン信号(COM) ── LCDパネル
インタ ── タイミングジェネレータ ──────┤
フェース                               セグメントドライバ ── セグメント信号(SEG) ──┘
  └─ グラフィックRAM ─────────────────┘
```

LCDコントローラについては4-7節で説明したので、ここでは参考までにNJU6676（新日本無線）のブロック図のみ紹介します。

LCDパネルはLCDコントローラのコモンドライバとセグメントドライバによって制御されます。**コモンドライバ**は液晶駆動用の**コモン信号**を発生するもので、**セグメントドライバ**は液晶駆動用のON/OFF信号を発生するものです。セグメントドライバはグラフィックRAMに記憶されたデータにもとづいて電圧を制御します。簡単に言うと、コモンドライバで対象となる画素行（縦方向）を指定し、セグメントドライバによってその行の対象となる画素に電圧を与えます。したがって320×200画素のモノクロ表示であれば、コモン信号は200本、セグメント信号は320本となり、カラー表示であればRGBそれぞれにセグメント信号が必要になるので960本となります。

7-1 LCDモジュール

64コモン×132セグメントのLCDコントローラ：NJU6676（新日本無線）のブロック図

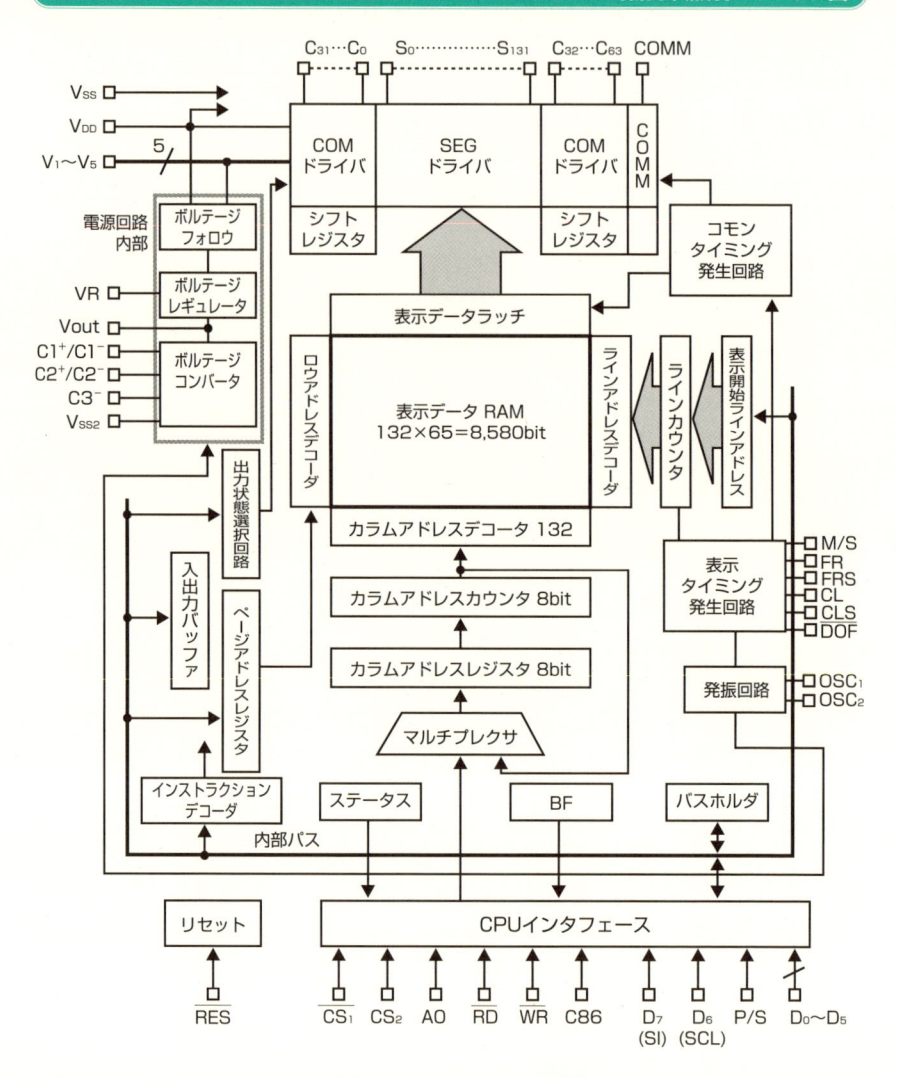

▶▶ **キャラクタタイプのLCDモジュールの構成**

キャラクタタイプのLCDモジュールの機能構成もグラフィックタイプと同等ですが、キャラクタタイプのLCDコントローラを採用しているのが特徴です。

7-1 LCDモジュール

次にキャラクタタイプのLCDコントローラ：NJU6423B（新日本無線）のブロック図を示します。グラフィックタイプとの大きな違いは、**キャラクタジェネレータROM（CGROM）**と**キャラクタジェネレータRAM（CGRAM）**を実装している点です。

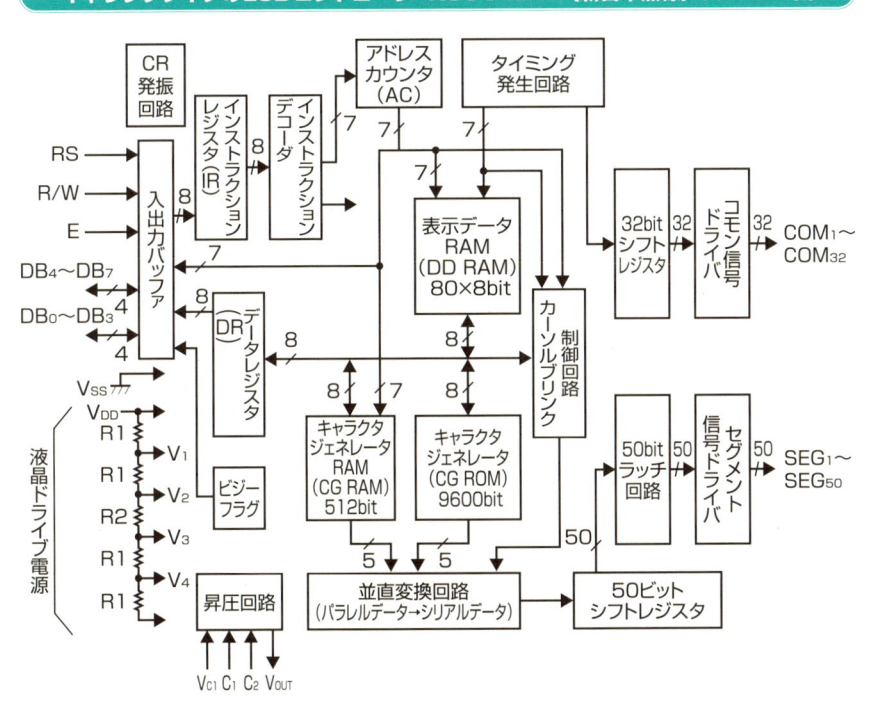

グラフィックタイプでは表示するデータを、CPU側よりそのままLCDコントローラに転送しますが、キャラクタタイプの場合はCPU側より表示する文字コードを転送します。したがってLCDコントローラには、その文字コードから5×7ドットといった文字パターン（画像データ）を生成し、それを元にLCDパネルのコモン信号とセグメント信号を制御する機能が必要となります。

キャラクタタイプのLCDコントローラ：NJU6423B（新日本無線）のブロック図

7-2
VFD（蛍光表示管）モジュール

オーディオ機器や車のコンソールなどに用いられる表示装置としては、蛍光表示管（VFD：Vacuum Fluorescent Display）が挙げられます。

▶▶ 蛍光表示管の仕組み

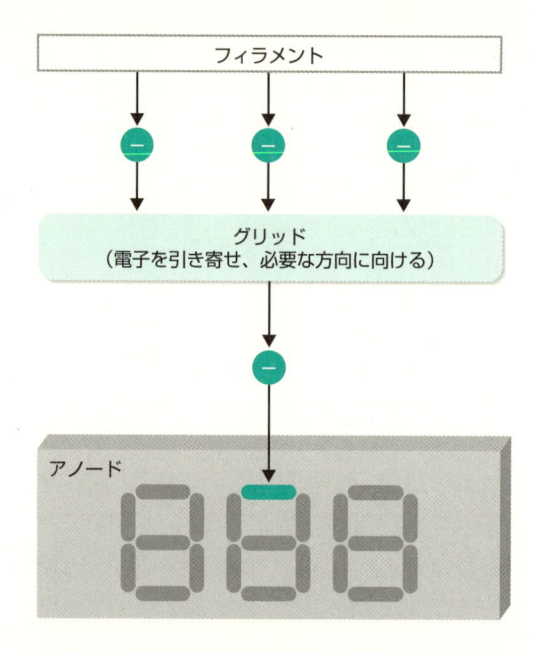

　蛍光表示管（VFD）は真空管技術を応用した表示素子で、電子を発生する**フィラメント**と電子の向きを制御する**グリッド**、電子を受ける**アノード**を高真空のガラスケースに封入したものです。フィラメントは高熱になると電子を放出し、その電子がグリッドに制御されてアノードにある蛍光体に当たることで発光表示します。

蛍光表示管の仕組み

フィラメント

−　　−　　−

グリッド
（電子を引き寄せ、必要な方向に向ける）

−

アノード

7-2 VFD（蛍光表示管）モジュール

　表示色は蛍光体の色によって決まるためLCDのようにフルカラー表現はできませんが、自発光のため視野角が広く、鮮明な画像が得られるのが大きな特徴です。またフルカラーは無理でも、10色以上もの蛍光体が用意されているため、高度なカラー表現も可能です。

蛍光表示管モジュールの構成

　蛍光表示管は蛍光体の形状を自由に設定できるため、カスタムオーダーでさまざまな表現が可能ですが、モジュールの標準品としてはキャラクタタイプとグラフィックタイプが用意されています。

さまざまな蛍光表示管モジュール

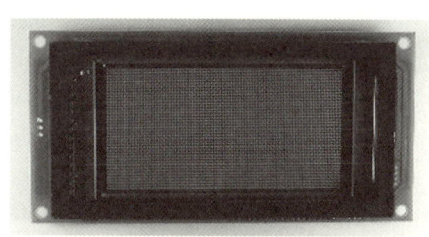

▲グラフィックタイプ蛍光表示管モジュール：GP1118A/B
（写真提供：双葉電子工業株式会社）

▲グラフィックタイプ蛍光表示管モジュール：GU256X64D-3100
（写真提供：ノリタケ伊勢電子株式会社）

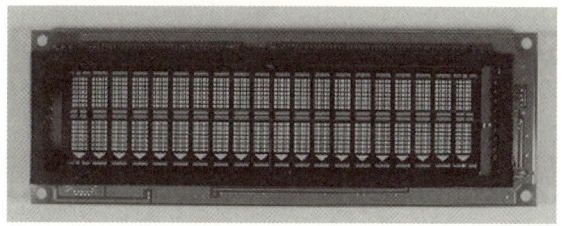

▲キャラクタタイプ蛍光表示管モジュール：M202MD12BA/BJ
（写真提供：双葉電子工業株式会社）

7-2 VFD（蛍光表示管）モジュール

次の図は双葉電子工業製グラフィックタイプの蛍光表示管モジュールのブロック図を示したものです。グラフィックタイプでもCGROMを実装し、文字表示を容易

グラフィックタイプの蛍光表示管モジュール：GP1067A01A（双葉電子工業）

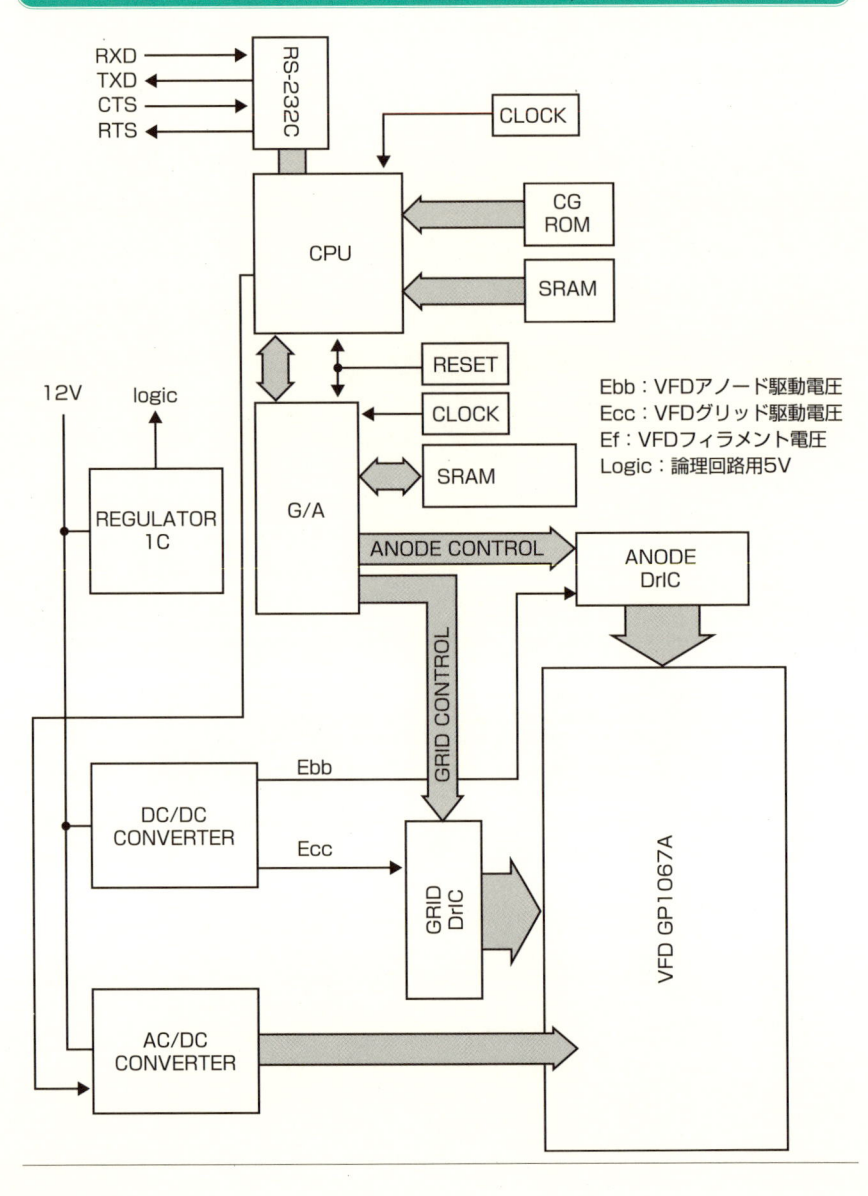

Ebb：VFDアノード駆動電圧
Ecc：VFDグリッド駆動電圧
Ef：VFDフィラメント電圧
Logic：論理回路用5V

7-2 VFD（蛍光表示管）モジュール

にしています。また制御信号はLCDのコモン信号とセグメント信号をグリッド信号とアノード信号に置き換えた構成となっています。

　本製品ではコントローラとしてCPUを実装していますが、蛍光表示管モジュールにはこのような構成をとって、RS-232Cで表示制御できるものが多く存在します。

　また、モジュールを使わずにCPUで直接蛍光表示管を制御したい場合は、次に示すようなVFDコントローラ内蔵のCPUを採用するのも有効です。

VFDコントローラを内蔵したM16C/39Pシリーズ（ルネサステクノロジ社）

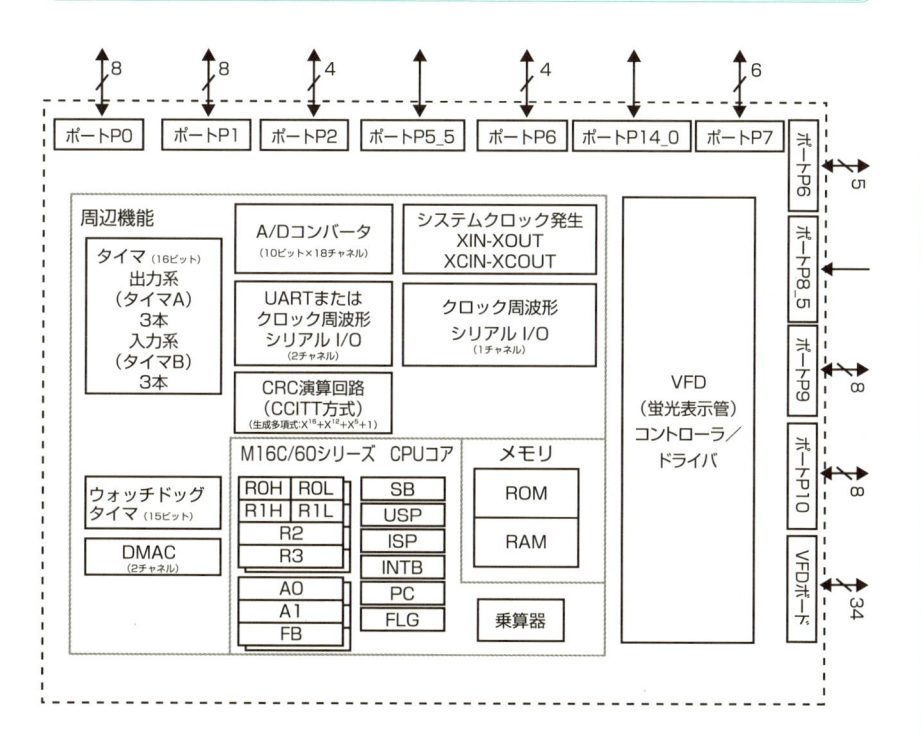

7-3
LEDディスプレイ

蛍光表示管モジュールとともに古くから表示装置として広く普及しているのが、LED（Light Emitting Diode：発光ダイオード）ディスプレイです。

▶▶ LED（発光ダイオード）

2-1節のダイオードの仕組みを思い出してください。ダイオードはN形半導体とP形半導体を結合させたもので、順方向に電圧をかけると、正孔は負極方向に移動し電子は正極方向に移動することで電流が流れます。このときにお互いにぶつかり合う電子と正孔が存在します。ぶつかり合った電子と正孔は、それぞれ反極性なので結合後消滅してしまいますが、結合時にエネルギーを光として放出します。この特性を生かしたのが**LED**です。

LED発光の仕組み

光
P形半導体　　N形半導体
正孔　　　　　　　　　　電子

LEDはガリウム（Ga）、ヒ素（As）、リン（P）、アルミニウム（Al）といった材料の化合物の組み合わせにより発光色が決まります。古くから開発されていた赤色と緑色に、**中村修二**＊氏が開発し90年代後半に実用化された青色ダイオードが揃ったことで、カラー表現が可能となりました。

＊**中村修二**　電子工学者。日亜化学工業社員時代に青色発光ダイオードを発明。

▶▶ LEDディスプレイ

このLEDを複数実装し表示装置として提供しているのが**LEDディスプレイ**です。LEDディスプレイには数字やアルファベット用の**セグメントタイプ**と、LEDを縦横に敷き詰めてドット単位の表示が可能な**ドットマトリクスタイプ**があります。

7セグメントLEDディスプレイ：LA601B/Lシリーズ（ローム社）

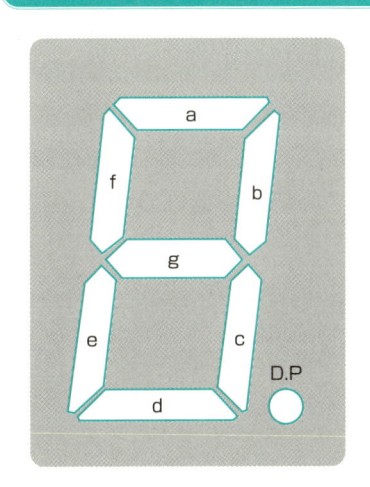

（写真提供：ローム株式会社）

7セグメントLEDディスプレイの場合は、上図のように文字を構成するa～gのセグメントそれぞれが1つのLEDになっているため、例えば「0」を表示するにはa、b、c、d、e、fのLEDをCPU側から制御する必要があります。ただしこれだと表示桁数が増えた場合に、CPUのI/Oポートも多く必要となって表示制御が不便なので、その場合はセグメントドライバを用いるのが有効です。

次図にセグメントドライバとしてHD74HC4511（ルネサステクノロジ社）を示しました。このICは4ビットBSDコード（2進数）を7セグメントの出力に変換するデコーダを備えています。したがって、CPU側が表示したい値をそのまま与えてやれば、以降の表示処理はすべてHD74HC4511が行ってくれます。またLE（Latch Enable）端子を備えているため、限られたI/Oポートで複数桁の7セグメントLEDディスプレイを制御できます。

7-3 LEDディスプレイ

HD74HC4511（ルネサステクノロジ社）のピン配置と機能表

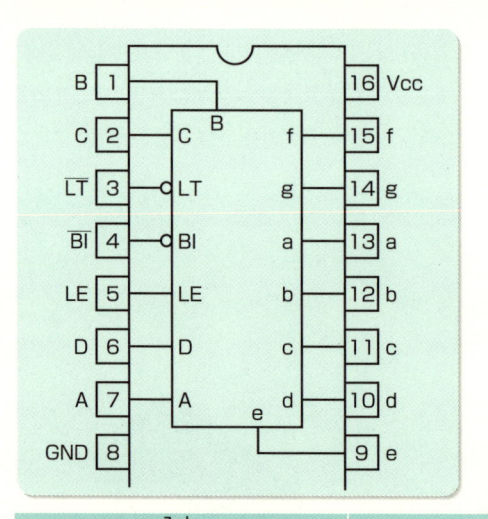

入力						出力							表示
LE	BI	LT	D	C	B	A	a	b	c	d	e	f	g	
X	X	L	X	X	X	X	H	H	H	H	H	H	H	8
X	L	H	X	X	X	X	L	L	L	L	L	L	L	ブランク
L	H	H	L	L	L	L	H	H	H	H	H	H	L	0
L	H	H	L	L	L	H	L	H	H	L	L	L	L	1
L	H	H	L	L	H	L	H	H	L	H	H	L	H	2
L	H	H	L	L	H	H	H	H	H	H	L	L	H	3
L	H	H	L	H	L	L	L	H	H	L	L	H	H	4
L	H	H	L	H	L	H	H	L	H	H	L	H	H	5
L	H	H	L	H	H	L	L	L	H	H	H	H	H	6
L	H	H	L	H	H	H	H	H	H	L	L	L	L	7
L	H	H	H	L	L	L	H	H	H	H	H	H	H	8
L	H	H	H	L	L	H	H	H	H	L	L	H	H	9
L	H	H	H	L	H	L	L	L	L	L	L	L	L	ブランク
L	H	H	H	L	H	H	L	L	L	L	L	L	L	ブランク
L	H	H	H	H	L	L	L	L	L	L	L	L	L	ブランク
L	H	H	H	H	L	H	L	L	L	L	L	L	L	ブランク
L	H	H	H	H	H	L	L	L	L	L	L	L	L	ブランク
L	H	H	H	H	H	H	L	L	L	L	L	L	L	ブランク
H	H	X	X	X	X	(※)							(※)

※ LE=Lのときに印加されたBCDコードによって決まる。
X：H、Lのいずれでもよい　H：Highレベル　L：Lowレベル

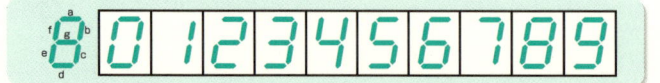

7-3 LEDディスプレイ

▶▶ ドットマトリクスタイプ

一方ドットマトリクスタイプは、LEDを縦横に配置したものなので、次図のように列制御と行制御用のインタフェースによって該当するLEDを点灯させます。例えば（1，3）のLEDを点灯させるのであれば、D_3とC_1のトランジスタをONすることで行えます。

ドットマトリクスタイプ

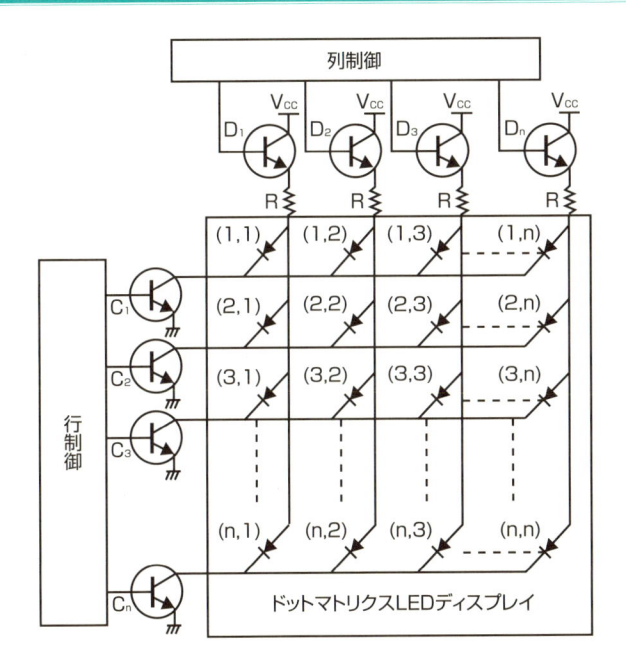

▲フルカラードットマトリクスLED
モジュール：LPM5123MUA61M
（写真提供：ローム株式会社）

7-3 LEDディスプレイ

けれども列制御と行制御をCPU側から直接行うと、列数と行数を加えただけのI/Oポートが必要になり、ドット構成が大きくなると回路に負担がかかります。そういった場合は、次のようなLEDドライバを用いるのが有効です。制御データの設定をシリアルポートで行うため、これを列制御と行制御用に2つ実装すればCPUのI/Oポートの負担を低減できます。**ドットマトリクスLEDモジュール**と呼ばれる回路一体型の表示装置にはこういったドライバ回路が実装されているので、表示画素数の多いものについてはこれを用いるのが有効です。

16ビットLEDドライバ：LC7932（三洋電機）のブロック図

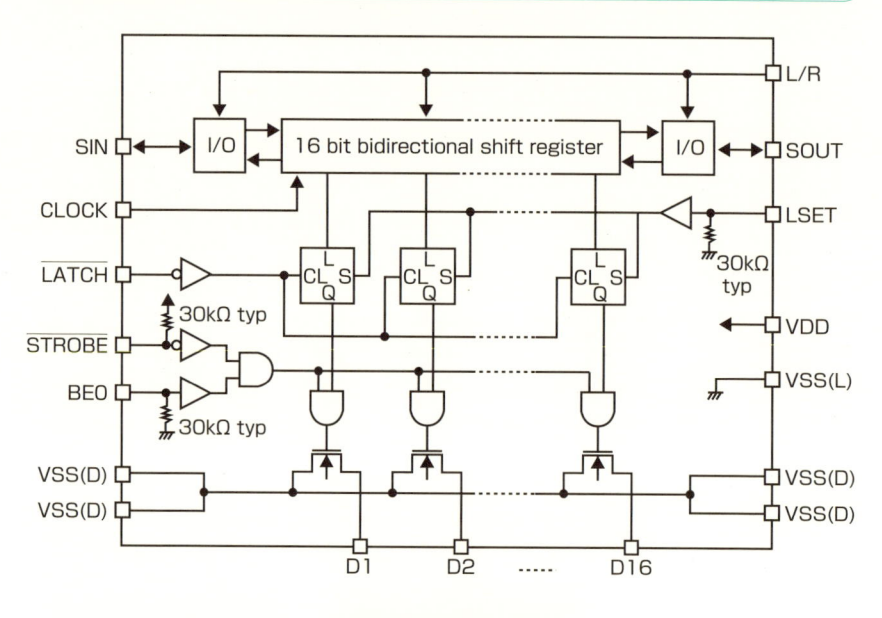

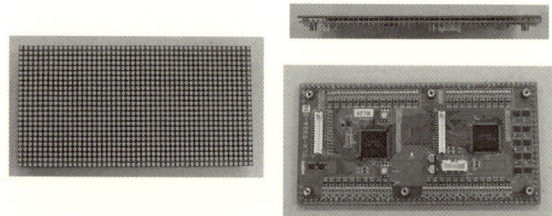

▲3色（赤、橙、緑）表示のドットマトリクスLEDモジュールSLX-5324-30
（写真提供：鳥取三洋電機株式会社）

第8章 各種センサ

　コンピュータシステムは入力情報をイベントとして各種の処理を行うわけですが、通信を除くと、この入力情報にはユーザによる操作入力と外部信号による入力があります。この外部信号による入力の基本となるのがセンサです。
　本章では組み込みシステムにおいてよく利用される代表的なセンサについて説明します。

8-1
光センサ

　組み込みシステムにおいて、最も利用頻度が高いのが光センサと言えます。というのは、光センサは対象物を非接触で感知でき、応答速度も速いので、電子回路と非常に相性が良いからです。

▶▶ 光センサの種類

　単に光を受けてそれをデータ化するという意味では、光センサの種類は広範囲にわたります。

　光センサはまず**量子型**と**熱型**に分けられます。**量子型**とは、入射された光エネルギーにより発生した電子によって生じる電気的効果を利用したものです。**熱型**とは、光の中の赤外線の持つ熱効果によって生じる温度変化を利用したものです。この節では、量子型のみを対象として説明します。熱型は、8-2節で説明します。

　量子型光センサは次の図のように、「光起電力効果を用いたもの」「光導電効果を用いたもの」「光電子放出効果を用いたもの」の3つに分けられます。

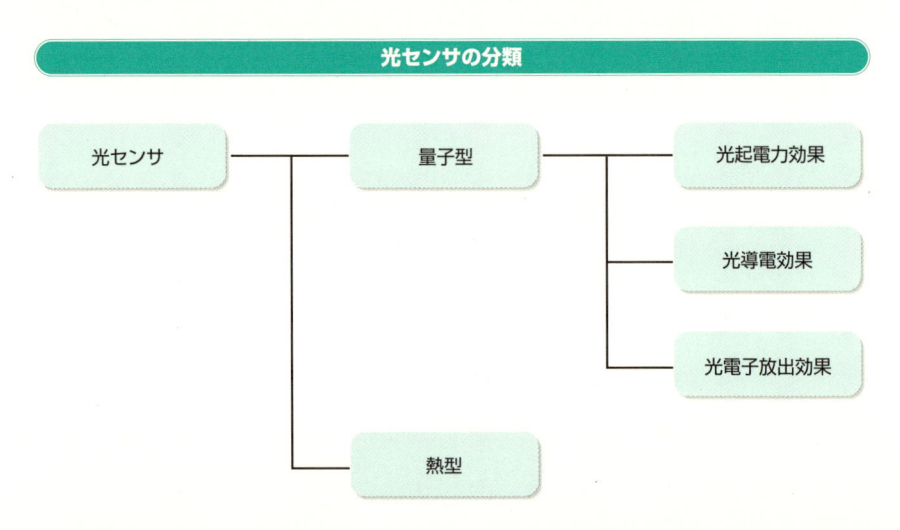

光センサの分類

```
光センサ ─┬─ 量子型 ─┬─ 光起電力効果
          │          ├─ 光導電効果
          │          └─ 光電子放出効果
          └─ 熱型
```

　光起電力効果とは、光の照射によりセンサ材料内部の電荷が移動し電気を発生するものです。太陽電池はこれをベースに設計されています。**光導電効果**とは、光を

吸収すると電気を通しやすくなるという性質を利用したものです。また**光電子放出効果**とは、物体に光を照射すると電子を放出する性質を利用したものです。

ここでは光起電力効果を用いたものとして、フォトダイオードを例に挙げて説明します。

フォトダイオードとフォトトランジスタ

フォトダイオードは、これまでに説明したダイオードと基本的には同じ構造ですが、異なるのは入光部を設けている点です。ダイオードは電流を流さないとＰ形半導体には正孔のみ、Ｎ形半導体に電子のみが存在しますが、各半導体に光が照射されると、空乏層も含めＰ形半導体およびＮ形半導体の両方のいたるところに正孔と電子が生成されます。このとき電界の作用により正孔はＰ形半導体に、電子はＮ形半導体に移動することでエネルギーが発生し、Ｐ形半導体は＋（プラス）に、Ｎ形半導体は－（マイナス）に帯電し、電池と同じ状態になります。したがってアノードとカソードの間には起電電圧が発生し、これを接続すればダイオードの順電流に対して逆方向の電流（逆電流）が流れます。

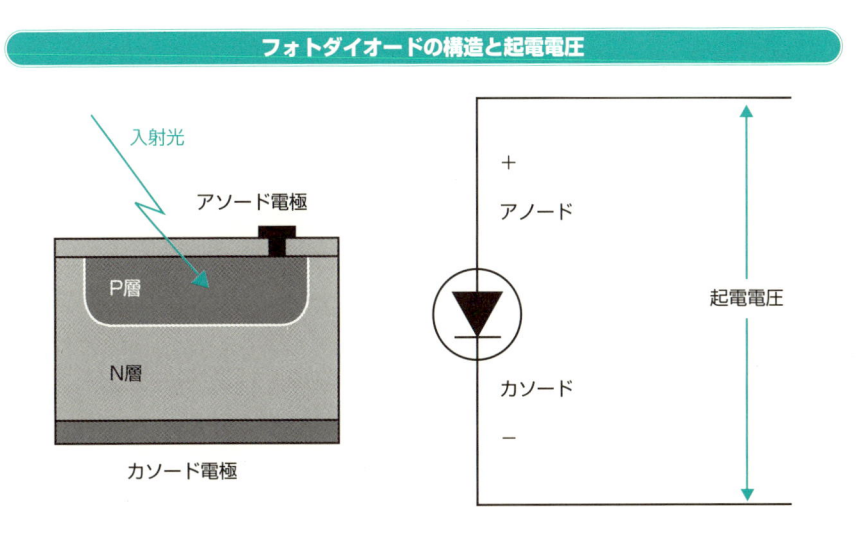

フォトダイオードの構造と起電電圧

フォトダイオードにはいくつかの種類がありますが、代表的なものとしては**PN型**、**PIN型**、**アバランシェ型**が挙げられます。

8-1 光センサ

代表的なフォトダイオードの種類

種類	特徴	用途
PN型	・紫外線から赤外線までの広範囲な光波長に対応する ・入射光量に対する直線性に優れる ・検出感度が高い	照度計、露出計、イメージセンサ、分光光度計
PIN型	・高速応答 ・暗電流が大きい	リモコン、FAX、レーザーディスク
アバランシェ型	・光電増幅作用をもつ ・波長感度が広い ・PIN型より高速応答	光ファイバによる光通信

ただしフォトダイオードの起電電圧は非常に小さいものなので、これを電子回路で扱うには次の図のようにトランジスタなどで増幅する必要があります。

トランジスタで増幅された電圧出力

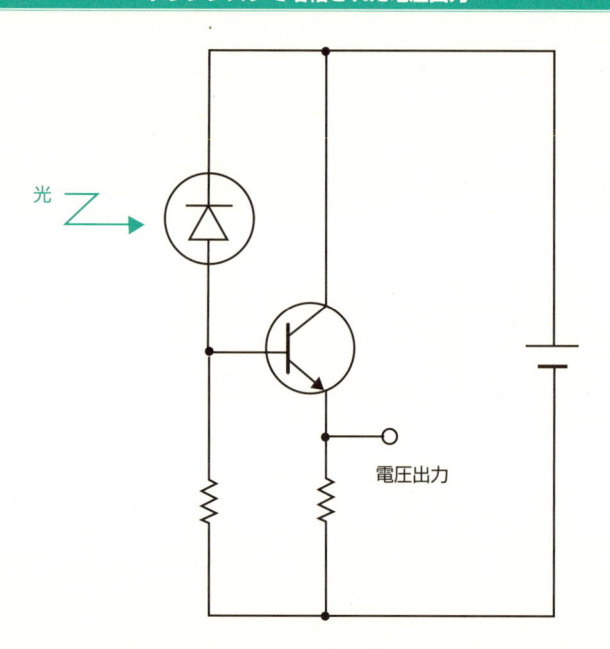

この場合、光が入らないとフォトダイオードは通常のダイオードと一緒で逆電流

8-1 光センサ

が流れないため、トランジスタのコレクターエミッタ間にも電流が流れず、電圧出力は0Vとなります。光が入ると、逆電流によりコレクターエミッタ間に電流が流れ、電圧が出力されます。

このようにフォトダイオードには増幅回路が必要となるので、これをセットにしたのが**フォトトランジスタ**です。

フォトトランジスタの構成例

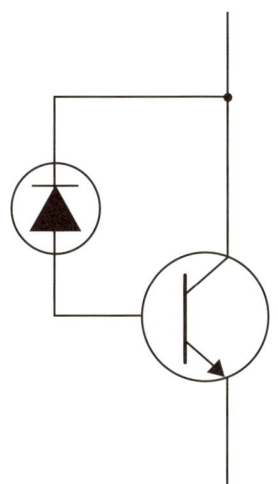

▲Siフォトダイオード：S1087/S1133シリーズ
（写真提供：浜松ホトニクス株式会社）

▲フォトトランジスタ
（写真提供：株式会社東芝セミコンダクター社）
(C) TOSHIBA CORPORATION 2006 ALL RIGHTS RESERVED

第8章 各種センサ

8-1 光センサ

▶▶ 光電センサとフォトインタラプタ

　フォトダイオードやフォトトランジスタは、光を検出する回路を構成するためのものですが、対象物を検出する部分の多くはコンピュータシステムから離れたところに設置されます。そこで有効なのが光センサと増幅回路をパッケージ化し、コン

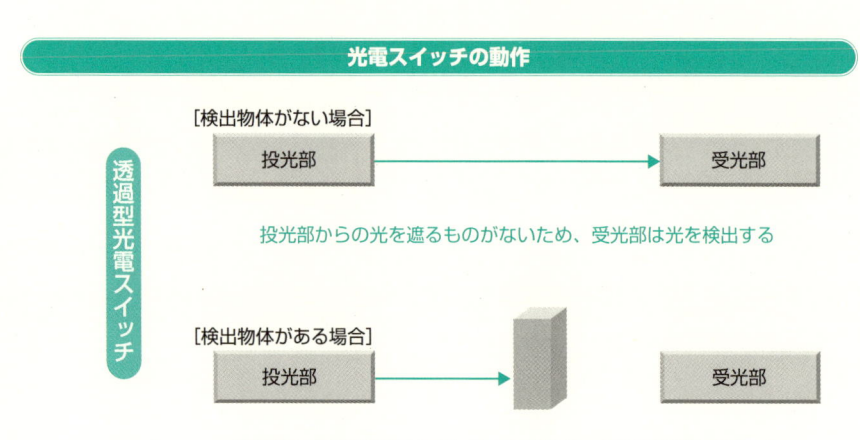

光電スイッチの動作

透過型光電スイッチ

[検出物体がない場合]
投光部 →→→ 受光部
投光部からの光を遮るものがないため、受光部は光を検出する

[検出物体がある場合]
投光部 →→ ■　　受光部
投光部からの光が物体により遮られるため、受光部は光を検出しない

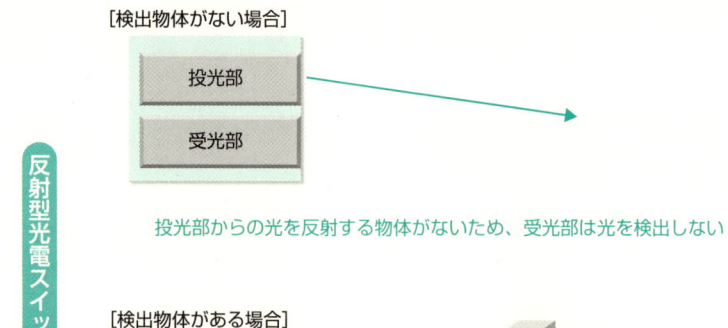

反射型光電スイッチ

[検出物体がない場合]
投光部
受光部　　　　→→→
投光部からの光を反射する物体がないため、受光部は光を検出しない

[検出物体がある場合]
投光部　→→　■
受光部　←←　反射光
投光部からの光を検出物体が反射するため、受光部は光を検出する

8-1 光センサ

ピュータシステムの外部機器として扱える光電センサとフォトインタラプタです。

　光電センサは、発光ダイオードなどを用いた投光部と、フォトダイオードなどを用いた受光部で構成されるセンサユニットです。検出物体により遮断される光量の変化を受光部で検知する**透過型**と、投光部から照射された光が検出物体によって反射する光を受光部で検出する**反射型**があります。透過型は投光部と受光部が独立したモジュールとなっており、反射型は投光部と受光部が一体となっています。

アンプ内蔵型光電スイッチ：PZ-V/Mシリーズ

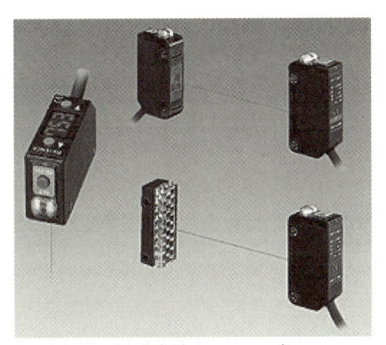

（写真提供：株式会社キーエンス）

　光電センサは一般的にコンピュータシステムと離れた環境での検出（工場のラインにおける物体検出など）に用いられますが、システム内部など比較的コンピュータシステムに近い環境（製品のドアの開閉検知など）で用いられるのが**フォトインタラプタ**です。

　フォトインタラプタも仕組みは光電スイッチと同様ですが、透過型、反射型ともに一体型のモジュールで提供され、基板や筐体に容易に取り付けられるのが特徴です。

8-1　光センサ

フォトインタラプタの構成

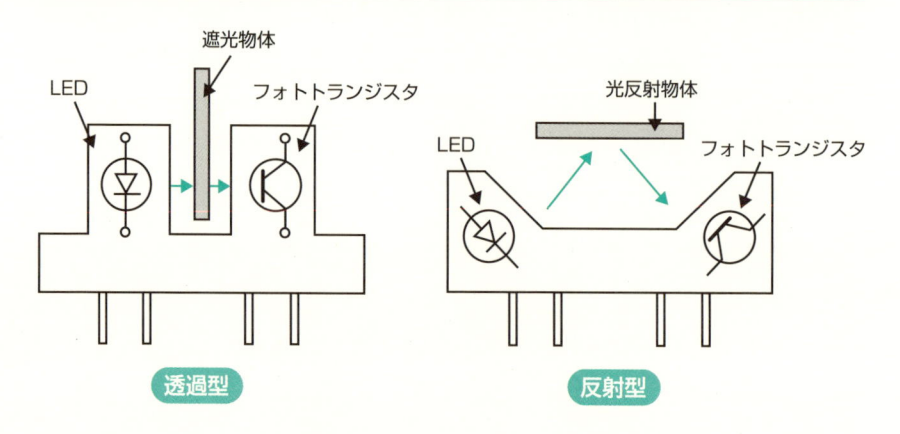

LED　遮光物体　フォトトランジスタ

透過型

LED　光反射物体　フォトトランジスタ

反射型

フォトインタラプタの商品例

▶ 透過型フォトインタラプタ：SG2A01
（写真提供：コーデンシ株式会社）

▶ 透過型フォトセンサ：CNAシリーズ
（資料提供：松下電器産業株式会社）

8-2 温度センサ

体温計のように直接温度を測定するものはもとより、炊飯器や冷蔵庫、洗濯機といった家電製品は、温度を元に制御を行うため、温度センサが不可欠です。

▶▶ 温度センサの種類

温度センサは接触式と非接触式に大きく分けられます。**接触式**とは対象物に直接接触するもので、対象物からの熱の移動を受けてこれをエネルギーの値として表現します。一方**非接触式**とは、対象物に接触せず対象物から放射される熱エネルギーを受けて、その値を表現するものです。以降では、このうち代表的な温度センサとして熱電対、白金測温抵抗体、サーミスタ、IC温度化センサについて説明します。

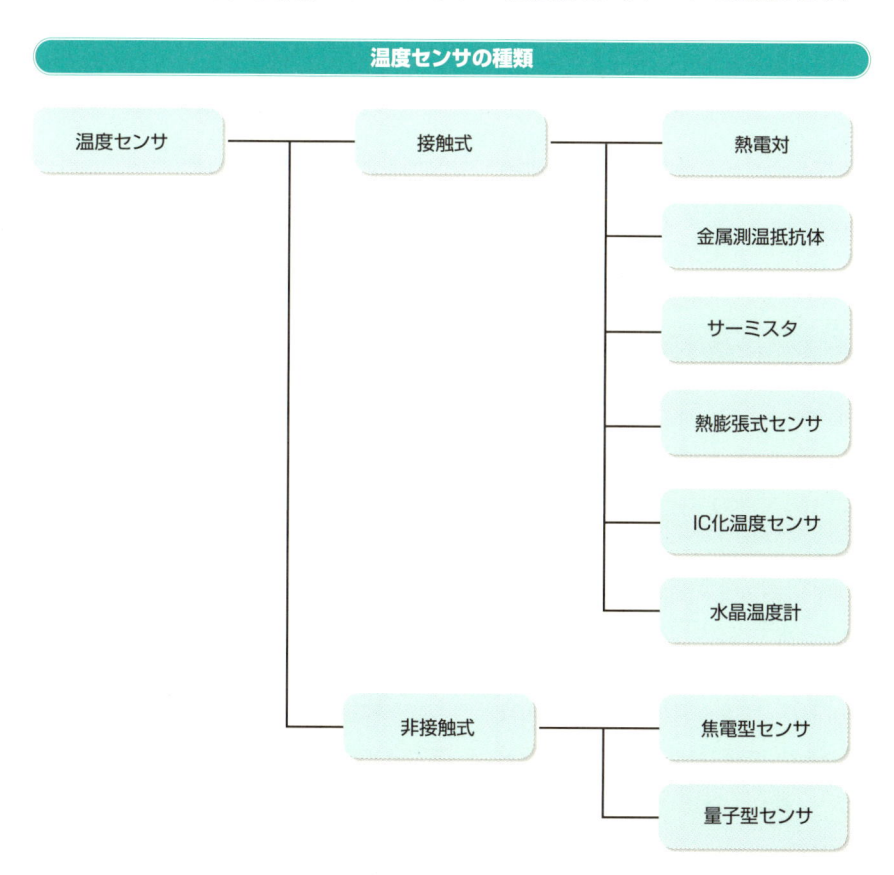

温度センサの種類

- 温度センサ
  - 接触式
    - 熱電対
    - 金属測温抵抗体
    - サーミスタ
    - 熱膨張式センサ
    - IC化温度センサ
    - 水晶温度計
  - 非接触式
    - 焦電型センサ
    - 量子型センサ

8-2 温度センサ

▶▶ 熱電対

　次の図のように異なる2つの金属（AとB）の一端を接合し、測温部と定温部を異なった温度に設定すると、起電力（電圧）が発生します。この現象を**ゼーベック効果**と呼びます。熱電対はこの現象を用いた温度センサです。

　熱電対は組み合わせる金属によって温度範囲が異なるものの、測定範囲が広いのが特徴です。また大きく安定した起電力が得られ、耐環境性にも優れるため、電子回路にとって使いやすいセンサといえます。

熱電対の仕組み

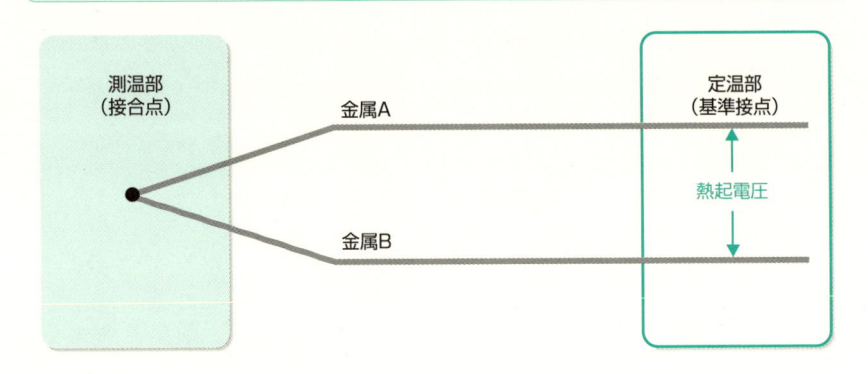

測温部（接合点） — 金属A / 金属B — 定温部（基準接点）　熱起電圧

主な熱電対と温度範囲

記号(旧)	＋脚	－脚	温度測定（℃）
K	クロメル	アルメル	−200〜1000
E	クロメル	コンスタン	−200〜700
J	鉄	コンスタン	−200〜600
T	銅	コンスタン	−200〜300
R	白金・ロジウム 13%	白金	0〜1400
S	白金・ロジウム 10%	白金	0〜1400
B	白金・ロジウム 30%	白金	300〜1550

クロメル＝ニッケル・クロム合金
アルメル＝ニッケル・アルミニウム合金
コンスタン＝ニッケル・銅合金

8-2 温度センサ

熱電対で標準的に用いられるものに、シース熱電対があります。**シース熱電対**は図のように、熱電対の金属線を酸化マグネシウム（MgO）などの無機絶縁物の中に埋め込んだもので、折り曲げ可能な柔軟性を持ち、応答速度に優れています。熱電対からの出力電圧を増幅するには、専用のアンプICを使うと便利です。

シース熱電対の構造

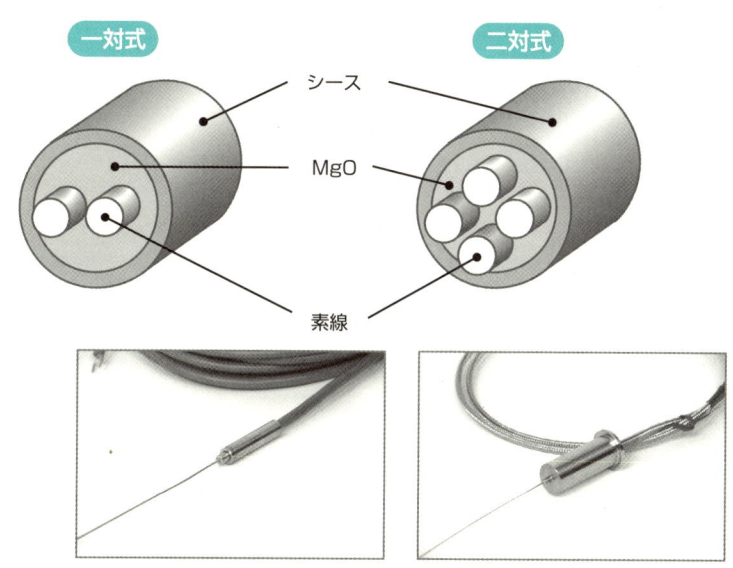

一対式／二対式（シース、MgO、素線）

▲シース熱電対：HT-180シリーズ（製造・販売：株式会社八光）
（写真提供：株式会社八光）

J熱電対アンプ：AD594（アナログデバイセズ社）

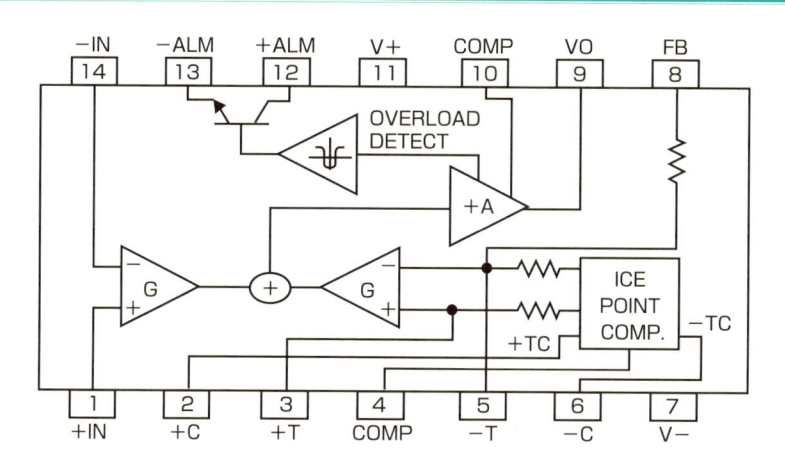

8-2 温度センサ

▶▶ 白金測温抵抗体

　一般的に、金属は温度が上昇すると抵抗値も増加します。この特性を生かして温度を検出するのが**金属測温抵抗体**です。

　金属測温抵抗体には白金、銅、ニッケルなどがありますが、このうち白金は融点が1768℃と高く、酸化しにくいなど化学的に安定しており、また温度特性の直線性が高いため最も一般的に用いられています。

　白金測温抵抗体は温度測定範囲が－200～＋650℃と広く、温度が0℃のときに抵抗値が100Ωになるように設定されており、これを基準に温度によって抵抗値がリニアに変化します。したがって通常の抵抗素子と同じように所定の電流を流してやることで、温度を電圧として取り出すことが可能です。

白金測温抵抗体：PFシリーズ（日本抵抗器製作所）と温度特性

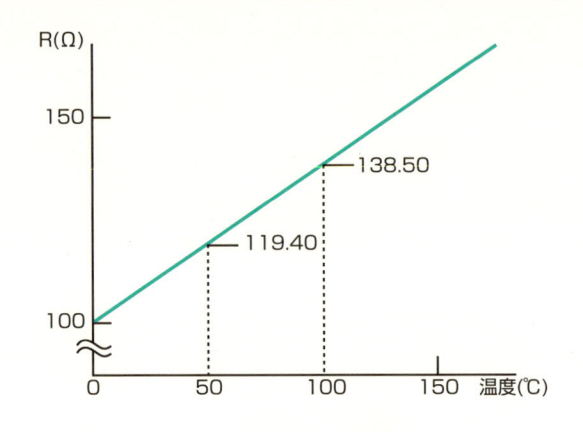

▲白金測温抵抗体：PFシリーズ（写真提供：株式会社日本抵抗器製作所）

▶▶ サーミスタ

サーミスタは半導体の温度特性を利用した温度センサで、金属測温抵抗体と同様に温度によって抵抗値が変化します。

サーミスタの種類と特性

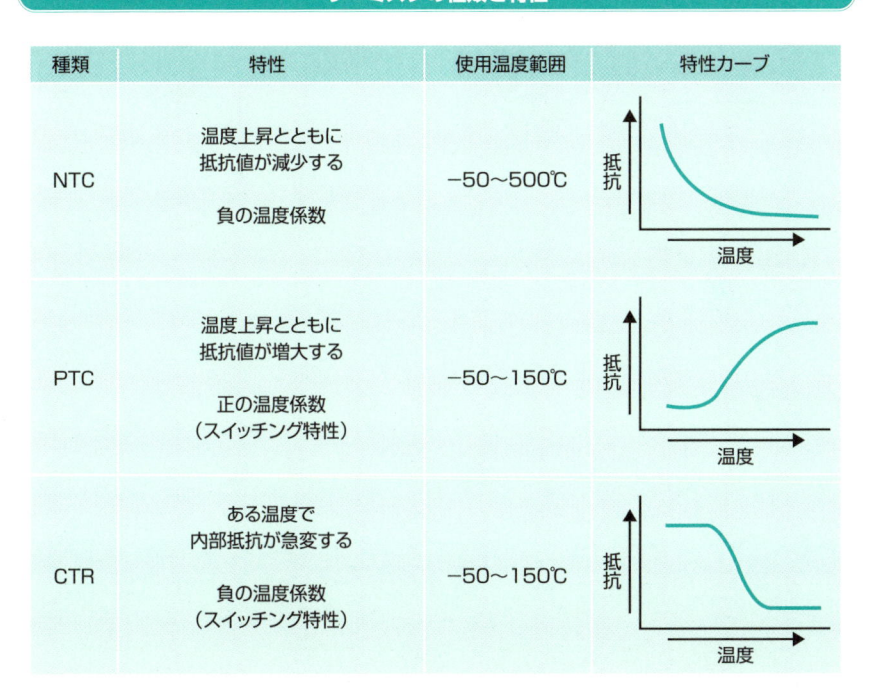

種類	特性	使用温度範囲	特性カーブ
NTC	温度上昇とともに抵抗値が減少する 負の温度係数	−50〜500℃	(抵抗が温度上昇とともに減少する曲線)
PTC	温度上昇とともに抵抗値が増大する 正の温度係数 （スイッチング特性）	−50〜150℃	(抵抗が温度上昇とともに増大する曲線)
CTR	ある温度で内部抵抗が急変する 負の温度係数 （スイッチング特性）	−50〜150℃	(ある温度で抵抗が急減する曲線)

半導体であるため一般的なものでは500℃を超えるような高温での使用はできず、また測定温度範囲も−50〜+500℃程度ですが、白金測温抵抗体に比べ感度（温度変化に対する抵抗値の変化）が大きいのが特徴で、これにより電子回路との相性が良いことから幅広く利用されています。

サーミスタには負の温度計数を持つ**NTC**（Negative Temperature Coefficient）と、正の温度計数を持つ**PTC**（Positive Temperature Coefficient）の2タイプがありますが、NTCには特定の温度で抵抗値が急激に変化するスイッチング特性を備えた**CTR**（Critical Temperature Resistor）も

8-2 温度センサ

あります。

サーミスタの商品例

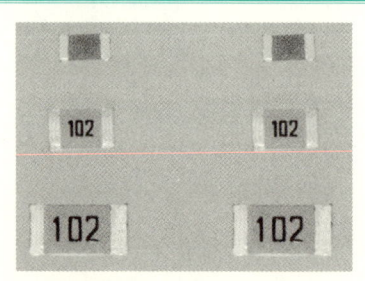

▲チップ型NTCサーミスタ：NT73
（写真提供：コーア株式会社）

▲チップ型PTCサーミスタ：PT72
（写真提供：コーア株式会社）

▶▶ IC化温度センサ

これまでの温度センサは直線性を確保するための補正回路や、信号の増幅回路が外部に必要でしたが、これらをすべて1つの半導体ICとして実現するのが**IC化温度センサ**です。

2-1節の「ダイオードの仕組み」の項で説明したように、P形半導体とN形半導体を接合すると順方向のみに電流が流れ、電位差が生まれます。この電位差は順方

アナログ出力タイプのAD22100（アナログデバイセズ社）

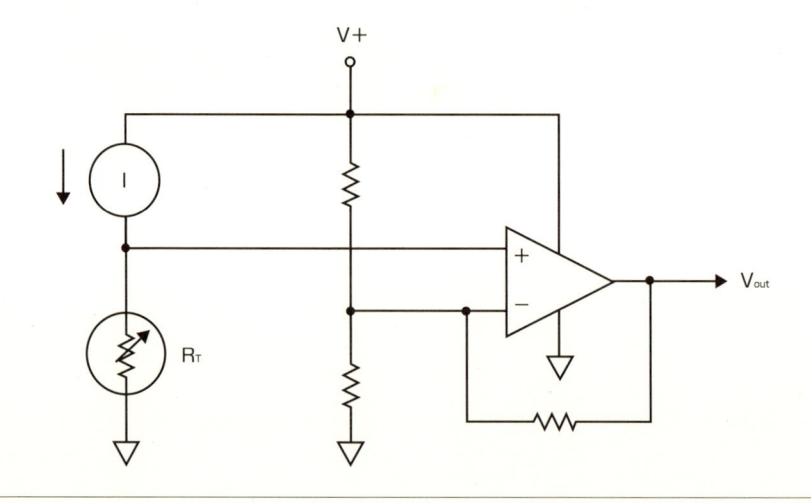

向電流を固定にすると絶対温度に比例して変化することがわかっています。

　IC化温度センサはこの温度特性を利用したもので、一般的にはトランジスタのベース-エミッタ間の電圧の温度による変化を出力するものです。測定温度範囲は広くても-50〜+150℃程度ですが、電子回路部品として扱えるのが大きなメリットです。

　IC化温度センサにはセンサとしての基本機能と増幅回路だけを備えた**アナログ出力タイプ**と、コンピュータシステムとのインタフェースも備えた**デジタル出力タイプ**があります。

　アナログ出力タイプ（電圧出力）は前の図のように供給電源（V+）とGND、出力電圧（Vout）の3端子で構成され、コンピュータシステムで出力電圧を扱うにはA/D変換器が必要になります

　一方デジタル出力タイプは、次の図のようにセンサ、増幅回路、A/D変換器、インタフェースなどを備えており、CPUに直結することが可能です。また高温と低音の限度値をレジスタに設定でき、温度が限度値を超えるとアラームを出力する機能も備えています。

デジタル出力タイプのAD7414（アナログデバイセズ社）

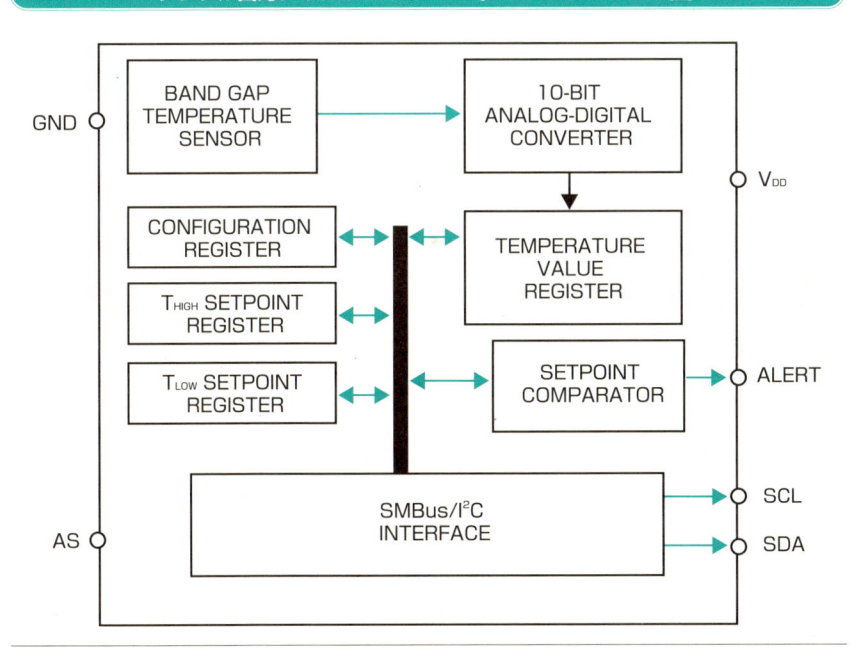

8-3
磁気センサ

磁界を検出する磁気センサにもいくつかの種類がありますが、ここでは最も一般的に用いられているホール素子と磁気抵抗（MR）素子について説明します。

▶▶ ホール素子

次の図のように**ホール素子**は、制御電流を与えるための2つの端子と、電圧を出力する2つの端子の計4端子で構成される素子です。制御電流用の2つの端子を＋と－に接続して電流を流し、これと垂直に磁界を与えると2つの出力端子間に起電力（電圧）が発生します。この起電力のことを**ホール電圧**と呼びます。ホール電圧は、与えられる磁界の強度に比例します。

ホール素子は磁界を測定するというよりは、磁界のある／なしを検出する目的で用いられます。つまり磁界を持つ検出物体がホール素子に近づけばON状態、離れていればOFF状態といった具合です。

ホール素子の構造

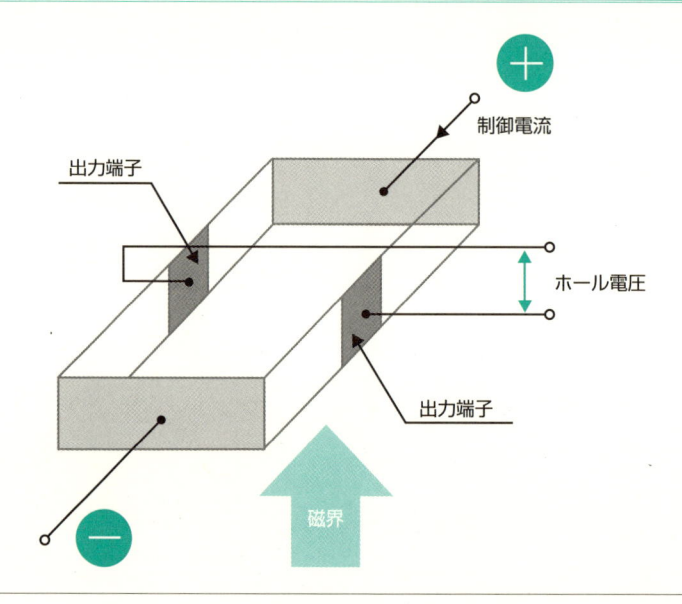

8-3 磁気センサ

　このホール素子を最も有効に利用しているのがブラシレスモータです。ブラシレスモータは洗濯機やVTR、ハードディスクなど細かなモータ制御を必要とする分野で利用されています。これらの分野においては、モータの回転数だけでなく現在のモータのポジションといった位置情報を常にCPUが把握して、的確な制御を行う必要があります。この位置情報の検出に用いられるのがホール素子です。

　図のようにブラシレスモータは、中心部で永久磁石で構成されたロータが回転するようになっています。このロータの極性（N極とS極）からホール素子はパルスを出力し、このパルス数をCPUが管理することで位置情報の管理が行えるわけです。

ブラシレスモータとホール素子

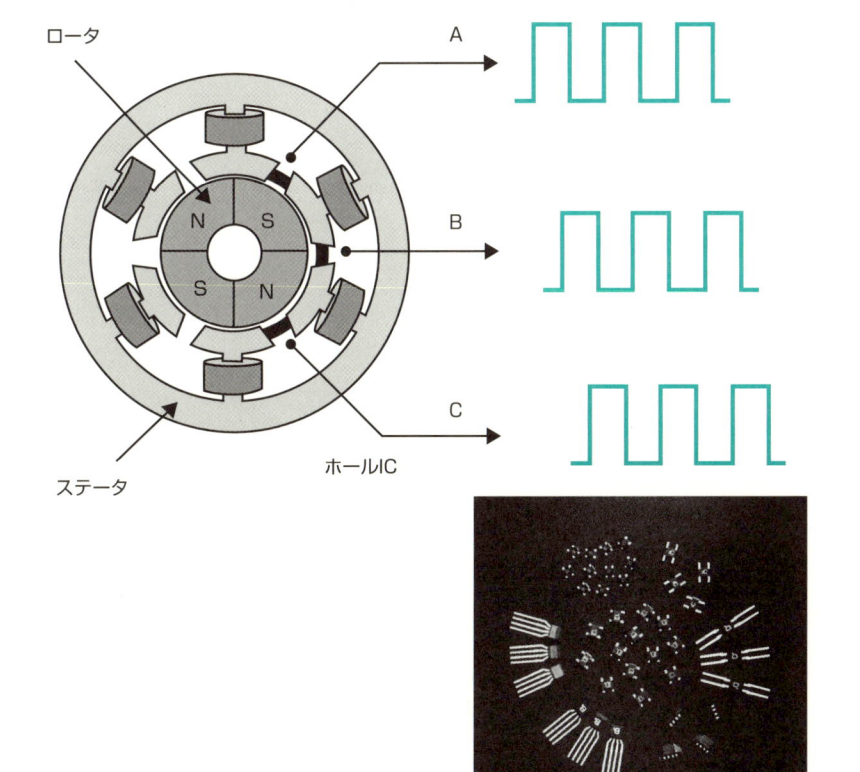

▲ホール素子
（写真提供：旭化成電子株式会社）

8-3 磁気センサ

　ホール素子から直接出力されるホール電圧は100〜500mV程度なので、これをCPU側で利用するためには増幅回路が必要となります。ホール素子と増幅回路を1チップ化したものを**ホールIC**と呼びます。ホールICは一般的に供給電源、GND、電圧出力の3端子で構成されます。

ホールIC：A3515/3516LUA（サンケン電気）のブロック図

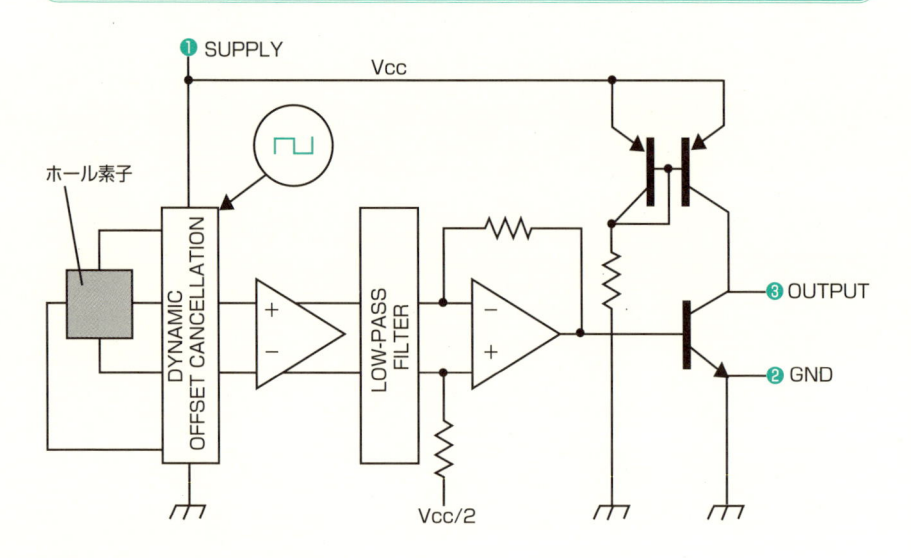

▶▶ 磁気抵抗（MR）素子

　MR素子は与えられる磁界の強さにより抵抗値が変化するものです。ホール素子と同様に位置検出にも用いられますが、紙幣など磁気インクを用いた印刷物の識別にも用いられます。

紙幣識別用センサ（単素子タイプ）

▲MRS-F-21　　▲MRS-F-51　　▲MRS-137
（写真提供：ニッコーシ株式会社）

MR素子は2端子で抵抗と同じように利用することができますが、低磁界での感度が小さいため、バイアス用の永久磁石とセットで構成されます。また、1つのMR素子だけだと温度特性が良くないため、一般的には図のように2つのMR素子を直列接続した構成をとっています。

2素子直列タイプのMR素子

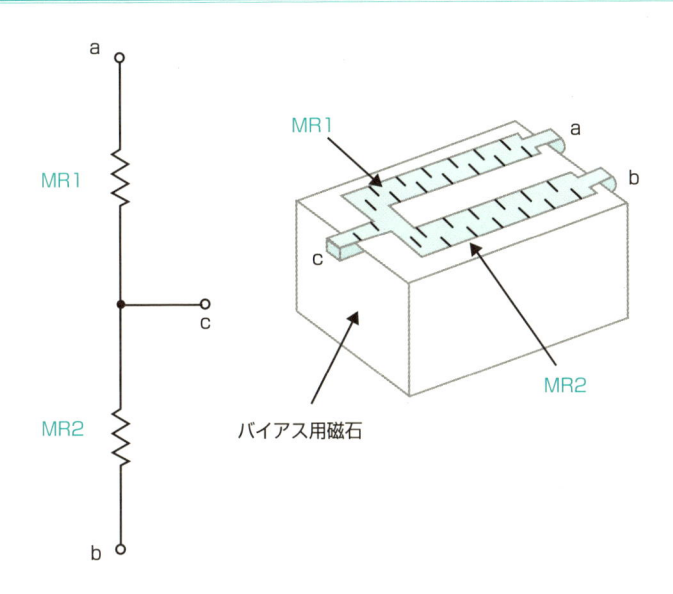

　aに＋の電圧を印加し、bをGNDに接続した場合、検出物体がない場合は出力電圧は印加電圧の約半分になります。この電圧を**中点電圧**と呼んでいます。ところが次の図のように検出物体がMR1からMR2の方向に移動したとすると、最初はMR1側のみに大きな磁界が発生して、MR1の抵抗値だけが大きくなります。したがってこの場合には、出力電圧が中間電圧より小さくなります。

8-3　磁気センサ

検出物体による磁界の差を検出する

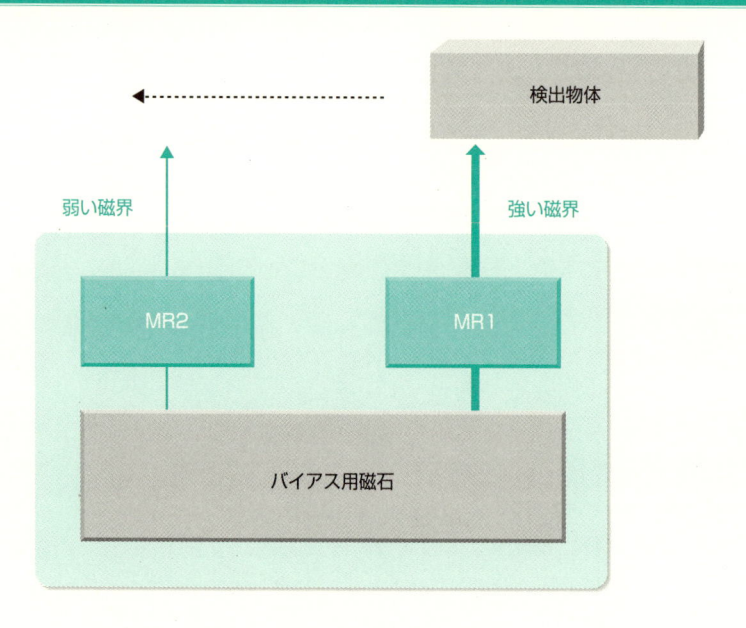

検出物体

弱い磁界　　　強い磁界

MR2　　　MR1

バイアス用磁石

　このように、2素子の抵抗値の変化をとらえることによって位置検出が可能となります。また印刷物であれば、となり合う磁気インクの磁界の差をとらえることで識別が可能となります。

8-4
圧力センサ

気体や流体だけでなく、固体も含めて対象物体に作用する力学エネルギーを検出するのが圧力センサです。ここでは電子回路ともっとも相性の良い半導体圧力センサについて説明します。

▶▶ ストレインゲージ方式の半導体圧力センサ

外部からの力学エネルギーによる「ひずみ」によって抵抗値が変化する素子のことを、**ストレインゲージ**といいます。

ストレインゲージには金属や半導体があります。**半導体圧力センサ**はストレインゲージに半導体を使用し、半導体結晶に圧力を加えると抵抗値が変化する**ピエゾ抵抗効果**を用いて圧力を検出します。半導体圧力センサは洗濯機の水圧管理や掃除機の空圧管理、血圧計などに用いられています。

一般的な半導体圧力センサは、出力の直線性を向上させるために、図のように4つのストレインゲージをダイヤフラム構造にした構成をとっています。

半導体圧力センサの構造

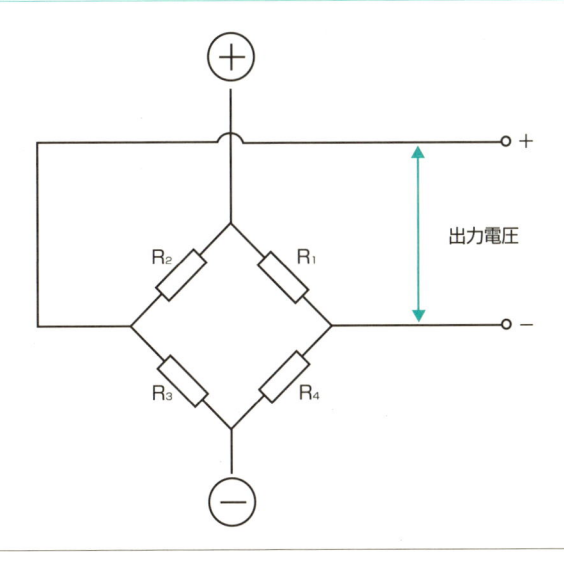

8-4 圧力センサ

▶▶ 各タイプの特徴

半導体圧力センサには次の3つのタイプがあります。

1. **絶対圧用**：真空状態（0mmHg）を基準に圧力を検出する。
2. **ゲージ圧用**：大気圧を基準に相対的な圧力を検出する。
3. **差圧用**：2つの圧力取り込み口を設け、対象圧力を基準に相対的な圧力を検出する。

3タイプの半導体圧力センサ

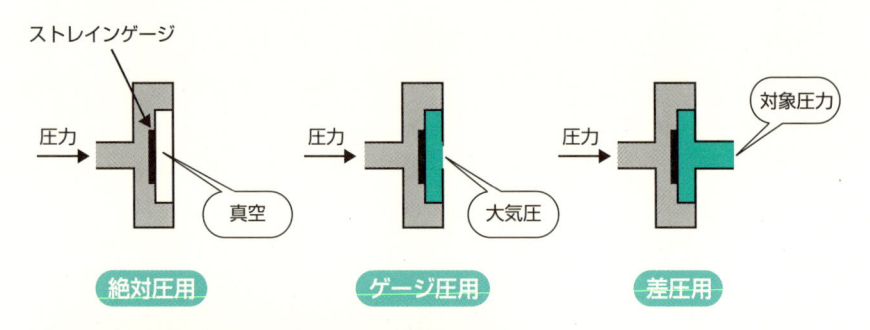

絶対圧用（ストレインゲージ／真空）　ゲージ圧用（大気圧）　差圧用（対象圧力）

▲差圧用半導体圧力センサ：FDMシリーズ（写真提供：株式会社フジクラ）

　半導体圧力センサも他のセンサと同様に、それ自体から出力される電圧は小さなものなので、CPUと接続するには増幅回路が必要となります。また、単なるON/OFF情報ではなく細かな値を取得するには、電圧出力をA/D変換器によってデータ化する必要があります。最近ではこれらの機能を実装しCPUと直結できるモジュールも用意されています。

8-4 圧力センサ

デジタルインタフェースを備えたIntersema社製半導体圧力センサモジュール
（販売：ミスズトレーディング社）

▼MS5536のブロック図

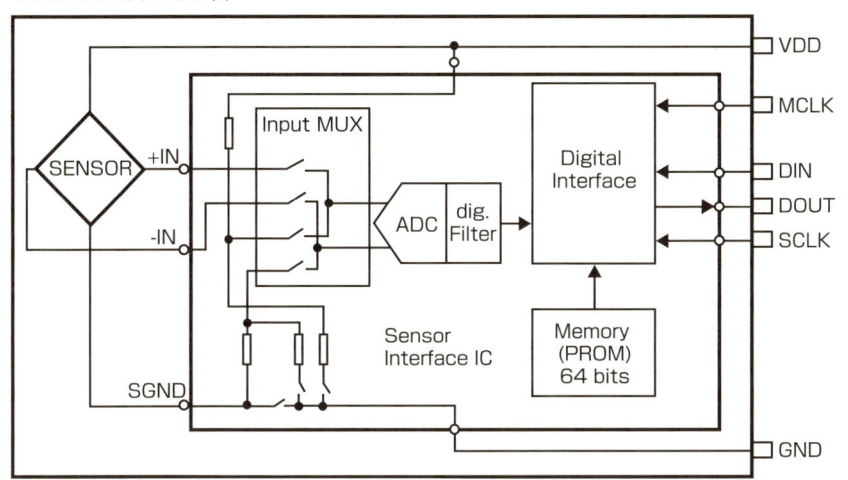

▲MS5534BM
（写真提供：ミスズトレーディング株式会社）

第**9**章

電源回路

　前章まで説明してきたデバイスは論理を構成するためのもので、これらを組み合わせることで機能回路を実現することができます。けれども機能回路を構成するデバイスには、それぞれに必要となる電流と電圧を供給しなければ動作しません。
　本章ではこれらのデバイスに電流と電圧を供給する電源回路について説明します。

9-1
電源回路とは

　第1章で説明したように、組み込みシステムは基板に実装されるコンピュータシステム部およびインタフェース部、そして外部装置といったブロックにより構成されます。これらのブロックごとに、必要とされる電源の仕様が異なります。

▶▶ 階層的に構成される電源回路

　電子機器を考えた場合、そこには必ず電源の供給元（1次側電源）が存在します。携帯型機器であれば電池が、家電機器であればコンセントから供給されるAC100Vが、これに当たります。

　ここではAC100Vを対象に説明しますが、このAC100Vはそのまま機器内部の回路で用いることはできません。というのも、機器内部の基板や外部装置の大半はDC（直流）電圧で駆動するからです。そのため電源回路は、1次側電源を基準に階層的に構成される必要があります。

2次電源と3次電源

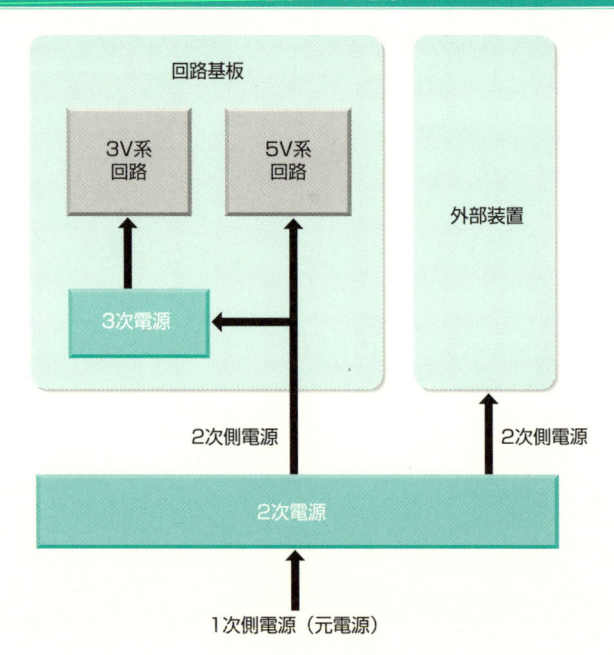

```
┌─────────────────────────┐   ┌──────────┐
│         回路基板        │   │          │
│  ┌────┐    ┌────┐       │   │          │
│  │3V系│    │5V系│       │   │          │
│  │回路│    │回路│       │   │ 外部装置 │
│  └─▲──┘    └─▲──┘       │   │          │
│    │         │          │   │          │
│  ┌─┴───┐     │          │   │          │
│  │3次電源│───┘          │   │          │
│  └──▲──┘                │   │          │
│     │                   │   │     ▲    │
└─────┼───────────────────┘   └─────┼────┘
      │ 2次側電源                    │ 2次側電源
   ┌──┴──────────────────────────────┴──┐
   │            2次電源                 │
   └──────────────▲─────────────────────┘
                  │
            1次側電源（元電源）
```

9-1　電源回路とは

▶▶ ACからDCへの変換を行う２次電源

　まずはAC100Vを、必要とされるDC電圧に変換する必要があります。つまり、１次側電源から２次側電源を生成するわけです。このように１次側電源から２次側DC電源を生成するものを、一般的に**２次電源**と呼びます。２次電源は一般的に単独の装置およびモジュールとして提供され、２次側電源出力が単出力のものから３出力程度のものがありますが、出力が多くなるほど回路が複雑になり価格も高くなります。

　２次電源は、**シリーズ電源**（**リニア電源**ともいう）と**スイッチング電源**の２つに大別されます。

▶▶ DCからDCへの変換を行う３次電源

　２次電源は各出力の電圧および電流にも制約があるため、少数の機器を除いて２次電源だけで基板や外部装置の電源をすべて賄うのは難しいと言えます。そこで２次電源からさらに基板上の複数のデバイスに必要な電源を供給します。

　次ページの図は、LCDモジュールとプリンタを備えた電子機器の電源供給の例を示したものです。

　２次電源からはDC5VとDC24Vが出力されるものとします。このとき回路基板を構成するデバイスの多くはDC3VまたはDC5V駆動ですから、DC5VからDC3Vを生成する必要があります。また、LCDモジュールのバックライト用電源がDC12V対応であれば、DC24VからDC12Vを生成しなければなりません。

　このように、２次電源から出力されたDC電圧からさらに必要なDC電圧を生成するものを、一般的に**３次電源**といいます。３次電源は基板実装タイプのデバイスまたはモジュールを使用して、回路基板上に構成するのが一般的です。代表的なものとして三端子レギュレータやスイッチング・レギュレータ、DC/DCコンバータが挙げられます。

第９章　各種センサ

9-1 電源回路とは

電子機器における電源供給の例

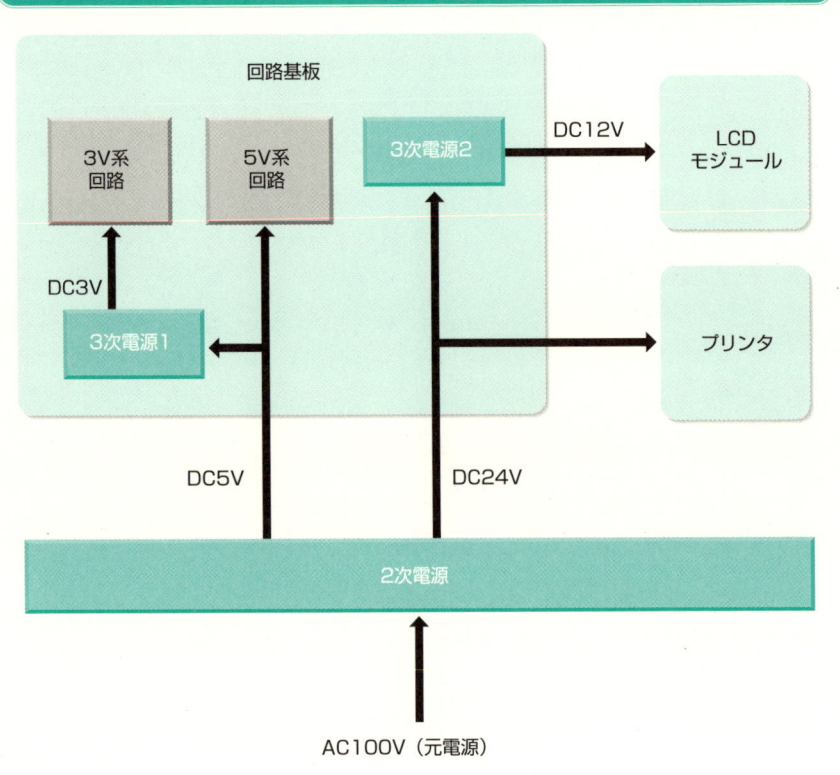

- 回路基板
  - 3V系回路
  - 5V系回路
  - 3次電源1 → DC3V → 3V系回路
  - 3次電源2 → DC12V → LCDモジュール
- 2次電源 → DC5V → 3次電源1／5V系回路
- 2次電源 → DC24V → 3次電源2／プリンタ
- AC100V（元電源） → 2次電源

9-2 シリーズ電源とスイッチング電源

前述したように、2次電源にはシリーズ電源とスイッチング電源があります。ここではそれぞれの特徴について見てみましょう。

▶▶ 2次電源の基本工程

AC電圧からDC電圧を生成する2次電源は、交流電圧変換、整流、平滑の3つの工程が基本となり、この組み合わせと平滑化されたDC電圧を安定化させる安定化回路の組み合わせで構成されています。

- **交流電圧変換（トランス）**：入力されたAC電圧を、所定のAC電圧に変換する。
- **整流**：AC電圧をDC電圧に変換する。
- **平滑（フィルタ）**：振幅のあるDC電圧を直線的に平滑する。

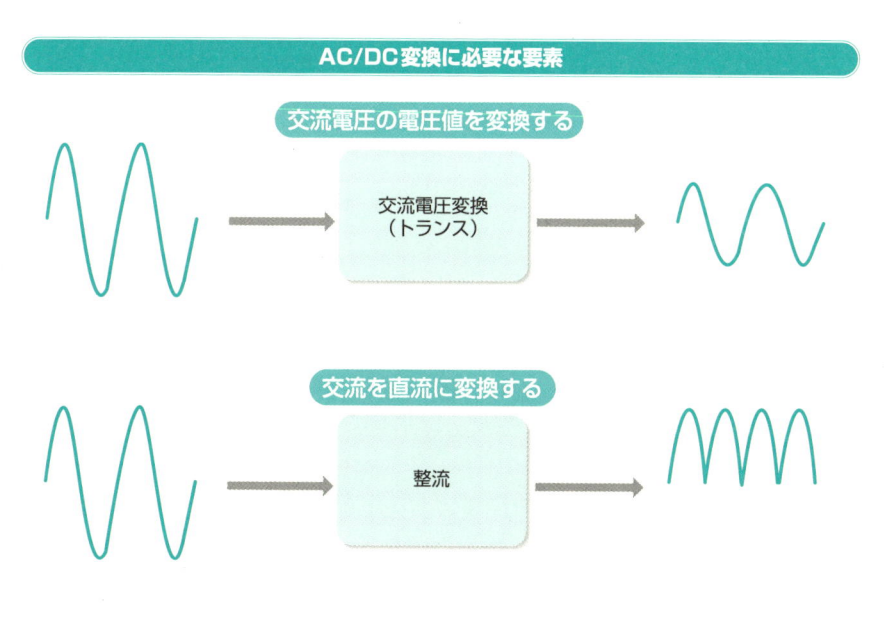

AC/DC変換に必要な要素

交流電圧の電圧値を変換する

交流電圧変換（トランス）

交流を直流に変換する

整流

[直流を平滑にする]

平滑
（フィルタ）

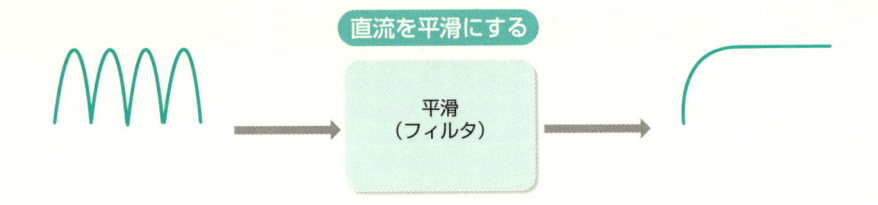

▶▶ シリーズ電源

　シリーズ電源は基本的に次の図のような構成をとります。入力されたAC電圧はトランスで目的とするAC電圧に変換され、整流回路によりDC電圧に変換されます。ただしこの段階でのDC電圧は、多くのAC成分（**リップル**）を含んでいて波形が歪んでいるため、平滑回路により平らなDC電圧に変換します。

　平滑回路より出力されたDC電圧はそのままでも利用できますが、この出力は接続される負荷や環境によって電圧が変化する不安定な要素を持っています。そのため電圧安定化回路を設けて、これを介してDC電圧を出力します。

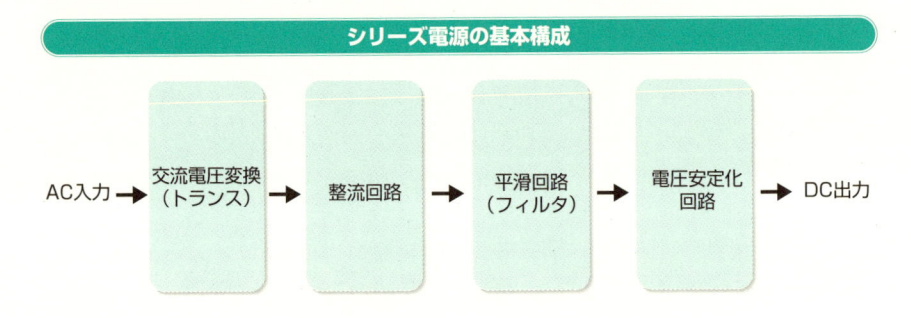

シリーズ電源の基本構成

AC入力 → 交流電圧変換（トランス）→ 整流回路 → 平滑回路（フィルタ）→ 電圧安定化回路 → DC出力

　電圧安定化回路は出力電圧を監視し、これと基準となる電圧を比較して差が生じると、トランジスタの出力電圧を制御してDC出力が一定に保たれるようにします（次ページの図）。

　シリーズ電源はリップル含有率が小さく、ノイズが少ないため非常に安定性が高いのが特徴ですが、AC入力を直接電圧変換するため大きなトランスが必要になることや、電圧安定化回路の放熱が多い、効率の低下や発熱を抑えるために入力電圧の許容範囲が狭くなる、といった欠点もあります。一般的には音響機器や高周波機器のように、高精度な安定性を要求されるものに用いられます。

9-2 シリーズ電源とスイッチング電源

電圧安定化回路の例

シリーズ電源：Gシリーズ

（写真提供：コーセル株式会社）

▶▶ スイッチング電源

　スイッチング電源は次の図のような基本構成をとります。入力されたAC電圧は整流回路によりDC電圧に変換され、平滑回路により平らなDC電圧に変換されます。

9-2 シリーズ電源とスイッチング電源

　この段階では目的としたDC電圧ではありませんが、次にこのDC電圧を高周波スイッチング回路により矩形のパルスに変換します。高周波パルスは電圧変換回路と平滑回路で構成される高周波フィルタ回路を介して出力されます。

　なぜこのようにいったんDC電圧に変換しながらさらにパルスに変換するかというと、スイッチング電源ではこのパルスの幅（デューティ）により電圧を制御するからです。つまりパルス幅が大きければ出力電圧も大きくなり、小さければ出力電圧も小さくなるのです。このためスイッチング電源には、パルスがONのときに電力を蓄えて、OFFのときに蓄えた電力を出力する機能が必要です。これを実現するのが**インダクタ**やトランスです。

　DC出力の安定化もパルス幅制御により行われます。基準電圧比較回路により基準となる電圧と比較して、差が生じると、パルス幅制御回路がパルス幅を広げたスイッチング制御を行います。

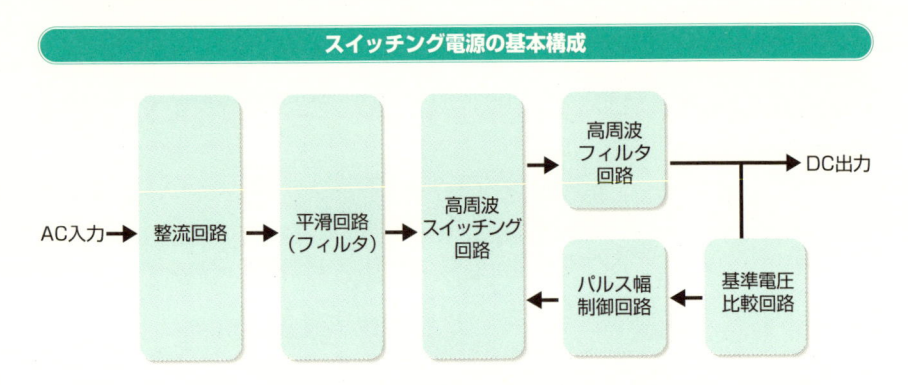

スイッチング電源の基本構成

AC入力 → 整流回路 → 平滑回路（フィルタ）→ 高周波スイッチング回路 → 高周波フィルタ回路 → DC出力
　　　　　　　　　　　　　　　　　　　　　　　　　　　　　↓　　　　　　　　　　　↑
　　　　　　　　　　　　　　　　　　　　　　　　　　　パルス幅制御回路 ← 基準電圧比較回路

　スイッチング電源は前述したように電力効率が良いため放熱が少なく、大半が半導体部品で構成されるため小型化が可能です。また、異なる複数のDC出力を用意する場合も、高周波トランス以降の回路の追加で済むため容易に行えます。シリーズ電源に比べるとノイズが多く、リップル含有率が高いのは事実ですが、ノイズフィルタの付加や高周波平滑回路の強化により電子機器の大半で利用されています。

9-2 シリーズ電源とスイッチング電源

スイッチング電源

◀S8E1シリーズ
（写真提供：オムロン株式会社）

RMBシリーズ▶
（写真提供：コーセル株式会社）

▶▶ ACアダプタ

　ここまで説明したシリーズ電源とスイッチング電源の多くは、機器への組み込みを目的としたものでしたが、小型・省スペース化のために2次電源を製品の筐体内部に持ちたくないという要望はよくあることです。

　このような場合に用いられるのが、皆さんご存知の**ACアダプタ**です。ACアダプタも2次電源回路を構成するものなので、シリーズ電源と同等の回路で構成されるものと、スイッチング電源と同等の回路で構成されるものがあります。一般にはシリーズタイプをACアダプタ、スイッチングタイプをスイッチングACアダプタと呼んでいます。

スイッチング式ACアダプタ（左）とドロッパー式ACアダプタ（右）

（写真提供：加美電子工業株式会社）

第9章　各種センサ

245

9-3
３次電源を実現する電源用デバイス

　２次電源により生成されたDC電圧を、基板上のデバイスおよび外部装置が必要とするDC電圧に変換するのが３次電源です。したがって３次電源は実装が容易で使いやすい必要があり、それを実現するものがデバイスとして提供されています。

▶▶ DC/DC変換の種類

　DC/DC変換としては次の３つがあります。

❶ 高い電圧から低い電圧を生成する
❷ 低い電圧から高い電圧を生成する
❸ 極性の反転した電圧を生成する

　このうち最も標準的なのは❶で、これを実現するデバイスとして代表的なのが**シリーズ・レギュレータ**です。シリーズ・レギュレータはシリーズ電源と同じでリニアに制御を行うものですが、一般的には三端子レギュレータと呼ばれています。
　一方、❷と❸はどちらかというと特殊な例で、２次電源の出力電圧に制限がある場合に用いられます。これに用いられるデバイスとしては**スイッチング・レギュレータ**がありますが、スイッチング・レギュレータはそれ単体で電圧変換を行うわけではありません。
　スイッチング・レギュレータは前述したスイッチング電源の高周波スイッチング回路を実現するもので、その出力をトランスと平滑回路を介すことで目的とする電圧が出力されます。このスイッチング・レギュレータとトランス、平滑回路などを１つのデバイスとしてモジュール化したものが**DC/DCコンバータ**です。

9-3 3次電源を実現する電源用デバイス

DC/DC変換の種類

①高い電圧から低い電圧を生成する

DC+9V → 3次電源 → DC+5V

②低い電圧から高い電圧を生成する

DC+3V → 3次電源 → DC+5V

③極性の反転した電圧を生成する

DC+5V → 3次電源 → DC−5V

NECエレクトロニクス社のスイッチング・レギュレータ：μPC1933のブロック図

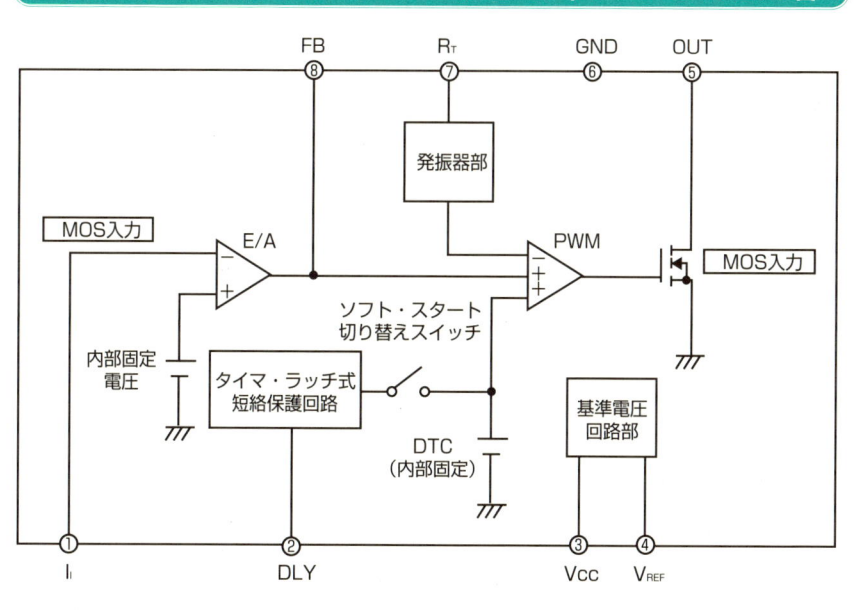

- ⑧ FB
- ⑦ R_T
- ⑥ GND
- ⑤ OUT
- ① I_I
- ② DLY
- ③ V_{CC}
- ④ V_{REF}

MOS入力、E/A、発振器部、PWM、MOS入力、内部固定電圧、タイマ・ラッチ式短絡保護回路、ソフト・スタート切り替えスイッチ、DTC（内部固定）、基準電圧回路部

9-3　3次電源を実現する電源用デバイス

▶▶ 三端子レギュレータ

　三端子レギュレータは、入力と出力、GNDの3つの端子だけで構成され、基本的に図のように2つのコンデンサを接続するだけでDC電圧変換が行えるため、非常に便利なデバイスです。またリニア制御なのでノイズの発生がありません。

三端子レギュレータの周辺回路

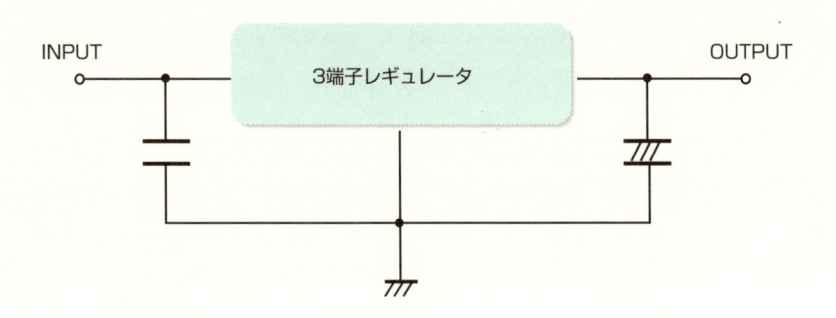

INPUT ── 3端子レギュレータ ── OUTPUT

　三端子レギュレータは基本動作として、次の回路で構成されます。

- ❶**基準電圧回路**：出力電圧を決定する。
- ❷**誤差増幅回路**：出力電圧と基準電圧を比較し、誤差を補正して出力電圧を制御する。
- ❸**定電流源**：各回路に必要な電流を供給する。
- ❹**出力段パワートランジスタ**：誤差増幅回路により制御され最終的な出力を行うとともに、入力と出力の電圧差を熱に変換する。
- ❺**スタートアップ回路**：入力電圧が安定動作に必要なレベルに立ち上がった段階で基準電圧回路を動作させる。

9-3 3次電源を実現する電源用デバイス

三端子レギュレータの基本ブロック図

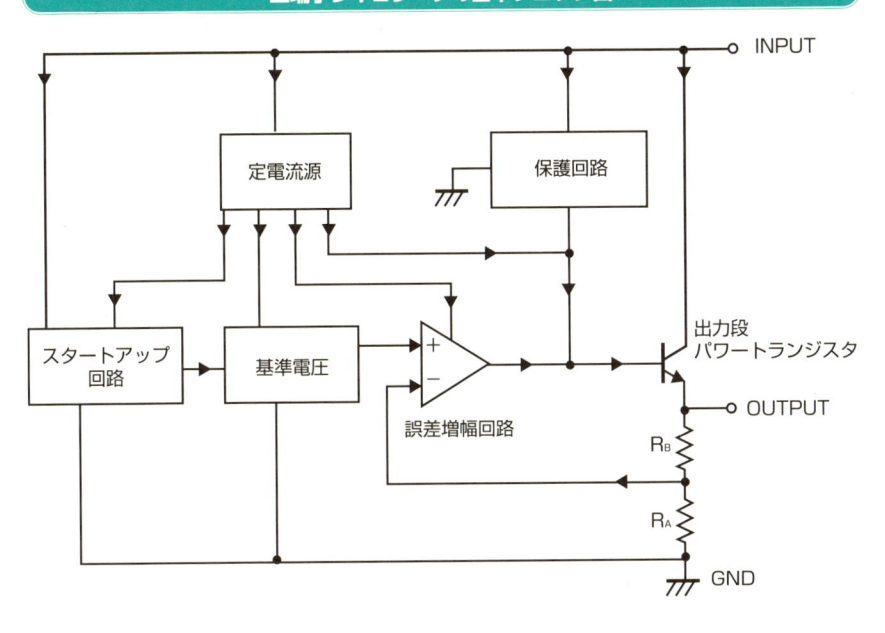

また保護回路としては、次のようなものが用意されています。

- **過電流制限回路**：負荷電流がパワートランジスタの容量を超えないようにする。
- **安全動作領域制限回路**：パワートランジスタの安全動作領域を超えないように、コレクタ－エミッタ間電圧が大きくなると出力電流を抑える。
- **過熱保護回路**：チップ自体の温度が異常に上昇した場合に出力を遮断する。

　三端子レギュレータは非常に使いやすいデバイスですが、前述したように出力段パワートランジスタが入力と出力の電圧差を熱に変換する構造のため、この熱が大きい場合は次ページ下の図のようにヒートシンクを取り付けて放熱してやる必要があります。

9-3 3次電源を実現する電源用デバイス

NECエレクトロニクス社の三端子レギュレータ：μPC3533/3504

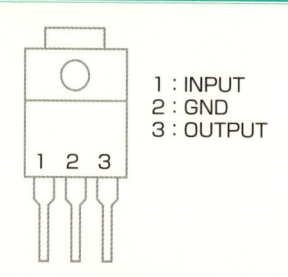

1：INPUT
2：GND
3：OUTPUT

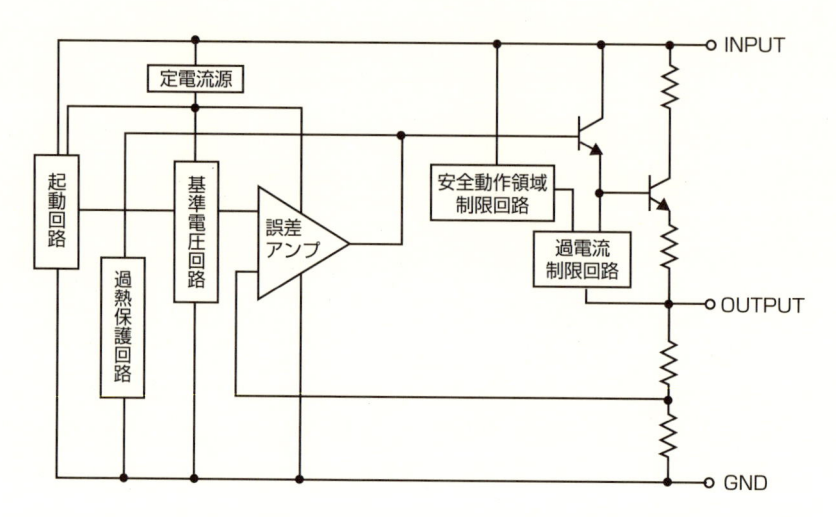

定電流源
起動回路
基準電圧回路
過熱保護回路
誤差アンプ
安全動作領域制限回路
過電流制限回路
INPUT
OUTPUT
GND

ヒートシンク取り付けの例

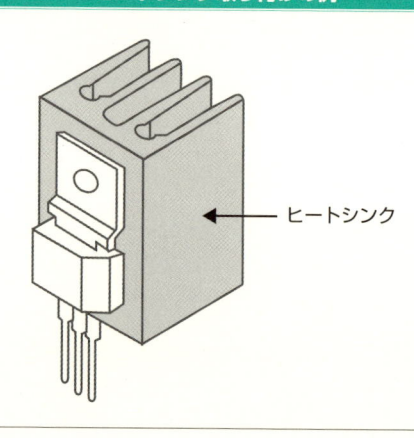

ヒートシンク

▶▶ DC/DCコンバータ

　DC/DCコンバータは、「低い電圧から高い電圧を生成する」場合と「極性の反転した電圧を生成する」場合のみに利用されるわけではありません。スイッチング電源と同様の構成なので、「高い電圧から低い電圧を生成する」場合にも用いられます。

　前述した三端子レギュレータは、入力と出力の電圧差が大きいとヒートシンクが必要になります。ヒートシンクが大きくなると実装に影響を与えてしまいます。こういった場合は、ヒートシンクが不要なDC/DCコンバータを利用するほうが有効な場合が多々あります。

　ところで、前述のスイッチング電源のところで、高周波フィルタ回路については「電圧変換回路と平滑回路で構成される」としか説明していませんでした。これについてもう少し詳しく説明します。

　高周波フィルタ回路にはチョッパ型とインバータ型があります。**チョッパ型**はスイッチング制御を行うトランジスタからの電力をインダクタに蓄えるもので、入力と出力が接続されているため一般的には**非絶縁型**と呼ばれています。トランジスタがOFFの場合は、インダクタに蓄えられた電力が電圧として出力されます。

チョッパ型（非絶縁型）回路

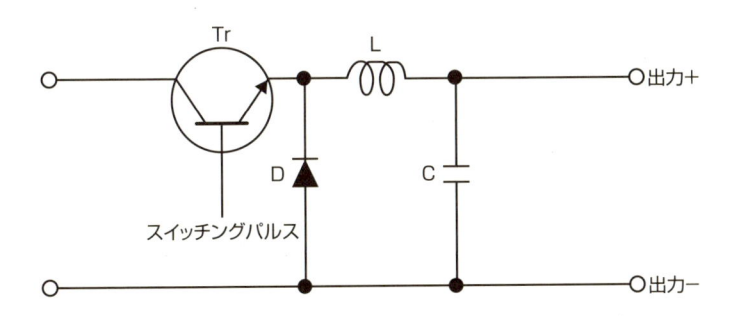

　一方**インバータ型**は、トランジスタからの電力をトランスにより蓄えるもので、トランジスタがOFFの場合はトランスに蓄えられた電力が電圧として出力されます。入力と出力が絶縁されているため一般的には**絶縁型**と呼ばれ、入力側と出力側のGND電位が異なる場合に有効です。

9-3　3次電源を実現する電源用デバイス

インバータ型（絶縁型）回路

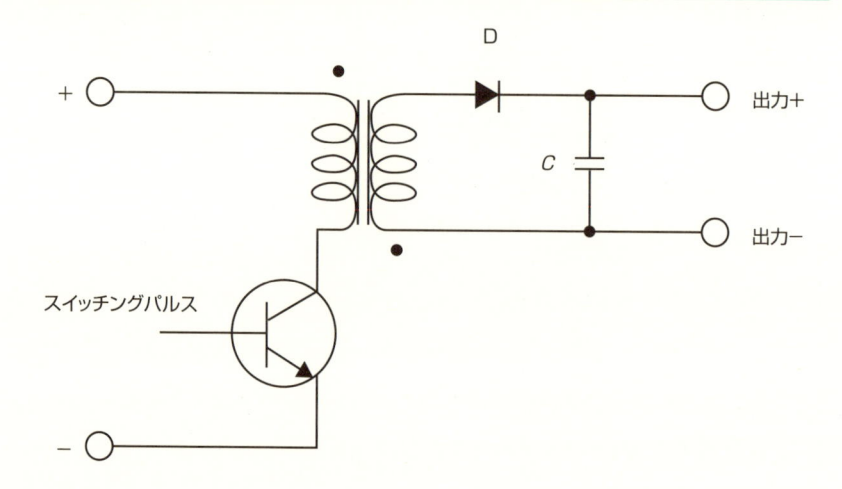

DC/DCコンバータはこれらの高周波フィルタ回路と、それにスイッチングパルスを供給するスイッチング・レギュレータで構成されるものです。したがってDC/DCコンバータには非絶縁型と絶縁型があります。

DC/DCコンバータ

▲非絶縁型DC/DCコンバータ：CEシリーズ

▲絶縁型DC/DCコンバータ：CC-Eシリーズ
　（写真提供：TDK株式会社）

9-4 電源のバックアップ

2次側および3次側の電源は、停電や2次電源装置のトラブル、ラインの切断などさまざまな要素によって供給が停止してしまうことがあります。データを保持する必要があるシステムでは、このような場合に備えて電源のバックアップが必要となります。

▶▶ バックアップの必要性

これまで何度か説明してきたように、組み込みシステムはコンピュータシステム部、周辺回路、外部インタフェースといった基板実装される部分と、プリンタ、LCDといった外部装置で構成されています。電源のバックアップで重要なのは、これらの構成要素のうちどこまでをバックアップの対象とするかです。

例えば基板と外部装置すべてをバックアップし、一定時間の動作を保証するとなれば、消費電力が大きいため**UPS**（**無停電電源装置**）といった専用のバックアップ電源が必要となります。また、基板だけを対象とした場合でも、すべての回路を対象とするのかCPU周辺のコンピュータシステム部だけを対象とするかによって、バックアップのためのデバイスの電力供給能力が異なってきます。こういったいくつかのケースのうち、ここでは基本となるコンピュータシステム部だけを対象としたバックアップについて触れたいと思います。

電源バックアップのないシステムでは、電源が落ちたとたんCPUを含むコンピュータシステム部は停止してしまい、電源が供給されるとCPUは**パワーオンシーケンス***を実行します。大半の電子機器はこれで問題ないのですが、例えばCPUで処理したデータを保存する必要のあるシステムでは、処理過程で電源が落ちた場合、データが正常に保存されたかどうか管理ができません。このような場合は、電源が落ちてもデータを保存するまでの処理だけは行えるバックアップ機構が最低限必要となります。

また、製品がカレンダー機能を持つ場合を考えてみましょう。第4章で説明したように年、月、日、時、分、秒を管理するカレンダー機能は一般的にリアルタイムクロック（RTC）というデバイスで実現されており、CPUはこの機能を利用して制御を行っています。ところが電源が落ちてリアルタイムクロックが停止してしまう

---

* **パワーオンシーケンス**　電源ON時に実行する初期化プログラム。

9-4 電源のバックアップ

と、次に電源が供給されてもリアルタイムクロックは0年0月0日0時0分0秒からスタートしてしまい、これを修正する手段が必要となってしまいます。したがってカレンダー機能を維持するためには、電源が再度供給されるまでの期間（例えば数十日間）リアルタイムクロックを動作させるバックアップ機構が必要となります。

▶▶ 電源バックアップ回路

次の図は電源バックアップ回路の例を示したものです。このシステムではCPUで処理したデータをEEPROMに保存するものとします。

3次電源から電力が供給される正常状態では、各デバイスはこの電力により動作し、スーパーキャパシタ（大容量キャパシタ）とリチウム電池（充電式）は充電されます。この状態から3次電源が落ちると、各デバイスにはスーパーキャパシタに蓄えられた電力が供給されます。CPUはリセットICより電源が落ちたことを把握し、データをEEPROMに保存することを優先に処理を行います。

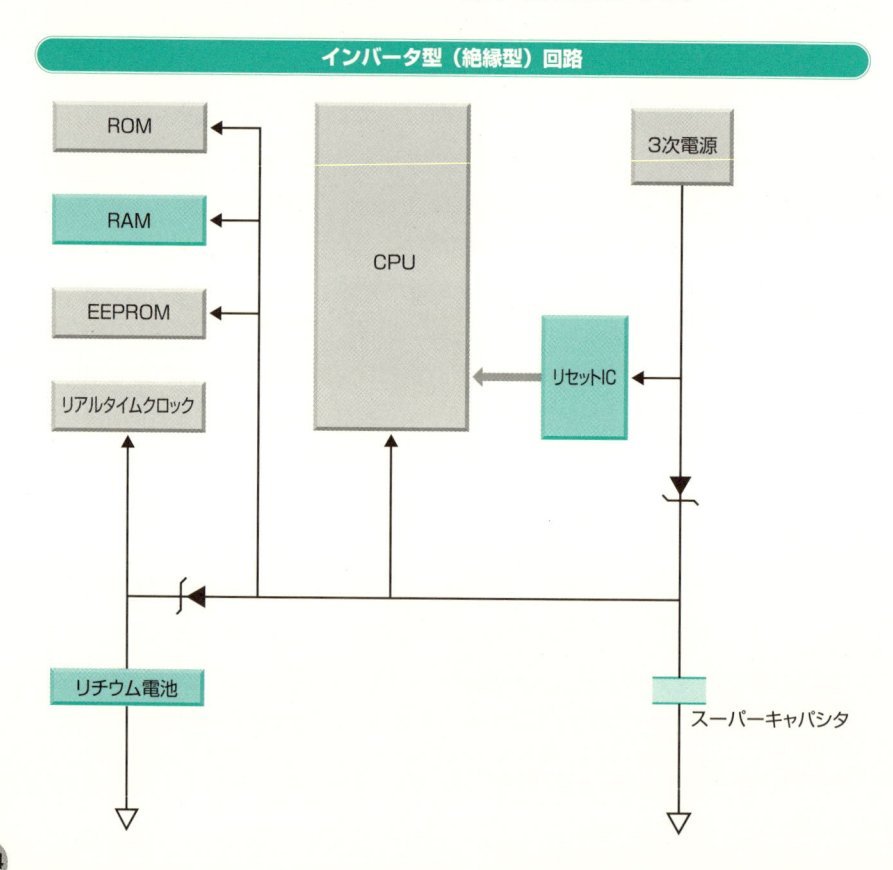

インバータ型（絶縁型）回路

- ROM
- RAM
- EEPROM
- リアルタイムクロック
- CPU
- 3次電源
- リセットIC
- リチウム電池
- スーパーキャパシタ

9-4 電源のバックアップ

やがてスーパーキャパシタの電力が尽きると、CPU、ROM、RAM、EEPROMは動作を停止してしまいますが、リアルタイムクロックだけはリチウム電池により電力が供給されて機能が維持されます。

リセットIC

リセットICの基本的な役目は電源ON時にCPUにリセットをかけることですが、バックックアップに対応するには電源が落ちた場合にCPUにその旨を知らせる出力（割り込み信号出力）が必要です。これに対応するのが2出力タイプのリセットICです。CPUはこの割り込み信号出力を受けて、バックアップ時に対応したプログラムを実行します。

2出力リセットIC：M62001L/FP～M62008L/FP（ルネサステクノロジ社）

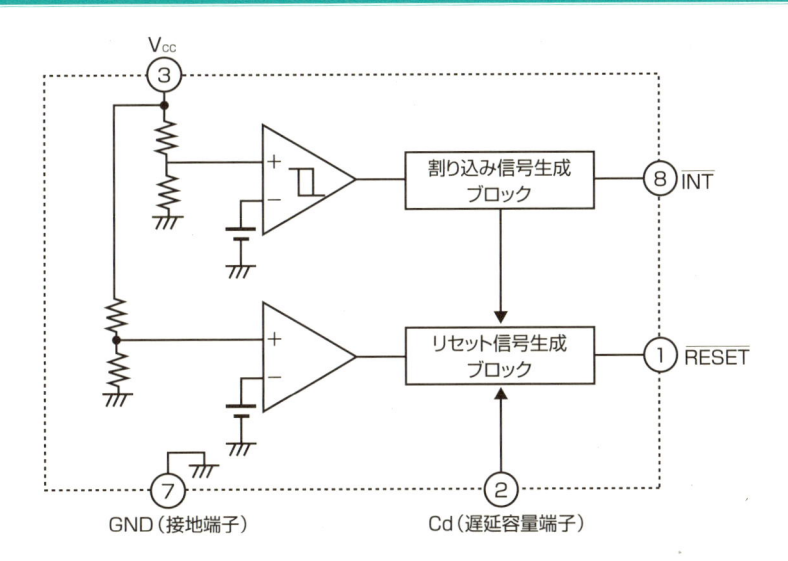

```
       Vcc
        ③
   ┌────┬──────────────┐
   │    │              │
   ⏚    ⏚   ┌──┐   ┌──────────┐
        ├──│+ │   │割り込み信号生成│──⑧ INT
        └──│- │   │   ブロック    │
           └──┘   └──────────┘
                        │
                        ▼
   ┌────┬──────────────┐
   │    │   ┌──┐   ┌──────────┐
   ⏚    ├──│+ │   │リセット信号生成│──① RESET
        └──│- │   │   ブロック    │
           └──┘   └──────────┘
                        ▲
        ⏚               │
        ⑦               ②
   GND（接地端子）   Cd（遅延容量端子）
```

スーパーキャパシタ

スーパーキャパシタは、固体と液体のような異なる二相が接する面に電気が蓄えられるという「電気二重層」の現象を利用したものです。電極間に電圧をかけると各電極の表面にイオンが吸着し、電気が蓄えられます。

基本的に無制限に充放電が行えるため信頼性が高く、秒単位の充電が可能なため

9-4　電源のバックアップ

CPUやメモリのバックアップに用いられます。

スーパーキャパシタのセル構造

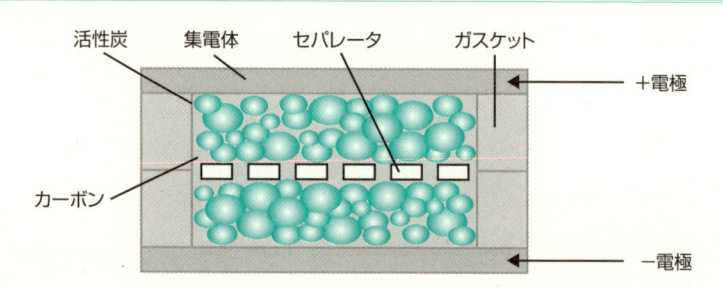

- 活性炭
- 集電体
- セパレータ
- ガスケット
- ＋電極
- カーボン
- －電極

電気二重層の原理

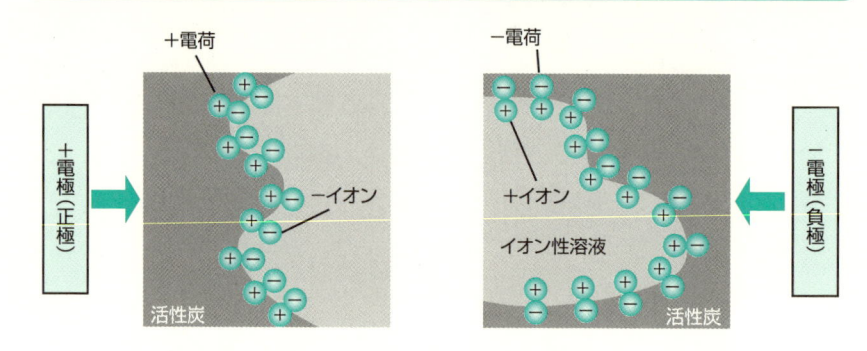

- ＋電荷
- －イオン
- ＋電極（正極）
- 活性炭
- －電荷
- ＋イオン
- イオン性溶液
- －電極（負極）
- 活性炭

スーパーキャパシタ：HPシリーズ

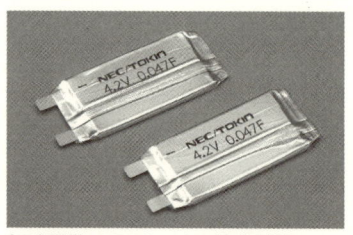

（写真提供：NECトーキン株式会社）

▶▶ リチウム電池

リチウム電池には、充電できないものと充電可能なものがあります。前者は市販の乾電池などと同等に１次電源として利用され、後者はバックアップ用電源として利用されます。

リチウム電池は充放電サイクルが1000回程度で、充電時間も数時間を要しますが、エネルギー密度（単位質量あたりの電力容量）が高く、実装しやすいのが特徴です。

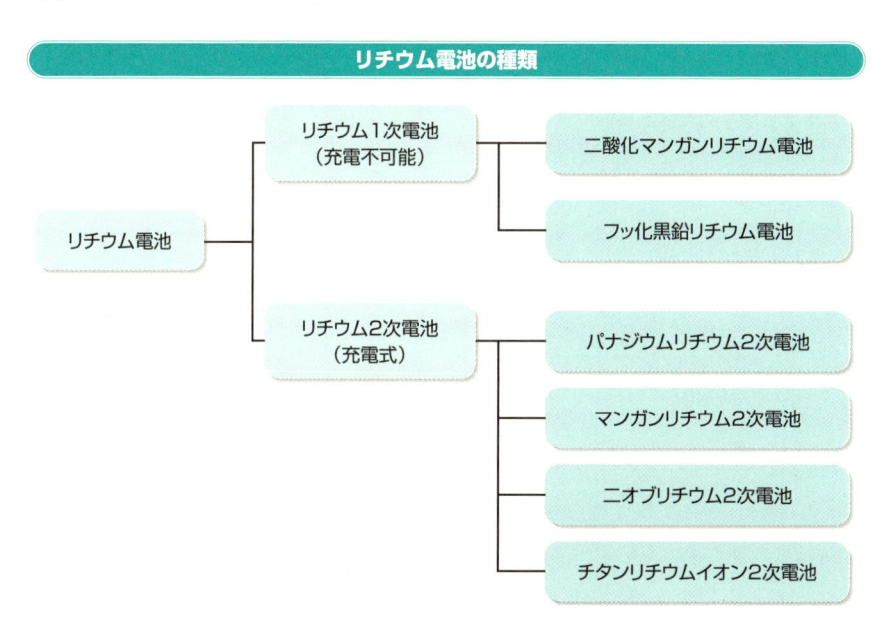

リチウム電池の種類

- リチウム電池
  - リチウム１次電池（充電不可能）
    - 二酸化マンガンリチウム電池
    - フッ化黒鉛リチウム電池
  - リチウム２次電池（充電式）
    - バナジウムリチウム２次電池
    - マンガンリチウム２次電池
    - ニオブリチウム２次電池
    - チタンリチウムイオン２次電池

リチウム&マイクロバッテリー：VLシリーズ

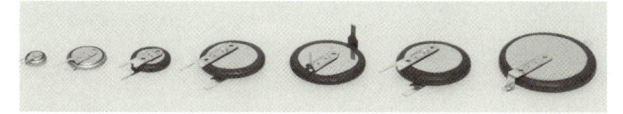

（写真提供：松下電池工業株式会社）

9-4 電源のバックアップ

松下電器のVL2020（公称電圧3V、公称容量20mAh）の消費電流と電力供給時間の関係

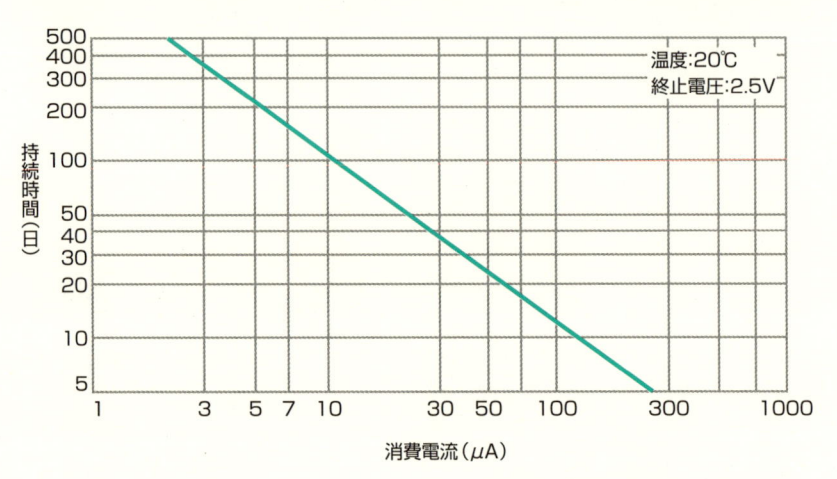

縦軸：持続時間（日）
横軸：消費電流（μA）

温度:20℃
終止電圧:2.5V

出典：松下電器産業ホームページ

おわりに

　高度成長期の後半にあたる1970年代から1980年代前半には、家電分野だけでなく産業機器、OA機器分野においてさまざまな電子機器が生まれました。当時の国内経済はこれら新しく生まれた電子機器によって支えられていたと言っても、過言ではないでしょう。

　ところがそれ以降のバブル期を含めしばらくの間、電子機器を含めた「ものつくり」の精神が疎かにされてきました。もちろん製造拠点が海外に移ったことも要因の一つですが、「どうせ同じ金を稼ぐなら、こつこつ苦労してモノを作るよりは、右から左にお金を動かして利ザヤを取るほうが楽」といった考えが世論として存在していたのは事実です。

　電子機器というのはマイクロプロセッサを中心としたハードウエアと、それを制御するソフトウエアで構成され、これらを合わせて組み込みシステムと呼んでいます。したがって1つの商品を開発するには、ハードウエアとソフトウエアそれぞれの設計が必要であり、しかもそれぞれに基本設計、詳細設計、量産設計といった多岐にわたる工程を必要とします。さらには最終段階でのミスがいっさい許されない、とういのも大きな特徴でしょうか。

　こうした組み込みシステムがここ数年、再び注目されています。大きな要因はネットワークの普及で、このネットワークを有効利用するため携帯電話を筆頭に、電子機器が情報機器化してきたことです。ただ、要因はともかく、再び「ものつくり」の精神が見直されてきたことに個人的には喜びを感じています。

　身の回りの電子機器に目を向けてみてください。少なくともそれらの電子機器の存在により、それが存在する以前よりは生活や社会が利便性の面で向上したはずです。つまり電子機器は肝となる部分で、社会に大きく貢献しているわけです。

　本書は電子デバイスを対象とした入門書ですが、本書を読んでいただいた方の一部でも、これをきっかけに電子機器という「ものつくり」に興味を抱いていただければ、これ以上の喜びはありません。

著者

Appendix

索引

索引
INDEX

あ行

アクセスブロック ················ 185
アドレス ······················ 23
アナログ出力タイプセンサ ········· 227
アナログ／デジタル変換器 ········· 126
アノード ····················· 204
アバランシェ型フォトダイオード ····· 215
イーサネット ·················· 121
イーサネットコントローラ ········· 122
印加 ························ 38
インダクタ ··················· 244
インタフェース部 ·········· 14,19,31
インタフェースIC ··············· 32
インタフェースLSI ·············· 32
インバータ回路 ················· 45
インバータ型回路 ··············· 251
ウェイト制御部 ················· 98
ウォッチドッグタイマ ············ 109
液晶ディスプレイ ··············· 198
エミッタ ····················· 40
エンコーダ ···················· 67
エンベデッドアレイ ·············· 77
オペランド ················ 88,137
温度センサ ··················· 221

か行

外部装置 ····················· 20
外部通信 ·················· 20,33
概要設計 ····················· 14
回路基板 ····················· 20
カウンタ ·················· 65,106
カウンタ制御回用レジスタ ········· 106
書き込み／読み出し用レジスタ ····· 106
拡散工程 ····················· 72
加算器 ······················ 68
仮想メモリ ···················· 90
カラム ······················ 172
カルコゲニド合金 ··············· 194
間接アドレシング ··············· 134
機構部品 ····················· 12
寄生容量 ···················· 172
機能デバイス ················ 30,34
機能部品 ····················· 12
機能モジュール ················· 20
基本セル ····················· 76
基本素子 ····················· 72
基本論理回路 ··············· 45,51
キャッシュメモリ ··············· 87
キャパシタ ···················· 72
キャラクタジェネレータRAM ······· 203

キャラクタジェネレータROM ······· 203
キャラクタタイプ ················ 200
強磁性トンネル磁気抵抗効果素子 ····· 188
金属測温抵抗体 ·················· 224
空乏層 ························· 40
組み合わせ回路 ·················· 53
グラフィックRAM ················ 124
グラフィックタイプ ··············· 200
クランプ回路 ···················· 127
グリッド ······················· 204
クロック選択回路 ················ 106
クロック同期式 ·················· 112
蛍光表示管 ····················· 204
蛍光表示管モジュール ············· 204
ゲージ圧用センサ ················ 234
ゲート ······················ 42, 74
ゲートアレイ ····················· 74
光起電力効果 ··················· 214
高周波フィルタ回路 ··············· 251
光電子放出効果 ·················· 215
光電スイッチ ··················· 218
光電センサ ····················· 219
光導電効果 ····················· 214
交流電圧変換 ··················· 241
固定層 ························ 189
コモン信号 ····················· 201
コモンドライバ ·················· 201
コレクタ ························ 40
コンデンサ ······················ 72

コントローラ ···················· 32
コントロールブロック ············· 185
コンピュータシステム部 ············ 14
コンペアマッチタイマ ············· 107

さ行

差圧用センサ ··················· 234
サーミスタ ····················· 225
差動伝送方式 ··················· 121
サポート機能 ···················· 85
三端子レギュレータ ··············· 248
サンプルホールド回路 ············· 127
シース熱電対 ··················· 223
しきい値 ······················ 163
磁気センサ ····················· 228
磁気抵抗素子 ··················· 230
システム・コントロール・ロジック ···· 84
システムバス ···················· 20
シフトレジスタ ··················· 63
時分割多重化処理 ················· 63
自由層 ························ 189
周辺機能部 ····················· 14
周辺ロジック部 ················ 19, 28
受動部品 ······················· 12
順序回路 ······················· 53
詳細設計 ······················· 14
シリアルコミュニケーションインタフェース
 ····························· 111
シリアル通信 ··················· 111

シリアルデータ ………………… 63	セミカスタムLSI ………………… 73
シリアルI/O ………………… 114	セル ………………… 74
シリーズ・レギュレータ ……… 246	セルベースIC ………………… 75
シリーズ電源 ………………… 239	セルライブラリ ………………… 76
進化型不揮発性メモリ ………… 188	センサ ………………… 13,20
真理値表 ………………… 48	選択ゲート ………………… 166
水晶部品 ………………… 12	専用デバイス ………………… 30
スイッチング・レギュレータ … 246	操作キー／スイッチ …………… 20
スイッチング電源 …………… 239,243	ソース ………………… 42
スーパーキャパシタ …………… 255	
スーパースカラ ………………… 143	**た行**
スタンダードセル ………………… 75	ダイオード ………………… 39
ステータスレジスタ ……………… 95	タイマ ………………… 106
ストア命令 ………………… 136	タイマパルスユニット ………… 108
ストラクチャードASIC …………… 79	タイマユニット ………………… 106
ストレインゲージ ……………… 233	単機能半導体 ………………… 12
スワップ ………………… 90	チップセレクト信号 ……………… 98
スワップファイル ………………… 90	チップセレクト制御部 …………… 98
制御対象部 ………………… 14	中点電圧 ………………… 231
制御部 ………………… 14	調歩同期式 ………………… 112
正孔 ………………… 38	チョッパ型回路 ………………… 251
整流 ………………… 241	ディスプレイ ………………… 12
ゼーベック効果 ………………… 222	ディファレンシャル・クロック …… 180
セグメント ………………… 152	ディファレンシャル・クロック方式 … 186
セグメントタイプ ……………… 209	データ・ストローブ信号 ……… 180
セグメントドライバ …………… 201	データキャッシュ ……………… 88
絶縁型回路 ………………… 251	デコーダ ………………… 67
接触式センサ ………………… 221	デジタル出力タイプセンサ …… 227
絶対圧用センサ ………………… 234	デューティ ………………… 108

電圧安定化回路 ・・・・・・・・・・・・・・・・・・ 242
電界効果トランジスタ ・・・・・・・・・・・・ 42
電源 ・・・・・・・・・・・・・・・・・・・・・・・・・・・・・ 13
電源回路 ・・・・・・・・・・・・・・・・・・・・・ 35,238
電源バックアップ回路 ・・・・・・・・・・・ 254
電源部 ・・・・・・・・・・・・・・・・・・・・・・・・ 19,35
電源ユニット ・・・・・・・・・・・・・・・・・・・・ 36
電子 ・・・・・・・・・・・・・・・・・・・・・・・・・・・・ 38
電子デバイス ・・・・・・・・・・・・・・・・・・・・ 12
透過型光電センサ ・・・・・・・・・・・・・・・ 219
同期SRAM ・・・・・・・・・・・・・・・・・・・・ 170
トークン ・・・・・・・・・・・・・・・・・・・・・・・ 118
独自回路 ・・・・・・・・・・・・・・・・・・・・・・・ 30
ドットマトリクスLEDモジュール ・・・・ 212
ドットマトリクスタイプ ・・・・・・・ 209,211
ドライバ ・・・・・・・・・・・・・・・・・・・・・・・ 32
トランシーバ ・・・・・・・・・・・・・・・・・・・ 32
トランジスタ ・・・・・・・・・・・・・・・・・・・・ 38
トランス ・・・・・・・・・・・・・・・・・・・・・・ 241
ドレイン ・・・・・・・・・・・・・・・・・・・・・・・ 42

な行

中村修二 ・・・・・・・・・・・・・・・・・・・・・・・ 208
熱型 ・・・・・・・・・・・・・・・・・・・・・・・・・・・ 214
熱電対 ・・・・・・・・・・・・・・・・・・・・・・・・ 222
能動部品 ・・・・・・・・・・・・・・・・・・・・・・・ 12

は行

バースト転送 ・・・・・・・・・・・・・・・・・・ 171

ハーバードアーキテクチャ ・・・・・・・・ 140
配線工程 ・・・・・・・・・・・・・・・・・・・・・・・ 72
排他的論理和 ・・・・・・・・・・・・・・・・・・・ 51
バイポーラトランジスタ ・・・・・・・・・・ 40
パケット通信 ・・・・・・・・・・・・・・・・・・ 118
バスコントローラ ・・・・・・・・・・・・・・・ 97
バスステートコントローラ ・・・・・・・・ 97
白金測温抵抗体 ・・・・・・・・・・・・・・・・ 224
バックアップメモリ ・・・・・・・・・・・・・ 25
発光ダイオード ・・・・・・・・・・・・・・・・ 208
ハブ ・・・・・・・・・・・・・・・・・・・・・・・・・・ 118
パラレルI/O ・・・・・・・・・・・・・・・・・・・ 114
パラレルデータ ・・・・・・・・・・・・・・・・・ 63
パルス幅変調タイマ ・・・・・・・・・・・・ 108
パワーオンシーケンス ・・・・・・・・・・・ 253
バンク ・・・・・・・・・・・・・・・・・・・・・・・・ 176
反射型光電センサ ・・・・・・・・・・・・・・ 219
半導体 ・・・・・・・・・・・・・・・・・・・・・・・・・ 38
半導体圧力センサ ・・・・・・・・・・・・・・ 233
半導体集積回路 ・・・・・・・・・・・・・・・・・ 12
半導体メモリ ・・・・・・・・・・・・・・・・・・ 156
ヒートシンク ・・・・・・・・・・・・・・・・・・ 250
ピエゾ抵抗効果 ・・・・・・・・・・・・・・・・ 233
光センサ ・・・・・・・・・・・・・・・・・・・・・・ 214
非絶縁型回路 ・・・・・・・・・・・・・・・・・・ 251
非接触式センサ ・・・・・・・・・・・・・・・・ 221
ビットシフト ・・・・・・・・・・・・・・・・・・・ 64
ビットライン ・・・・・・・・・・・・・・・・・・ 189
非同期DRAM ・・・・・・・・・・・・・・・・・・ 173

非同期SRAM	170	ページ	152,166
非同期式	112	ベース	40
標準機能回路	61	飽和演算	94
標準ロジックIC	61	ホールIC	230
ファンクションコントローラ	118	ホール素子	228
フィードバック回路	54	ホール電圧	228
フィジカルレイヤトランシーバ	122	ホストコントローラ	118
フィラメント	204		
フィルタ	241		

ま行

マイクロプロセッサ	26
マクロセル	76,145
マスクROM	156
マルチ・バンク・オペレーション	176
マルチプロセス	91
無停電電源装置	253
命令キャッシュ	88
命令コード	32
命令長	136
命令デコード	140
命令フェッチ	140
メガセル	76
メモリ	19,22
メモリアクセス	134,140
メモリ制御部	98
メモリマネージメントユニット	90
元電源	35

フォトインタラプタ	219
フォトダイオード	215
フォトトランジスタ	217
フォトマスク	73
不揮発性メモリ	25
浮動小数点演算ユニット	92
浮遊容量	172
ブラシレスモータ	229
フラッシュメモリ	25,156,162
フリップフロップ回路	53,168
フルカスタムLSI	73
プレートライン	191
フローティングゲート	158
プロセッサコア	145
ブロック	152,166
ブロック構成	18
負論理	53
分割アドレシング	134
分岐命令	140
平滑	241

や行

ユニバーサルメモリ	188

ら行

- ラッチ ・・・・・・・・・・・・・・・・・・・・・・・・・・・・・・・ 61
- ランダムロジック ・・・・・・・・・・・・・・・・ 30,71
- リアルタイムクロック ・・・・・・・・・・・・・・ 109
- リセットIC ・・・・・・・・・・・・・・・・・・・・・・・・・ 255
- リチウム電池 ・・・・・・・・・・・・・・・・・・・・・・ 257
- リップル ・・・・・・・・・・・・・・・・・・・・・・・・・・・ 242
- リニア電源 ・・・・・・・・・・・・・・・・・・・・・・・・ 239
- リフレッシュ ・・・・・・・・・・・・・・・・・・・ 87,173
- リフレッシュ制御部 ・・・・・・・・・・・・・・・・・ 98
- 量子型 ・・・・・・・・・・・・・・・・・・・・・・・・・・・・ 214
- レイアウト設計 ・・・・・・・・・・・・・・・・・・・・・ 73
- レシーバ ・・・・・・・・・・・・・・・・・・・・・・・・・・・ 32
- レジスタ ・・・・・・・・・・・・・・・・・・・・・・・・・・ 137
- ロウ ・・・・・・・・・・・・・・・・・・・・・・・・・・・・・・ 172
- ロード命令 ・・・・・・・・・・・・・・・・・・・・・・・・ 136
- ロジックIC ・・・・・・・・・・・・・・・・・・・・・・・・・ 30
- 論理回路 ・・・・・・・・・・・・・・・・・・・・・・・・・・・ 48
- 論理ゲート ・・・・・・・・・・・・・・・・・・・・・・・・・ 51
- 論理積 ・・・・・・・・・・・・・・・・・・・・・・・・・・・・・ 46
- 論理和 ・・・・・・・・・・・・・・・・・・・・・・・・・・・・・ 47

わ行

- ワードライン ・・・・・・・・・・・・・・・・・・・・・・ 189
- 割り込みコントローラ ・・・・・・・・・・・・・・・ 95
- 割り込み処理 ・・・・・・・・・・・・・・・・・・・・・・・ 95
- 割り込み制御回路 ・・・・・・・・・・・・・・・・・・ 106
- 割り込みベクタレジスタ ・・・・・・・・・・・・・ 96
- 割り込みレベル ・・・・・・・・・・・・・・・・・・・・・ 95

- ワンチップマイコン ・・・・・・・・・・・・・・・・・ 27

アルファベット

- A/D変換器 ・・・・・・・・・・・・・・・・・・・・・・・・ 126
- ACアダプタ ・・・・・・・・・・・・・・・・・・・・ 36,245
- AltiVec ・・・・・・・・・・・・・・・・・・・・・・・・・・・ 154
- AND回路 ・・・・・・・・・・・・・・・・・・・・・・・・・・ 46
- APLL ・・・・・・・・・・・・・・・・・・・・・・・・・・・・・・ 79
- ARMアーキテクチャ ・・・・・・・・・・・・・・・ 145
- ASIC ・・・・・・・・・・・・・・・・・・・・・・・・・・・・・・・ 71
- ASSP ・・・・・・・・・・・・・・・・・・・・・・・・・・・・・・ 72
- CAS ・・・・・・・・・・・・・・・・・・・・・・・・・・・・・・ 173
- CASレイテンシ ・・・・・・・・・・・・・・・・・・・・ 178
- CGRAM ・・・・・・・・・・・・・・・・・・・・・・・・・・ 203
- CGROM ・・・・・・・・・・・・・・・・・・・・・・・・・・ 203
- CISC ・・・・・・・・・・・・・・・・・・・・・・・・・・・・・ 132
- CL ・・・・・・・・・・・・・・・・・・・・・・・・・・・・・・・・ 178
- CPSR ・・・・・・・・・・・・・・・・・・・・・・・・・・・・・ 147
- CPU ・・・・・・・・・・・・・・・・・・・・・・・ 19,22,130
- CPU周辺デバイス ・・・・・・・・・・・・・・・・・・ 30
- CTR ・・・・・・・・・・・・・・・・・・・・・・・・・・・・・・ 225
- D/A変換器 ・・・・・・・・・・・・・・・・・・・・・・・・ 127
- DC/DCコンバータ ・・・・・・・・・・・・ 246,251
- DC/DC変換 ・・・・・・・・・・・・・・・・・・・・・・・ 246
- DDRⅠ ・・・・・・・・・・・・・・・・・・・・・・・・・・・・ 179
- DDRⅡ ・・・・・・・・・・・・・・・・・・・・・・・・・・・・ 182
- DDR-SDRAM ・・・・・・・・・・・・・・・・・・・・・ 179
- D-FF ・・・・・・・・・・・・・・・・・・・・・・・・・・・・・・・ 59
- Direct Rambus ・・・・・・・・・・・・・・・・・・・・ 184

Direct RDRAM ････････････････184	MIPS ･････････････････････････105
DLL ････････････････････････････79	MMU ･････････････････････････ 90
DLL回路 ･･･････････････････････181	MOS FET ･････････････････････ 42
DMA ･･････････････････････････100	MPEG ････････････････････････ 94
DMAコントローラ ･･･････････････100	MPU ･････････････････････････ 26
DRAM ･･･････････････25,87,157,171	MRAM ････････････････････････188
DSP ･････････････････････････94,162	MR素子 ･･･････････････････････230
EEPROM ･･･････････････････25,156	MSC-4 ････････････････････････ 27
ENIAC ･････････････････････････ 26	NAND ････････････････････････ 49
EPROM ･･････････････････････156,158	NAND型フラッシュ ････････････166
EX-OR ････････････････････････ 52	NOR ･････････････････････････ 51
FeRAM ･･･････････････････････191	NOR型フラッシュ ････････････165
FF ･････････････････････････････ 53	NOT回路 ･････････････････････ 45
FPGA ････････････････････････ 80	NPN形バイポーラトランジスタ ･･･ 40
FPU ･･････････････････････････ 93	NTC ･････････････････････････ 225
I/O ･･･････････････････････････114	N形半導体 ･･･････････････････ 38
I/Oセル ････････････････････････ 76	One Time PROM ･･･････････ 156
I²Cバス ･･････････････････････116	OR回路 ･･････････････････････ 48
IC化温度センサ ･･････････････226	OUM ････････････････････････ 194
JK-FF ････････････････････････ 56	PIN型フォトダイオード ･････････215
LCD ･･････････････････････････198	PLD ･････････････････････････ 80
LCDコントローラ ･･････････124,201	PNP形バイポーラトランジスタ ･･･ 40
LCDドライバ ･････････････････124	PN型フォトダイオード ･････････215
LCDパネル ･････････････････････201	PN接合ダイオード ･･････････････ 40
LCDモジュール ･･････････198,200	PowerPC ･････････････････････150
LED ･･････････････････････････208	PROM ･･･････････････････････ 156
LEDディスプレイ ･････････････209	PTC ･････････････････････････ 225
MCU ･････････････････････････ 27	PWMタイマ ･････････････････108
MII ･･･････････････････････････123	P形半導体 ････････････････････ 38

RAM	23,156
RAS	173
RAS-CASレイテンシ	178
RGB	199
RIMM	184
RISC	132,135
ROM	23,156
RS-232C	112
RS-FF	56
RTC	109
SDRAM	175
SH7619	122
SH7720	104
SH系	139
SPI	114
SRAM	25,87,157,168
TFPBGA	74
Thumb命令セット	148
TMR選択信号	189
TMR素子	188
UART	111
UPIC	72
UPS	253
USB	118
USB1.1	118
USB2.0	118
USIC	71
UV PROM	156
VFD	204
VFDモジュール	204
WDT	109

数字

100BASE-TX	121
10BASE-T	121
1T1Cセル	191
1Trセル	191
1次側電源	35
2T2Cセル	191
2次側電源	35
2次電源	239
3オペランド方式	137
3次電源	239
4004	26

●著者紹介

藤広　哲也（ふじひろ　てつや）

1960年生まれ。電気通信大学卒。大手電子機器メーカーにて開発に従事した後、コンピュータ／ビジネス雑誌編集者、ゲームプランナーなどを経て独立。株式会社コアブレインズ代表取締役、テクノブレーン株式会社(http://www.brain-one.com)技術顧問。

著書に『組み込み型Linux導入・開発ガイド』『CPUは何をしているのか』『システム発注の基礎知識』『そこからパソコンが始まった』（以上、すばる舎）、『そのときパソコンはどう動いているのか』（日本実業出版）、『図解入門　よくわかる最新組み込みシステムの基本と仕組み』（秀和システム）がある。

イラスト制作・フィルム出力　株式会社明昌堂
カバーイラスト　株式会社アサヒ・エディグラフィ

図解入門　よくわかる
最新電子デバイスの基本と仕組み

| 発行日 | 2006年　8月　8日 | 第1版第1刷 |

著　者　藤広　哲也

発行者　斉藤　和邦
発行所　株式会社　秀和システム
　　　　〒107-0062　東京都港区南青山1-26-1 寿光ビル5F
　　　　Tel 03-3470-4947(販売)
　　　　Fax 03-3405-7538
印刷所　株式会社シナノ　　　　　　Printed in Japan

ISBN4-7980-1403-6 C0055

定価はカバーに表示してあります。
乱丁本・落丁本はお取りかえいたします。
本書に関するご質問については、ご質問の内容と住所、氏名、電話番号を明記のうえ、当社編集部宛FAXまたは書面にてお送りください。お電話によるご質問は受け付けておりませんのであらかじめご了承ください。